JN273241

統計ライブラリー

Rによる
ベイジアン動的線型モデル
Dynamic Linear Models with R

G. Petris
S. Petrone
P. Campagnoli
[著]

和合　肇
[監訳]

萩原淳一郎
[訳]

朝倉書店

Translation from English language edition:
Dynamic Linear Models with R
by Giovanni Petris, Sonia Petrone and Patrizia Campagnoli
Copyright © 2009 Springer New York
Springer New York is a part of Springer Science+Business Media
All Rights Reserved

Japanese translation rights arranged with Springer-Verlag GmbH
through Japan UNI Agency, Inc., Tokyo.

監訳者まえがき

本書は Giovanni Petris, Sonia Petrone and Patrizia Campagnoli による **Dynamic Linear Models with R** (Springer, 2009) の翻訳である．時系列分析に関する本は，データの変動の周波数領域での古典的分析方法に始まり (Fishman, 1969)，時間領域では Box, Jenkins and Reinsel (2008) の有名な本や Hamilton (1994) など，一変量，多変量の時系列データの性質に基づいた，モデルの推定・検定の統計的理論や予測方法など，数多く出版されている．本書で扱っている状態空間モデルを利用した時系列分析は，それ自体簡潔なモデルであるが，非常に一般的で数多くのモデルが含まれるという特徴をもつ．このモデルが経済学や社会科学の分野での応用に用いられるようになったのは最近であり，特に経済学の分野では，最近の分析対象と分析方法の進歩とともに，この状態空間モデルを利用したモデリングの方法が多くの人々に注目されるようになった．

本書ではベイズ理論に基づいた状態空間モデルを紹介し，時系列データのモデル化の方法と R での実際例での応用をやさしく解説している点が特徴である．状態空間モデルは，特に最尤推定と欠測値の取り扱いを単純化する点で，時系列分析に対する弾力的な方法といえる．

本書は，まずベイズ推定の基本的概念を説明し (第 1 章)，その後本書のタイトルにもなっている動的線型モデル (DLM) とはどういうモデルなのかをいくつかの例を使って示している (第 2 章)．基本的な状態空間表現とそれを動的に拡張したモデル，そして実際に用いるときに使うパッケージ **DLM** を紹介し，フィルタリング，カルマンフィルタ，平滑化，そして予測などの考え方を説明する．次に DLM をどのように組み立てるかを一変量と多変量の場合に示し (第 3 章)，R を用いてモデルを最尤推定とベイズ推定を行う (第 4 章)．最後の章では逐次モンテカルロ法について，粒子フィルタや自己組織型状態空間モデルに関する説明がなされている (第 5 章)．本書で紹介されている著者達による R 言語のライブラリを活用することによって，従来の計量経済分析の枠を越えて，ベイズ流の動的モデルを簡単に利用できる．

Petris 氏は 1997 年デューク大学統計科学科で博士号を得て，現在は米国アーカンソー大学数理科学科の准教授である．序文にも記載されているが，自身の教職経験を通じて入門向書籍の必要性を感じ執筆に至ったそうである．学生等からのフィードバックも功を奏し，わかりやすい説明になっている．特に記載が難解になりがちなカルマンフィルタについても，平易に説明されている．なお，共著者の 1 人である Petrone 氏は Bocconi

大学の統計学教授であり，国際ベイズ分析学会 (ISBA) の会長 (2013～2015 年) を務めている．本書の全体はベイズ理論に基づいて一貫した記載がされている．ベイズ理論は近年普及の著しい手法であるが，時系列分析への適用を主題にした和書はまだそれ程多くないのが現状であり，この点からも価値がある．

高度な話題に関しても記載されており，現状では日本語による解説の少ない粒子フィルタ（カルマンフィルタの発展版）や自己組織型状態空間モデルに関する説明や実コードが記載されていることも便利である．

最近多く利用されている R 言語で利用可能なライブラリに関しては，作者自身によって解説されている．本書の内容と連動して作成公開されている R 言語のライブラリは，使いやすい優れたパッケージであり，ライブラリを用いた実例も豊富に記載されている．

なお本書の中心的な話題であるベイズ理論やカルマンフィルタは，近年応用領域が拡大し続けており，わかりやすい説明と使いやすいソフトウェアへの要求も増加傾向にある．本書はこの分野に関心を持つ大学院生や，経済モデルを実際に利用したい実証分析にとって需要は多いと推測される．

本書の基本的な翻訳は萩原が担当し，和合が全体の統一と監訳をする体制をとった．しかし，訳に関していろいろ検討を行った結果であるので最終的には両名の共同作業と言える．数式など原著の明らかな誤りは断りなく修正し，とくに必要な場合のみ［訳注］を付した．文章で実例の計算に用いられている R のスクリプトは，実際の最新のバージョンで作動するかチェックし，原著者の了解を得て修正したものがある．またそれに伴って出力された図も修正した．本書で使用する R スクリプトは原著ホームページからダウンロードすることができるが（「はじめに」を参照），上記の修正や原著の訂正等により，一部のスクリプトは原著および配布版データと本書における記載とで内容が異なる場合がある．ご留意いただければ幸いである．

状態空間モデルを用いた統計分析に関する本は，すでに多数出版されている．たとえば，古典的な Anderson and Moore (1979) は工学と最適制御に対するアプローチの理論と応用の優れた要約を行い，Kim and Nelson (1999) は経済的な応用と局面切り替え (regime switching) モデルに焦点をおいている．Harvey (1989), West and Harrison (1997) それに Durbin and Koopman (2nd ed) (2012) は，状態空間表現を用いた時系列分析の最新の分析手法を提供している．谷崎 (1993) は状態空間モデルを経済学に応用し日本語で書かれている．また，多くの時系列分析のテキストには，カルマンフィルタや状態空間モデルのトピックスが含まれているので，参考になるであろう．

2013 年 3 月

監訳者　和合　肇

□ 文　献 □

Anderson, B.D.O. and J.B. Moore (1979) *Optimal Filtering*, Prentice-Hall.
Box, G.E.P., G.M. Jenkins and G.C. Reinsel (2008) *Time Series Analysis: Forecasting and Control* 4th ed., Wiley.
Durbin, J. and S. Koopman (2012) *Time series Analysis by State Space Models* 2nd ed., Oxford Univerity Press.
Fishman, G.S. (1969) *Spectral Methods in Econometrics*, Harvard University Press.
Hamilton, J.D. (1994) *Time Series Analysis*, Priceton University Press. (沖本竜義・井上智夫訳 (2006)『時系列解析』上・下，シーエーピー出版．)
Harvey, A.C. (1989) *Forecating, Structural Time Series Models and the Kalman Filter*, Cambridge University Press.
Kim, C.J. and C.R. Nelson (1999) *State-Space Models with Regime Switching: Classical and Gibbs-Sampling Approaches with Applications*, The MIT Press.
谷崎久志 (1993)『状態空間モデルの経済学への応用 —可変パラメータ・モデルによる日米マクロ計量モデルの推定—』神戸学院大学経済学研究叢書 9，日本評論社．
West, M. and J. Harrison (1997) *Bayesian Forecasting and Dynamic Models* 2nd ed., Springer-Verlag.

日本語版への序

　日本の統計学関係の皆様にわれわれの本が紹介されることを大変うれしく思います．訳書の出版はわれわれにとって非常に名誉なことです．日本の研究者，学生それに実務家の皆様にとって，本書が厳密ではあるものの使いやすい状態空間モデルの入門書となり，関連して新たに開発したRパッケージと共に，皆様の仕事や研究に役立つ道具となることを願っています．

　われわれは和合教授と萩原氏によって，訳書の出版が可能になったことに大いなる感謝をいたします．彼らには翻訳を越えた作業をして頂きました．本書をただ読んだだけでなく，内容をチェックし，Rコードの1つ1つの各部分までもテストし，われわれの仕事を詳細にわたって改訂してくれました．このような専門性と能力を見出せるのはまれなことです．彼らが注意深く本書を翻訳し，改訂してくれたことに深く感謝します．

2011年12月
ファイエットビル，ミラノにて，
ジョヴァンニ・ペトリス
ソニア・ペトローネ

はじめに

　本書の目的は，動的線型モデルによって統計的時系列分析を紹介することにある．主な概念と手法について正確で厳密な説明を心がけたが，簡単で親しみやすい形で表現するように努めた．主要方法とモデルが，R に実装されている実際のデータに基づいた例を用いて幅広く示されている．本書と共に，動的線型モデルによる推定と予測のための R パッケージを開発した．dlm パッケージは，http://www.r-project.org/ の CRAN (Comprehensive R Archive Network) にある貢献パッケージ (contributed package) として利用できる．

　近年，動的線型モデル，より一般的には状態空間モデルの統計的応用に対する関心が非常に高まってきている．ほんのわずかしかあげることはできないが，生物学，経済学，金融，マーケティング，品質管理，工学，人口学，気候学のような広範囲の応用分野がある．状態空間モデルは，動的な現象を解析しシステムを展開するのに，非常に弾力的であるがかなり簡単な方法を提供する．また統計的時系列分析の古典的な領域を，非定常で不規則な系列や，連続時間で遷移するシステム，それに多変量の連続もしくは離散データに拡張するのに大きく貢献してきた．きわめて広範囲の応用問題を動的線型モデル，より一般的には状態空間モデルの枠組みの中で取り扱うことができる．

　本書は動的線型モデルや状態空間モデルの基本概念や，パラメータが既知の動的線型モデルの推定と予測に対する有名なカルマン・フィルタ，および最尤推定を扱っている．また一変量と多変量データの両方に対して，特に時系列分析に適した特定の動的線型モデルを多数紹介している．もちろん，これらのトピックスは，動的線型モデルに関する豊富な文献の中で他の非常に優れた書籍でも扱われており，いくつかの統計的ソフトウェアにも最尤法やカルマン・フィルタによる時系列分析のパッケージが含まれている．これらを踏まえてなお物足りなさを感じたのは，動的線型モデルと状態空間モデルを通じた応用ベイジアン時系列分析に対して，厳密であるが使いやすい最新の参考書とソフトウェアであった．現代的で効率的な計算手段が利用可能となったおかげで，ベイズの方法が応用でますます一般的になっているという事実にもかかわらず，これらが欠けているように思えた．そこで，本書では最尤法を扱う一方，動的線型モデルに基づくベイジアン時系列分析に焦点を当てる．

　読者がベイズ推定の専門家であることは期待していないので，まず最初に第 1 章でベ

イズ法を簡単に紹介する．これはベイジアンである読者にとっても，表記を整理し，後の章で用いられるいくつかの基本的概念を整理するのに役立つ．例えば，ガウス型のモデルに対するベイズ流共役推定のような最も単純な概念を示すときに，本書では動的線型モデルにおける推定の基本的側面の 1 つである推定値の再帰構造を強調する．第 2 章では，状態空間モデルと動的線型モデルの一般的な組み立てを紹介し，ここには逐次的に更新される推定値と予測値の基本的アルゴリズムとカルマン・フィルタが含まれる．第 3 章と第 4 章は，ある意味で本書の核心になる．第 3 章では，異なる様相を示すさまざまな種類のデータの分析にそれぞれ適した特定のモデルについて包括的な議論が示される．言ってみれば，第 3 章は手元にある応用問題に対して，ユーザが最適なものを選択できるように 1 セットのモデルを説明したツールボックス（道具箱）として考えるとよい．第 4 章は，未知パラメータを含む場合の（実際にはたいていそうなのだが）動的線型モデルに対する最尤法とベイズ推定を扱う．第 3 章で紹介した多くのモデルは，この観点からここで再び議論される．扱ったモデルの大部分で，その使用例と関係する R コードを関連付けて詳細に説明する．可能な場合には，ベイズ推定値はクローズド・フォーム（閉形式）アルゴリズムを用いて評価される．しかし，もっと複雑なモデルでは解析的な計算は扱いにくく，シミュレーション技法を利用してベイズ解を近似する．そこで，動的線型モデルのベイズ推定に対するマルコフ連鎖モンテカルロ法を説明する．R パッケージ dlm は，動的線型モデルのベイズ計算の基本ステップの 1 つであるいわゆる前向きフィルタ–後ろ向きサンプリング (forward filtering–backward sampling) とその他の計算ツールを多くの例と共に提供する．第 5 章では，オンライン推定と予測に対して，現代的な逐次モンテカルロ法と粒子フィルタ・アルゴリズムを示す．

もちろん，動的線型モデルのベイズ推定におけるきわめて多種類のモデルや応用，それに問題のすべてを本書で扱うことはできないし，多くは扱われないままである．しかし，主要な概念と考え方についてのしっかりとした背景を示すことは，読者が読者自身でさらに研究を進めるための技能を獲得することにつながると期待している．またそのために，R の柔軟な機能と dlm パッケージが役立つツールを与えてくれると思っている．本書のウェブ・サイトである definetti.uark.edu/~gpetris/dlm/ には，パッケージに含まれていないデータセットや本書の全ての例を実行するコードが掲載されている．加えてそこには，最新の修正リスト（正誤表）を載せておく予定である．

本書作成の動機は，著者らの時系列分析のコースでの教育経験から生じている．古典的な ARMA モデル，記述統計的技法，指数平滑等を別にすれば，このコースでは，より現代的な手法の中でも特に動的線型モデルによる時系列のベイズ推定を教えたいと思っていたが，改めてテキストや扱いやすく弾力的なソフトウェアがないことを感じた．そこでこのプロジェクトに関する研究を始めた．多くの学生，研究者，実務家にわれわれ

はじめに

の努力の結果である本書とソフトウェアが，少しでもお役に立てることを希望する．

Springer-Verlag 社のレフェリーに対して，彼らの激励と有益な示唆に感謝する．編集者である John Kimmel 氏の我慢強いサポートにもわれわれの感謝を捧げる．

dlm パッケージは R なくしては存在しなかった．この点に対して R-コアチームに感謝する．一般的な R のメーリング・リスト r-help では，パッケージの開発中に何人かの人々から示唆とフィードバックをいただいた．彼ら全員に感謝する．特に，Spencer Graves と Michael Lavine には，パッケージの初期のバージョンに対するコメントと示唆に感謝する．Michael Lavine はマサチューセッツ大学で本書の初期の草稿段階から R と dlm を使ったコースを教えていた．様々な価値あるコメントをフィードバックしてくれたことに感謝する．著者の 1 人（GP）は本書の最初の版を基にしたいくつかの短期集中講義を Bocconi 大学とローマ第 3（ローマトレ）大学で教えた．Pietro Muliere, Carlo Favero, Julia Mortera と共著者である Sonia Petrone には，その親切な招待と厚遇に感謝する．SP は Bocconi 大学の時系列分析の大学院のコースで本書の初期の草稿段階の版を使ったが，学生の反応はすばらしかった．Arkansas 大学，Bocconi 大学，そしてローマ第 3 大学でのすべての学生は，そのコメント，質問，示唆，関心そして熱意によって本書の執筆に貢献してくれた．彼らの中でも特別の感謝を Paolo Bonomolo と Guido Morandini に捧げる．

言うまでもなく，本書と R のパッケージにおいて，残されたすべての誤り，不明確な部分，あるいは欠落に対する責任はわれわれのみにある．

Fayetteville, Arkansas
and
Milano, Italy
December 15, 2008

Giovanni Petris
Sonia Petrone
Patrizia Campagnoli

目　次

1. **はじめに：ベイズ推定に関する基本概念** …………………………… 1
   - 1.1 基本概念 ……………………………………………………………… 2
   - 1.2 単純な従属構造 ……………………………………………………… 5
   - 1.3 条件付き分布の統合 ………………………………………………… 11
   - 1.4 事前分布の選択 ……………………………………………………… 14
   - 1.5 線型回帰モデルにおけるベイズ推定 ……………………………… 18
   - 1.6 マルコフ連鎖モンテカルロ法 ……………………………………… 22
     - 1.6.1 ギブス・サンプラー ………………………………………… 24
     - 1.6.2 メトロポリス-ヘイスティングス・アルゴリズム ………… 25
     - 1.6.3 適応棄却メトロポリス・サンプリング …………………… 26
   - 演習問題 …………………………………………………………………… 30

2. **動的線型モデル** ……………………………………………………………… 31
   - 2.1 はじめに ……………………………………………………………… 31
   - 2.2 簡単な例 ……………………………………………………………… 35
   - 2.3 状態空間モデル ……………………………………………………… 39
   - 2.4 動的線型モデル ……………………………………………………… 41
   - 2.5 パッケージ dlm における動的線型モデル ………………………… 43
   - 2.6 非ガウス・非線型状態空間モデルの例 …………………………… 48
   - 2.7 状態の推定と予測 …………………………………………………… 50
     - 2.7.1 フィルタリング ……………………………………………… 51
     - 2.7.2 動的線型モデルに対するカルマン・フィルタ …………… 53
     - 2.7.3 欠測観測値がある場合のフィルタリング ………………… 59
     - 2.7.4 平滑化 ………………………………………………………… 60
   - 2.8 予測 …………………………………………………………………… 67
   - 2.9 イノベーション過程とモデル検査 ………………………………… 74
   - 2.10 時不変 DLM の可制御性と可観測性 ……………………………… 78
   - 2.11 フィルタ安定性 ……………………………………………………… 82

　　　　　　　目　　次　　　　　　　　　　　　　　ix

　演習問題 ………………………………………………………………… 84

3. モデル特定化 ………………………………………………………… 86
　3.1　時系列分析の古典的なツール ……………………………………… 86
　　3.1.1　経験的方法 ……………………………………………………… 86
　　3.1.2　ARIMA モデル ………………………………………………… 88
　3.2　時系列分析に対する一変量 DLM ………………………………… 89
　　3.2.1　トレンドモデル ………………………………………………… 90
　　3.2.2　季節要素モデル ……………………………………………… 102
　　3.2.3　フーリエ形式の季節モデル ………………………………… 103
　　3.2.4　一般周期成分 ………………………………………………… 110
　　3.2.5　ARIMA モデルの DLM 表現 ………………………………… 113
　　3.2.6　例：GDP ギャップの推定 …………………………………… 117
　　3.2.7　回帰モデル …………………………………………………… 122
　3.3　多変量時系列に対するモデル …………………………………… 127
　　3.3.1　経時データに対する DLM …………………………………… 128
　　3.3.2　一見無関係な時系列方程式 ………………………………… 129
　　3.3.3　一見無関係な回帰モデル …………………………………… 132
　　3.3.4　階層 DLM ……………………………………………………… 135
　　3.3.5　動的回帰 ……………………………………………………… 138
　　3.3.6　共通因子 ……………………………………………………… 140
　　3.3.7　多変量 ARMA モデル ………………………………………… 141
　演習問題 ……………………………………………………………… 145

4. パラメータが未知のモデル ……………………………………… 146
　4.1　最尤推定 …………………………………………………………… 146
　4.2　ベイズ推定 ………………………………………………………… 150
　4.3　共役ベイズ推定 …………………………………………………… 152
　　4.3.1　未知の共分散行列：共役推定 ……………………………… 153
　　4.3.2　割引因子による W_t の特定化 …………………………… 155
　　4.3.3　時変の V_t に対する割引因子モデル …………………… 161
　4.4　シミュレーションに基づくベイズ推定 ………………………… 164
　　4.4.1　$y_{1:T}$ が与えられた下での状態抽出：前向きフィルタ後向きサンプリング　164
　　4.4.2　MCMC に対する一般的な方策 ……………………………… 166
　　4.4.3　例示：ローカルレベル・モデルにおけるギブス・サンプリング ……… 169

- 4.5 未知の分散 ·· 171
  - 4.5.1 固定の未知の分散：d 個の逆ガンマ事前分布 ············ 171
  - 4.5.2 多変量への拡張 ··· 176
  - 4.5.3 外れ値と構造変化に対するモデル ····························· 183
- 4.6 さらなる例 ·· 190
  - 4.6.1 GDP ギャップの推定：ベイズ推定の場合 ·················· 190
  - 4.6.2 動 的 回 帰 ··· 198
  - 4.6.3 因子モデル ··· 206
- 演習問題 ··· 212

5. 逐次モンテカルロ法 ··· 213
- 5.1 基本的な粒子フィルタ ·· 214
  - 5.1.1 簡 単 な 例 ··· 219
- 5.2 補助粒子フィルタ ··· 222
- 5.3 未知パラメータがある場合の逐次モンテカルロ ················ 225
  - 5.3.1 未知パラメータがある場合の簡単な例 ······················· 232
- 5.4 お わ り に ·· 235

A. 役に立つ分布 ·· 237

B. 行列代数：特異値分解 ··· 243

参考文献 ··· 247

索　引 ··· 256

1

はじめに：ベイズ推定に関する基本概念

　動的線型モデルは，動的システムを監視・制御するために，1960年代初頭に工学分野で開発された．しかしながら，先駆的な成果は統計学の文献に見ることができ，Thiele (1880)まで遡る．初期の有名な応用としては，アポロ宇宙計画やポラリス宇宙計画（例えば，Hutchinson (1984)を参照）に見られるが，動的線型モデル，より一般的には状態空間モデルは，ここ数十年で，生物学から経済学へ，工学や品質管理から環境学へ，地球物理学から遺伝学へと至る非常に広範な領域に適用され，多大な刺激を受けてきた．このような急激な応用の拡大は，ベイズ統計学の枠組みで現代的なモンテカルロ法を用いることによって，計算上の難点が解決可能となったことに大きく依存している．本書では，動的線型モデルを用いたベイズ理論による時系列のモデル化と予測について紹介しており，基本概念と技法を提示しつつ，それらの実用的な実装のためにRのパッケージについても説明している．

　動的線型モデルを用いた統計的な時系列分析は，1970年代から1980年代にかけて大きく発展し，今日では状態空間モデルに大きな注目が集まっている．実際には，記述的な時系列分析，もしくはARMAモデルやBox-Jenkinsモデルといった特定化になじみがある読者は，最初，状態空間アプローチを少し難しく感じるかも知れない．しかし，動的線型モデルや状態空間モデルが提供する強力な枠組みは，読者の財産になることが明らかになるだろう．ARMAモデルは動的線型モデルの観点からも有益であると考えられる．しかしながら，動的線型モデルは，非定常な時系列を扱ったり構造変化をモデル化する際に更なる柔軟性を提供し，その解釈も容易な場合が多い．また，より一般的な種類の状態空間モデルでは，非ガウス・非線型の動的システムにまで分析を拡張することができる．もちろん，動的線型モデルの推定には，例えば一般化最小2乗法や最尤法といった様々なアプローチが存在する．しかし，ベイズアプローチには理論と計算の両面からいくつかの利点があると考えられる．Kalman (1960)では，ベイズアプローチと呼ぶにふさわしい動的線型モデルの基本概念が既に強調されている．最初のステップは，確定的なシステムから確率的なシステムへの移行である．そこでは，除かれた変数や観測誤差，不完全性等により常に存在する不確実性が確率を通じて記述される．この結果，

関心のある数量（特に時間 t におけるシステムの状態）の推定は，利用可能な情報が与えられた下での，条件付き分布を計算することによって行う．これがベイズ推定の一般的な基本概念である．動的線型モデルは，時系列のような動的システムのアウトプットを，確率誤差によって影響を受ける観測不可能な状態過程（単純なマルコフ的な動的特性を持つ）の関数として記述する考え方に基づいている．潜在変数に関する条件によって，データにおける時間的な従属性をモデル化するこの方法は，単純かつ非常に強力であり，繰り返しになるがベイズアプローチではとても自然な方法でもある．動的線型モデルのもう1つの別の重要な利点は，計算を再帰的に行うことができる点にある．すなわち，過去の履歴を全て保存する必要はなく，新しいデータを取り込んで関心のある条件付き分布を更新することができる．この点は，データが時間的に逐次到着し，オンライン推定が必要な場合に非常に有利となる．さらに，大規模なデータセットに対して記憶容量の削減が必要とされる場合には決定的ですらある．こうした計算の再帰的な性質は，動的線型モデルの枠組みにおけるベイズの定理から得られる結果である．

解析的な計算はいつも容易というわけではないが，計算上の困難を克服するためにマルコフ連鎖モンテカルロ・アルゴリズムが，状態空間モデルに適用可能である．また，ここ数年で非常に改善された現代的な逐次モンテカルロ法も，オンライン分析においてうまく使うことができる．

読者がすでにベイズ統計のエキスパートであることは期待していない．したがって説明を始める前に，本章では動的線型モデルの学習に重要な概念の観点から，いくつかの基本概念を簡単に復習する．ベイズ統計に関する参考書としては，Bernardo and Smith (1994), DeGroot (1970), Berger (1985), O'Hagan (1994), Robert (2001), Cifarelli and Muliere (1989) があげられ，より計量経済学的な観点からは Zellner (1971), Poirier (1995), Geweke (2005) があげられる．

1.1 基 本 概 念

経済学，社会学，生物学，工学等のどんな分野であっても，現実のデータ分析において関心のある現象に関して完全な情報が得られることは滅多にない．検討中のシステムを記述する正確な確定的モデルが利用可能である場合でさえ，除かれた変数や観測誤差，不完全性の影響といった制御できない要因が常に存在する．したがって，われわれは常に何らかの不確実性を扱う必要がある．ベイズ統計の基本は，現象に関する不確実性は全て確率的な方法で記述されるべきであるという点にある．この観点において確率は主観的な解釈を持ち，研究者が関心のある事象に関して持つ不完全な情報を明確化する方法となる．確率論は，矛盾や好ましくない結果を避けつつ，確率を整合的に割り当てる方法を与える．

1.1 基本概念

現象について「経験から学習する」といったたぐいの問題に対するベイズアプローチでは，確率が演ずる前述した重要な役割からさらに一歩ふみ出すことになる．この学習過程は確率法則を適用することからなり，そこで必要となるのは関心のある事象に関して経験情報が与えられた下での**条件付き確率**を計算することだけである．ベイズの定理は，この目的に適用される基本的法則である．2つの事象 A と B が与えられた場合，確率法則から A と B が同時に発生する同時確率は，$P(A \cap B) = P(A|B)P(B) = P(B|A)P(A)$ で与えられる．ここで，$P(A|B)$ は B が与えられた下での A の条件付き確率であり，$P(B)$ は B の（周辺）確率である．ベイズの定理，あるいは逆確率の定理は，前述の等式からの単純な結果であり

$$P(A|B) = \frac{P(B|A)P(A)}{P(B)}$$

となる．これはトーマス・ベイズ（1761年没）まで遡る初等的な結果である．ベイズ統計学におけるこの定理の重要性は，数式の両辺における入力の解釈と適用範囲にあり，したがって，ベイズの定理が帰納的な学習過程を形式化するために仮定している役割にある．ベイズ統計学では，A は研究者が関心を持つ事象を表し，B は信用している実験結果で，ここから A に関する情報を得ることができる．$P(A)$（あるいは $P(\bar{A}) = 1 - P(A)$）が与えられ，A（あるいは $\bar{A}$）という条件の下での実験結果 B に関する確率 $P(B|A)$（あるいは $P(B|\bar{A})$）が得られた時，「経験的な証拠」B から A について学ぶという問題は，条件付き確率 $P(A|B)$ を計算することで行う．

関心のある事象と実験結果は問題に依存する．統計的推定では，実験的な事実は通常標本抽出処理の結果であり，確率ベクトル Y によって記述される．Y の確率法則の割り当てにはパラメトリック・モデルを用いるのが一般的であり，その場合関心のある量はモデルのパラメータとなり，これをベクトル θ で表す．θ に関するベイズ推定では，標本結果が与えられた下での条件付き分布を計算する．より詳細には，問題の知見に基づいて θ が与えられた下での Y に関する条件付き分布 $\pi(y|\theta)$ である**尤度**と，パラメータ θ に関する不確実性を表す**事前分布** $\pi(\theta)$ を与えることができると仮定する．$Y = y$ を観測すると，ベイズの公式として知られる初等的なベイズの定理の一般化を用いて，y が与えられた下での θ の条件付き密度を計算できる．

$$\pi(\theta|y) = \frac{\pi(y|\theta)\pi(\theta)}{\pi(y)}$$

ここで，$\pi(y)$ は Y の周辺分布である．

$$\pi(y) = \int \pi(y|\theta)\pi(\theta)\,d\theta$$

このようにして，ベイズ統計学では適切な条件付き分布を計算することで推定問題に回答を与える．ベイズの公式はこの目的を達成するための基本的な道具となる．この方法

は，エレガントで魅力的な整合性と簡潔性を持ち合わせている．ベイズ的な方法とは異なり，頻度主義的な統計的推定では，未知パラメータに対して確率分布を用いない．そしてθに関する推定は，よい特性を持つ推定量の決定，信頼区間，そして仮説検定に基づいている．その理由は，パラメータθの値は「変化」しないため，θは頻度主義的な意味では確率「変数」として解釈することができず，θがある区間内の値をとる確率というのも，頻度主義的な解釈ではあり得ないためである．代わりに主観確率を採用すると，単にその値が研究者にとって不確実だという理由から，θは確率的な量として，持っている情報は確率的な方法で定式化される．これは実に自然なやり方であるように思える．基本的な検討については de Finetti (1970a, b) やより深い検討については Savage (1954) を参照されたい．

多くの応用において，統計分析の主目的は**予測**することにある．したがって，関心のある事象は将来の観測値 Y^* の値となる．ここでも，データ y が与えられた下で将来の値 Y^* を予測することは，ベイズアプローチでは単に $Y = y$ が与えられた下での Y^* の条件付き分布を計算することで求められる．これは**予測分布**と呼ばれ，パラメトリックモデルでは，次のように計算できる．

$$\pi(y^*|y) = \int \pi(y^*,\theta|y)\,\mathrm{d}\theta = \int \pi(y^*|y,\theta)\pi(\theta|y)\,\mathrm{d}\theta$$

最後の式は，再び θ の事後分布を含んでいる．実際問題として，頻度主義か主観確率かという論争から離れたとしても，モデルのパラメータに関する（事前あるいは事後）確率分布には，いくつかの問題において，明確な物理的解釈を持たないという難しい部分がある．このため，それらに確率分布を割り当てるには，主観的な観点ですら議論の余地は残る．de Finetti によると，確率を割り当てることができるのは「観測可能な事実」に対してのみである．実際，統計分析の究極的な目標は，観測不可能なパラメータについて知ることよりむしろ，将来の観測値を予測することである方が多い．予測アプローチをとると，パラメトリックモデルは観測可能な量（そして究極的には予測分布）に関する確率分布の特定化作業を容易にする，単なる道具と見なされるべきである．このアプローチでは，事前分布の選択は予測を考慮して，すなわち Y の確率法則に係わる意味を考慮して行われる．この点に関しては，次節でさらに説明する．

より技術的な次節に移る前に，本書を通じて使用されるいくつかの表記と慣用表現を説明しておく．観測可能な確率変数や確率ベクトルは大文字（ほとんどの場合，添字付きの Y）で表す．確率変数や確率ベクトルがとりうる値は対応する小文字で表す．ベクトルとスカラーの区別や確率変数と確率ベクトルの区別は表記上行わないことに注意して欲しい．これは積分記号の表記にも当てはまる．例えば $\int f(x)\,\mathrm{d}x$ は，f が一変数の関数であれば一変数の積分を表すが，f がベクトルを引数にとる関数であれば多変量の積分を表す．正しい解釈は文脈から明らかなはずである．一変量もしくは多変量の時系

列は，確率変数もしくは確率ベクトルの系列であり，$(Y_t : t = 1, 2, \ldots)$，$(Y_t)_{t \geq 1}$，あるいは簡単に (Y_t) と表す．連続する観測値の有限系列において，その r 番目から s 番目の両端を含む観測値を表すのに $Y_{r:s}$ を用いる．同様に，$y_{r:s}$ はその観測値 $Y_{r:s}$ がとりうる値の系列を表す．確率密度は一般的に $\pi(\cdot)$ で表す．異なる確率変数の分布にも同じ記号 π を用いる．これは厳密ではないが広く用いられている慣用表現であり，引数を見ればどの分布を参照しているかは明らかである．例えば，$\pi(\theta)$ は未知パラメータ θ に関する事前分布を表し，$\pi(y)$ はデータ Y の周辺密度を表す．付録 A にはいくつかの一般的な分布族の定義が含まれている．分布とその密度に対しても同じ記号を使用するが，密度の場合には追加の引数を加える．例えば，$\mathcal{G}(a,b)$ は形状パラメータ a と尺度パラメータ b を持つガンマ分布を表すが，$\mathcal{G}(y;a,b)$ は点 y におけるその分布の密度を表す．k 次元の正規分布は $N_k(m,C)$ で表すが，文脈から次元が明らかである場合は通常添字 k を省略する．

1.2 単純な従属構造

予測は時系列分析の主な役割の 1 つである．一変量もしくは多変量の時系列は，確率変数もしくは確率ベクトル $(Y_t : t = 1, 2, \ldots)$ の系列によって確率的に記述される．ここで，添字 t は時間を表す．簡単のために，時間間隔が等しい場合を考える（日次や月次のデータ等）．例えば，(Y_t) は m 個の債券の日次価格を記述しているかもしれないし，商品の売上高に関する月次の観測値かもしれない．ここでは，時点 n までのデータ $Y_1 = y_1, \ldots, Y_n = y_n$，簡潔には $Y_{1:n} = y_{1:n}$ を観測した場合，次の観測値 (Y_{n+1}) に関する値を予測をする，というのが基本的な問題となる．この目的に向けた第 1 ステップは，時系列の従属構造に関して合理的な仮定を特定化することであるのは明らかであろう．時系列 (Y_t) の確率法則を決めることができると，任意の $n \geq 1$ における同時密度 $\pi(y_1, \ldots, y_n)$ が分かり，以下の予測密度を計算することでベイズ予測を行うことができる．

$$\pi(y_{n+1} | y_{1:n}) = \frac{\pi(y_{1:n+1})}{\pi(y_{1:n})}$$

実際に密度 $\pi(y_1, \ldots, y_n)$ を直接特定化するのは容易ではないため，パラメトリックモデルを利用すると便利であることが分かる．すなわち，データの生成過程に関して，いくつかの特徴的な θ によって $(Y_1, \ldots, Y_n)$ の確率分布を表現した方が，より簡単であることが多いことに気づくだろう．妥当な特徴の θ は有限あるいは無限次元であり得る．すなわち，θ は確率ベクトルであったり，もしくは状態空間モデルの場合のように確率過程そのものであったりする．研究者は，θ が与えられた下での $Y_{1:n}$ の条件付き密度 $\pi(y_{1:n}|\theta)$ と θ に関する密度 $\pi(\theta)$ を特定化することで，$\pi(y_{1:n}) = \int \pi(y_{1:n}|\theta)\pi(\theta)\mathrm{d}\theta$ として $\pi(y_{1:n})$ を得る方がずっと簡単であることに気づくだろう．今後，時系列分析に動的線型モデル

を導入する場合もこの方法をとるが，まずはより簡単な従属構造から検討してゆこう．

条件付き独立性

最も単純な従属構造は条件付き独立性である．特に多くの応用例では，θ が与えられた下で $Y_1, \ldots, Y_n$ が条件付きの独立同一分布 (i.i.d.) に従う，すなわち，$\pi(y_{1:n}|\theta) = \prod_{i=1}^{n} \pi(y_i|\theta)$ と仮定することは合理的である．例えば，Y_i が確率誤差によって影響されて繰返し観測される場合，$Y_i = \theta + e_i$ という種類のモデルがよく用いられる．ここで，e_i は観測装置の精度に依存して，平均が 0 で分散が σ^2 の独立なガウス型の確率誤差である．これは，θ が与えられた条件の下で Y_i が i.i.d. となり，$Y_i|\theta \sim \mathcal{N}(\theta, \sigma^2)$ となることを意味している．

$Y_1, Y_2, \ldots$ 自体は単に条件付き独立であることに注意して欲しい．つまり，観測値 $y_1, \cdots, y_n$ によって未知の値 θ に関する情報が与えられ，今度は θ を通じて，次の観測値 Y_{n+1} の値に関する情報が与えられる．したがって，Y_{n+1} は確率的な意味で，過去の観測値 $Y_1, \ldots, Y_n$ に従属している．この場合の予測密度は次のように計算される．

$$\pi(y_{n+1}|y_{1:n}) = \int \pi(y_{n+1}, \theta|y_{1:n}) d\theta$$
$$= \int \pi(y_{n+1}|\theta, y_{1:n}) \pi(\theta|y_{1:n}) d\theta$$
$$= \int \pi(y_{n+1}|\theta) \pi(\theta|y_{1:n}) d\theta$$

最後の式は条件付き独立性の仮定から得られる．ここで，$\pi(\theta|y_{1:n})$ はデータ $(y_1, \ldots, y_n)$ が与えられた条件の下での θ の事後密度である．既に確認したように，事後密度はベイズの公式によって計算することができる．

$$\pi(\theta|y_{1:n}) = \frac{\pi(y_{1:n}|\theta)\pi(\theta)}{\pi(y_{1:n})} \propto \prod_{t=1}^{n} \pi(y_t|\theta)\pi(\theta) \tag{1.1}$$

周辺密度 $\pi(y_{1:n})$ は θ に依存せず，正規化定数の役割を持つので，事後分布は尤度と事前分布の積に比例することになる[*1]．

条件付き独立性を仮定すると，事後分布が**再帰的**に計算できる点は興味深い．このことは，過去のデータを全て保存し続ける必要はなく，新しい観測が行われるごとに再処理を行えばよいことを意味している．実際，時点 $(n-1)$ において θ に関して利用可能な情報は，条件付き密度によって記述される．

$$\pi(\theta|y_{1:n-1}) \propto \prod_{t=1}^{n-1} \pi(y_t|\theta)\pi(\theta)$$

そこで，この密度は時点 n における事前密度の役割を演じる．一度新しい観測値 y_n が

[*1] 記号 $\propto$ は「比例関係」を意味する

1.2 単純な従属構造

利用可能になった場合,尤度(条件付き独立性の仮定から $\pi(y_n|\theta, y_{1:n-1}) = \pi(y_n|\theta)$ となる)の計算を行うだけで,ベイズの法則によって「事前分布」$\pi(\theta|y_{1:n-1})$ を更新すると,次を得る.

$$\pi(\theta|y_{1:n-1}, y_n) \propto \pi(\theta|y_{1:n-1})\pi(y_n|\theta) \propto \prod_{t=1}^{n-1}\pi(y_t|\theta)\pi(\theta)\pi(y_n|\theta)$$

これは (1.1) 式となる.このような事後分布の再帰構造は,次章で動的線型モデルやカルマン・フィルタを検討する際に,極めて重要な役割を演じることになる.

この考え方を説明するために,簡単な例を用いる.海で難破して,救命艇で小島の海岸に漂着するという状況を考えよう.ここで,θ は読者の位置,例えば海岸からの距離を表すとする.動的線型モデルの検討にあたって,θ が時間的に変化する場合を考えよう(救命艇は海流や波と共にゆっくり移動しているため,時点 t における海岸からの距離は θ_t となる).しかしながら短期間では,θ は一定であると考えよう.運がよければ,時には海岸を見つけることができる.このため,読者は自身の位置 θ に関して最初何らかの見解を持っているが,取得しうる観測値 y_t に基づいて,θ に関してさらに学習を行うことに,明らかに関心を持っている.この学習過程を,ベイズアプローチで特定化してみよう.

観測値 Y_t は次のようにモデル化できる.

$$Y_t = \theta + \epsilon_t, \quad \epsilon_t \overset{i.i.d.}{\sim} \mathcal{N}(0, \sigma^2)$$

ここで,ϵ_t と θ は独立であり,簡単のために σ^2 は既知の定数とする.言い換えると,次のようになる.

$$Y_1, Y_2, \ldots | \theta \overset{i.i.d.}{\sim} \mathcal{N}(\theta, \sigma^2)$$

θ に関する事前の見解が次のように表せると仮定する.

$$\theta \sim \mathcal{N}(m_0, C_0)$$

ここで,予想値 m_0 がとても不確実なら,事前分散 C_0 はかなり大きな値になりうる.観測値 $y_{1:n}$ が与えられると,ベイズの公式を用いて事後密度を計算し,θ に関する見解を更新する.ここで,次の関係が成立する.

$$\pi(\theta|y_{1:n}) \propto 尤度 \times 事前密度$$
$$= \prod_{t=1}^{n}\frac{1}{\sqrt{2\pi}\sigma}\exp\left\{-\frac{1}{2\sigma^2}(y_t-\theta)^2\right\}\frac{1}{\sqrt{2\pi C_0}}\exp\left\{-\frac{1}{2C_0}(\theta-m_0)^2\right\}$$
$$\propto \exp\left\{-\frac{1}{2\sigma^2}\left(\sum_{t=1}^{n}y_t^2 - 2\theta\sum_{t=1}^{n}y_t + n\theta^2\right) - \frac{1}{2C_0}(\theta^2 - 2\theta m_0 + m_0^2)\right\}$$
$$\propto \exp\left\{-\frac{1}{2\sigma^2 C_0}\left((nC_0+\sigma^2)\theta^2 - 2(nC_0\bar{y}+\sigma^2 m_0)\theta\right)\right\}$$

上の式は複雑に見えるかもしれないが，実際にはこれは正規密度のカーネルになっている．もし $\theta \sim \mathcal{N}(m,C)$ ならば，$\pi(\theta) \propto \exp\{-(1/2C)(\theta^2 - 2m\theta)\}$ であることに注意すると，上の式は次のように書くことができ，

$$\exp\left\{-\frac{1}{2\sigma^2 C_0/(nC_0+\sigma^2)}\left(\theta^2 - 2\frac{nC_0\bar{y}+\sigma^2 m_0}{(nC_0+\sigma^2)}\theta\right)\right\}$$

次であることが分かる．

$$\theta|y_{1:n} \sim \mathcal{N}(m_n, C_n)$$

ここで

$$m_n = \mathrm{E}(\theta|y_{1:n}) = \frac{C_0}{C_0+\sigma^2/n}\bar{y} + \frac{\sigma^2/n}{C_0+\sigma^2/n}m_0 \tag{1.2a}$$

$$C_n = \mathrm{Var}(\theta|y_{1:n}) = \left(\frac{n}{\sigma^2} + \frac{1}{C_0}\right)^{-1} = \frac{\sigma^2 C_0}{\sigma^2+nC_0} \tag{1.2b}$$

である．**事後精度**は $1/C_n = n/\sigma^2 + 1/C_0$ であり，標本平均の精度 n/σ^2 と初期精度 $1/C_0$ の和になっている．事後精度は，品質のよくないデータでさえ何らかの情報を提供するので，初期精度よりも常に大きい．事後期待値 $m_n = \mathrm{E}(\theta|y_{1:n})$ は，標本平均 $\bar{y} = \sum_{i=1}^{n} y_i/n$ と事前の予想値 $m_0 = \mathrm{E}(\theta)$ の加重平均であり，重みは C_0 と σ^2 に依存する．事前分布の不確実性が C_0 で表されていると考えると，この値が σ^2 と比べて小さい場合は，事前の予想値がより大きな比重を占めることになる．C_0 が非常に大きい場合は，$m_n \simeq \bar{y}$ かつ $C_n \simeq \sigma^2/n$ となる．

既に確認したように，事後分布は再帰的に計算できる．時点 n において，以前のデータ $y_{1:n-1}$ が与えられた下での θ の条件付き密度 $\mathcal{N}(m_{n-1}, C_{n-1})$ は事前分布の役割を演じ，現在の値に関する尤度は次のようになる．

$$\pi(y_n|\theta, y_{1:n-1}) = \pi(y_n|\theta) = \mathcal{N}(y_n; \theta, \sigma^2)$$

(1.2) 式を用いて得た観測値 y_n を基に，m_0 と C_0 の代わりに m_{n-1} と C_{n-1} で置き換えると，事前分布 $\mathcal{N}(m_{n-1}, C_{n-1})$ を更新することができる．結果的に，事後密度はガウス分布になることが分かる．ここでパラメータは

$$\begin{aligned} m_n &= \frac{C_{n-1}}{C_{n-1}+\sigma^2}y_n + \left(1 - \frac{C_{n-1}}{C_{n-1}+\sigma^2}\right)m_{n-1} \\ &= m_{n-1} + \frac{C_{n-1}}{C_{n-1}+\sigma^2}(y_n - m_{n-1}) \end{aligned} \tag{1.3a}$$

また分散は

$$C_n = \left(\frac{1}{\sigma^2} + \frac{1}{C_{n-1}}\right)^{-1} = \frac{\sigma^2 C_{n-1}}{\sigma^2+C_{n-1}} \tag{1.3b}$$

である．$Y_{n+1} = \theta + \epsilon_{n+1}$ なので，$Y_{n+1} | y_{1:n}$ の**予測分布**は平均が m_n で分散が $C_n + \sigma^2$ の
正規分布であり，したがって m_n は θ の事後期待値であり，さらに一期先の「点予測」
$E(Y_{n+1} | y_{1:n})$ にもなっている．(1.3a) 式は，以前の推定値 m_{n-1} を，予測誤差 $\epsilon_n = y_n - m_{n-1}$
に次の重みを付けた項で修正すると，m_n が得られることを示している．

$$\frac{C_{n-1}}{C_{n-1} + \sigma^2} = \frac{C_0}{\sigma^2 + nC_0} \tag{1.4}$$

第 2 章で示すことになるが，この「予測-誤差修正」構造はより一般的には，動的線型モ
デルに対するカルマン・フィルタの式にみられる典型的な構造である．

交換可能性

　交換可能性は，ベイズ分析における基本的な従属構造である．改めて確率ベクトルの
無限系列 $(Y_t : t = 1, 2, \ldots)$ を考える．任意の $n \geq 1$ に対して，ベクトル $(Y_1, \cdots, Y_n)$ と，
その要素を任意に入れ替えた $(Y_{i_1}, \cdots, Y_{i_n})$ が同じ分布を持つ場合，この意味において系
列の順序に意味がないとしよう．この場合，系列 $(Y_t : t = 1, 2, \cdots)$ は**交換可能**であると
いう．Y_t が類似する状況下における繰り返し実験を表している場合，これは合理的な仮
定となる．前出の例において，海岸からの距離に関する観測値 Y_t の順番に意味がない
と考えるのは極めて自然である．ド・フィネッティの表現定理として知られる重要な結
果は，交換可能性の仮定が，先だって議論した条件付き独立で同一な分布に関する仮定
と等価であることを示している．しかしながら，重要な違いがある．これから確認して
もらえれば分かるように，ここで観測値に関する従属構造についての極めて自然な仮定
(すなわち交換可能性)からさらにふみ込み，ここでまだ考慮していないパラメトリック
モデルやパラメータの事前分布に話題を移す．実際，尤度と事前分布の組み合わせで仮
定したモデルは，交換可能性の仮定から生じ，表現定理によって示される．

定理 1.1 (**ド・フィネッティの表現定理**)　$(Y_t : t = 1, 2, \ldots)$ を交換可能な確率ベクトルの
無限系列とする．この時

1) 確率 1 で，次の経験分布関数の系列

$$F_n(y) = F_n(y; Y_1, \ldots, Y_n) = \frac{1}{n} \sum_{i=1}^{n} I_{(-\infty, y]}(Y_i)$$

  は，$n \to \infty$ の時，確率分布関数 F に弱収束する．
2) 任意の $n \geq 1$ に対して，$(Y_1, \ldots, Y_n)$ の分布関数は次のように表すことができる．

$$P(Y_1 \leq y_1, \ldots, Y_n \leq y_n) = \int \prod_{i=1}^{n} F(y_i) \, d\pi(F)$$

  ここで，π は経験分布関数の系列に関する弱極限 F の確率法則である．

表現定理の魅力的な側面は，観測可能な変数 (Y_t) の従属構造に関する前提から，ここで仮定するモデルが得られる点にある．系列 (Y_t) が交換可能であると仮定すると，この系列は，分布関数 F が与えられた条件の下で i.i.d. となり，共通の分布関数 F に従うと考えることができる．この確率分布関数 F は経験分布関数の弱極限である．事前分布 π（この文脈ではド・フィネッティ測度とも呼ばれる）は，空間 $\mathcal{Y}$ 上の全ての分布関数が張る空間 $\mathcal{F}$ における確率分布であり，経験分布関数の極限に関する信念を表している．多くの問題では，事前分布の台（サポート）をパラメトリックなクラス $\mathcal{P}_\Theta = \{\pi(\cdot|\theta), \theta \in \Theta\} \subset \mathcal{F}$ に制限することができる．ここで $\Theta \subseteq \mathbb{R}^p$ であり，この場合事前分布はパラメトリックであるという．事前分布がパラメトリックである場合，表現定理から $Y_1, Y_2, \ldots$ は，θ が与えられた下で条件付き i.i.d. となり，共通の分布関数 $\pi(\cdot|\theta)$ に従うことが示されるのが分かる．なお，θ は事前分布 $\pi(\theta)$ に従う．これは，「条件付き独立性」(6 ページ) の副節で説明した条件付き i.i.d. に関する従属構造である．

異質なデータ

交換可能性は最も単純な従属構造であり，これによりベイズ推定の基本的な観点がよく分かる．これは，データが同質であると信じられる場合には適切である．しかしながら，多くの問題では従属構造はより複雑である．多くの場合，次のような仮定をおくことで，データの間の異質性を許容することは適切なやり方である．

$$Y_1, \ldots, Y_n | \theta_1, \ldots, \theta_n \sim \prod_{t=1}^{n} f_t(y_t | \theta_t)$$

すなわち，$Y_1, \ldots, Y_n$ はベクトル $\theta = (\theta_1, \ldots, \theta_n)$ が与えられた下で条件付き独立であり，Y_t が対応する θ_t のみに依存しているような仮定である．例えば，Y_t が何らかのサービスに対する顧客 t の支出であるとすると，各顧客は異なる平均支出 θ_t を持つと想定できるため，顧客の間には異質性，もしくは「変量効果」が導入されることになる．別の応用では，t は時間を表すかもしれない．例えば，各 Y_t は標本として選んだ店舗の時点 t における平均売上を表すかもしれない．さらに，時点 t における売上の期待値を θ_t で表して，$Y_t | \theta_t \sim \mathcal{N}(\theta_t, \sigma^2)$ と仮定するかもしれない．

これらの場合，モデルの特定化はベクトル $(\theta_1, \ldots, \theta_n)$ に確率分布を割り当てることによって完成する．変量効果をモデル化するため，一般的には $\theta_1, \ldots, \theta_n$ は分布 $\mathcal{G}$ に従う i.i.d. であると仮定される．$\mathcal{G}$ に関して不確実性が存在する場合には，共通の分布関数 $\mathcal{G}$ に関して，$\mathcal{G}$ が与えられた下で $\theta_1, \ldots, \theta_n$ が条件付き i.i.d. となるようにモデル化を行うことが可能であり，$\mathcal{G}$ には事前分布を割り当てる．

$(Y_t : t = 1, 2, \ldots)$ が時間と共に観測された系列である場合，系列間に時間的な従属性を導入したいので，θ_t が i.i.d. もしくは条件付き i.i.d. であるという仮定は，一般には適切ではない．第 2 章で確認するが，状態空間モデルでは θ_t の間にマルコフ従属構造を仮

定する.

この問題には次節で戻ることにしよう.

1.3 条件付き分布の統合

　ベイズ推定では，モデルのパラメータに関する事後分布や予測分布といった関心がある量について，その条件付き確率分布を計算することで，原理的には単純に解決されることを確認してきた．しかしながら，特に関心のある量が多変量の場合には，事後分布や予測分布の要約を求めたいと思うかもしれない．ここで，多変量のパラメータ $\theta = (\theta_1, \ldots, \theta_p)$ を推定する場合を考えよう．θ の同時事後分布を計算した後で，θ の要素のいくつかが局外パラメータと考えられるなら，それらを積分消去すれば，関心のあるパラメータの（周辺）事後分布が得られる．例えば $p = 2$ の場合，次のように同時事後分布 $\pi(\theta_1, \theta_2|y)$ を周辺化することで，θ_1 の周辺事後密度が計算される.

$$\pi(\theta_1|y) = \int \pi(\theta_1, \theta_2|y) \, d\theta_2$$

こうすれば周辺事後分布のグラフ表示や，事後期待値 $\mathrm{E}(\theta_i|y)$ や事後分散 $\mathrm{Var}(\theta_i|y)$ 等のいくつかの要約値を得ることができる．さらに当然のことながら，最高事後確率の区間（通常 $\mathrm{E}(\theta_i|y)$ に中心化される）や限界も示すことができる.

　事後分布（あるいは予測分布）の要約の選択は，より正式には決定問題として検討される．統計的決定問題では，標本 y に基づく行動空間と呼ばれる集合 $\mathcal{A}$ において，ある**行動**を選択したい，と考える．行動 a の結果は損失関数 $L(\theta, a)$ を通じて表現される．データ y が与えられた場合，ベイズ決定法則では，$\mathcal{A}$ において条件付き期待損失 $\mathrm{E}(L(\theta, a)|y) = \int L(\theta, a) \pi(\theta|y) \, d\theta$ を最小化する $\mathcal{A}$ における行動が選択される．ベイズ点推定は，行動空間がパラメータ空間と一致する場合の決定問題と見なすことができる．損失関数の選択は当事者の問題に依存しており，異なる損失関数を選べば，θ に関するベイズ推定も当然異なった結果になる．以下では，一般的に使用されるいくつかの損失関数について簡単に説明する.

二次損失 (Quadratic loss)　θ をスカラとしよう．一般的には二次損失関数として，$L(\theta, a) = (\theta - a)^2$ が選択される．この時，事後期待損失は $\mathrm{E}((\theta - a)^2|y)$ となり，$a = \mathrm{E}(\theta|y)$ で最小となる．したがって，二次損失を用いた θ のベイズ推定値は，θ の事後期待値となる．θ が p 次元であれば，二次損失関数は正定値対称行列 H に対して，$L(\theta, a) = (\theta - a)'H(\theta - a)$ と表される．この時，θ のベイズ推定値は事後期待値 $\mathrm{E}(\theta|y)$ のベクトルとなる.

線型損失 (Linear loss)　θ がスカラであれば，次のようになる.

$$L(\theta, a) = \begin{cases} c_1|a-\theta| & a \leq \theta \text{の場合} \\ c_2|a-\theta| & a > \theta \text{の場合} \end{cases}$$

ここで c_1 と c_2 は正の定数であり，この時，ベイズ推定値は事後分布の第 $c_1/(c_1+c_2)$ 分位数となる．特殊な場合として $c_1 = c_2$ であれば，ベイズ推定値は事後分布の中央値となる．

0-1 損失 (Zero-one loss) θ が離散的な確率変数であれば，次のようになる．

$$L(\theta, a) = \begin{cases} c & a \neq \theta \text{の場合} \\ 0 & a = \theta \text{の場合} \end{cases}$$

この時，ベイズ推定値は事後分布の最頻値となる．

例えば，$Y_1, \ldots, Y_n | \theta$ が i.i.d. で $Y_t|\theta \sim \mathcal{N}(\theta, \sigma^2)$ と $\theta \sim \mathcal{N}(m_0, C_0)$ に従う場合，その事後密度は $\mathcal{N}(m_n, C_n)$ となる．ここで，m_n と C_n は (1.2) 式で与えられる．二次損失を採用した場合，θ のベイズ推定値は $E(\theta | y_{1:n}) = m_n$ となり，事前の予想 m_0 と標本平均値 $\bar{y}$ の加重平均となる．標本サイズが大きければ，事前の予想に関する重みが 0 に減少し，事後密度は θ の最尤推定値 (MLE) $\bar{y}$ の周りに集中することに注意して欲しい．

このような事後密度の漸近的な振る舞いは，より一般的にも成立する．$(Y_t : t = 1, 2, \ldots)$ が，θ が与えられた下で条件付き i.i.d. となるような，$Y_t|\theta = \pi(y|\theta)$ に従う確率ベクトルの系列とする（ここで $\theta \in \mathbb{R}^p$ は事前分布 $\pi(\theta)$ に従う）．一般的な仮定において，n が大きい場合，事後分布 $\pi(\theta|y_1, \ldots, y_n)$ は MLE $\hat{\theta}_n$ を中心とする正規密度で近似可能なことが証明できる．このことは，これらの場合において，標本サイズが十分大きければ，ベイズ流による推定値と頻度主義による推定値が合致する傾向があることを示している．事後分布の漸近正規性に関するより厳密な説明は，Bernardo and Smith (1994, 5.3 節) や Schervish (1995, 7.4 節) を参照されたい．

ベイズ推定量と古典的な決定理論を結びつける第 2 の例として，多変量正規分布の平均を推定する問題を考える．最も簡単に定式化を行うと，問題は次のようになる．$Y_1, \ldots, Y_n$ が独立な確率変数の系列であり，$Y_t \sim \mathcal{N}(\theta_t, \sigma^2), t = 1, \ldots, n$ に従うとする（ここで σ^2 は既知の定数とする）．これは 1.2 節で議論した異質なデータの場合に相当する．例えば，Y_t は n 回の独立実験における標本平均でもよい．しかしながら，ここで，$\theta = (\theta_1, \ldots, \theta_n)$ は未知定数のベクトルと見なされることに注意する．そこで，次式を得る．

$$Y = (Y_1, \ldots, Y_n) = \mathcal{N}_n(\theta, \sigma^2 I_n)$$

ここで，I_n は n 次元の単位行列を表しており，問題は平均ベクトル θ の推定となる．θ の MLE（これは一様最小分散不偏推定量でもある）は標本平均のベクトルにより $\hat{\theta} = \hat{\theta}(Y) = Y$

で与えられる．しかしながら，Stein が 1956 年に証明して大きな影響を与えた重要な結果があり，MLE は二次損失関数 $L(\theta - a) = (\theta - a)'(\theta - a)$ ($n \geq 3$ の時) に関して最適ではないことが示されている．$\hat{\theta}$ の全体的な期待損失（あるいは平均 2 乗誤差）は，次のようになる．

$$\mathrm{E}\left((\theta - \hat{\theta}(Y))'(\theta - \hat{\theta}(Y))\right) = \mathrm{E}\left(\sum_{t=1}^{n}(\theta_t - \hat{\theta}_t(Y))^2\right)$$

ここで，期待値は密度 $\pi_\theta(y)$，すなわちデータの分布 $\mathcal{N}_n(\theta, \sigma^2 I_n)$ に関係している．Stein (1956) は，$n \geq 3$ の時，全ての θ に対して次の意味で MLE $\hat{\theta}$ より有効な別の推定量 $\theta^* = \theta^*(Y)$ が存在することを証明した．

$$\mathrm{E}((\theta - \theta^*(Y))'(\theta - \theta^*(Y))) < \mathrm{E}((\theta - \hat{\theta}(Y))'(\theta - \hat{\theta}(Y)))$$

$\sigma^2 = 1$ に対しては，スタイン推定量は $\theta^*(Y) = (1 - (n-2)/Y'Y)Y$ で与えられ，標本平均 $\overline{Y} = (Y_1, \ldots, Y_n)$ を 0 の方向に縮小する．より一般的には，縮小推定量は標本平均を全平均 $\overline{y}$，あるいは異なる値の方向に縮小する．θ_t の MLE，すなわち $\hat{\theta}_t = Y_t$ は，別の独立実験から得られる $j \neq t$ なるデータ Y_j を利用していないことに注意する．したがって，Stein の結果はかなり驚くべきものに思え，θ_t のより有効な推定量は「独立な」実験からの情報を用いて得られることを示している．異なる実験からの力を借りることは，実際ベイズアプローチでは極めて自然なことである．ベクトル θ を確率ベクトルと考えると，Y_t は $\theta = (\theta_1, \ldots, \theta_n)$ が与えられた下で条件付き独立であり，ここで $Y_t | \theta_t \sim \mathcal{N}(\theta_t, \sigma^2)$，すなわち

$$Y | \theta \sim \mathcal{N}_n(\theta, \sigma^2 I_n)$$

である．θ に対して事前密度 $\mathcal{N}_n(m_0, C_0)$ を仮定すると，事後密度は $\mathcal{N}_n(m_n, C_n)$ となる．ここで

$$m_n = (C_0^{-1} + \sigma^{-2} I_n)^{-1}(C_0^{-1} m_0 + \sigma^{-2} I_n y)$$

そして，$C_n = (C_0^{-1} + \sigma^{-2} I_n)^{-1}$ である．したがって，事後期待値 m_n は縮小推定値を与えており，これは標本平均値を m_0 の方向に縮小している．明らかに，このような縮小は事前分布の選択に依存している．詳細は，Lindley and Smith (1972) を参照されたい．

ベイズ点推定値と同様に，$y_{1:n}$ が与えられた下での Y_{n+1} のベイズ点予測は，ある損失関数に関する予測密度の統合となり，この損失関数は，$\hat{y}$ といった値を用いて予測した Y_{n+1} に関する予測誤差の結果を表すことになる．二次損失関数 $L(y_{n+1}, \hat{y}) = (y_{n+1} - \hat{y})^2$ では，ベイズ予測値は期待値 $\mathrm{E}(Y_{n+1} | y_{1:n})$ となる．

再び述べると，点推定あるいは点予測は，統計的決定理論におけるベイズアプローチでは斉合的に扱われる．しかしながら実際には，ベイズ推定値やベイズ予測値の計算は

困難となる可能性がある．θ が多変量で，モデルの構造が複雑な場合，事後期待値，より一般的には $\int g(\theta)\pi(\theta|y)\,d\theta$ といった類の積分が解析的に扱いづらくなる可能性がある．実際，理論的に魅力があり概念が一貫しているにもかかわらず，かつては計算上の難しさにより，応用分野におけるベイズ統計の普及は妨げられ，ベイズ解法が適用できる可能性もかなり簡単な問題に限定されていた．1.6 節で確認するが，このような困難性は現代的なシミュレーション技法を用いれば克服することができる．

1.4 事前分布の選択

データからの情報の他に事前情報を明示的に利用することは，ベイズ推定の基本的な側面である．実際，データ自体はそれ自身では何も語らないため，検討している現象に関する何らかの事前知識はいつも必要となる．ベイズアプローチでは，推定の過程において専門家の見解や従来の検討，理論やデータといった知りうるあらゆる情報を明示的に導入することができる．しかしながら，事前分布の選択は，実際の応用ではデリケートな点になりうる．ここでは，簡潔にいくつかの基本概念をまとめるが，交換可能なデータの場合に特に明確になる基本的なポイントとして，事前分布の選択が実際には $\pi(y|\theta)$ と $\pi(\theta)$ のペアの選択であることを最初に強調しておく．よく，$\pi(y|\theta)$ の選択はモデルの特定化と呼ばれるが，実際にはこれは，$\pi(\theta)$ の特定化と共に，現象の検討に必要な事前知識に基づく主観的な選択の一部である．ともかく $\pi(y|\theta)$ が与えられた下での事前分布 $\pi(\theta)$ は，θ に関する信念の素直な表現になっているべきで，その式に関して数学的な制約はない．

これは，検討に値するいくつかの実用的な観点が存在するということである．計算の利便性のためには，共役な事前分布を使用するのが一般的である．事前分布が事後分布と同じ族に属する場合は常に，θ に関する密度族はモデル $\pi(y|\theta)$ に対して共役であるといわれる．

1.2 節における例では，θ に関してガウス型の事前密度 $\mathcal{N}(m_0, C_0)$ を用いると，事後分布も更新されたパラメータでのガウス型の密度 $\mathcal{N}(m_n, C_n)$ のままであった．このため，ガウス分布族は，モデル $\pi(y|\theta) = \mathcal{N}(y; \theta, \sigma^2)$（$\sigma^2$ は既知）に対して共役となる．一般に事前分布は，尤度と同じ解析的な式を持つ場合共役となり，θ の関数と見なされる．この定義では，モデル $\pi(y|\theta)$ に関して共役な事前分布が一意に決まらないことは明らかである．指数型分布族に関しては，十分統計量の密度から定義される**自然共役な事前分布**というより正確な考え方がある．この点については，例えば，Bernardo and Smith (1994, 5.2 節) を参照されたい．指数型分布族に関する自然共役な事前分布は，多変量の場合に極めて扱いづらい場合があるため，**拡張された共役事前分布**が提案されている（Brown et al., 1994; Consonni and Veronese, 2001）．さらに，指数型分布族に関する任意の事前分

布は，共役事前分布の混合によって近似可能なことが証明できる (Dalal and Hall, 1983; Diaconis and Ylvisaker, 1985). これについては，以下の記述と次節において，いくつかの例を挙げる．いずれにしても，計算の容易さは，シミュレーションに基づく近似技法の適用によって，近年はさほど重要ではなくなっている．

実際には，「事前の無知」すなわちあいまいな事前情報に関する状況を表すため，**既定の事前分布**や**無情報事前分布**がかなりよく使用される．「事前の無知」という考え方を適切に定義する問題，すなわちデータと比較して推定結果に対して「最小の影響」しか持たない事前分布に関する問題には長い歴史があり，かなりデリケートである．詳細な扱いは，Bernardo and Smith (1994, 5.6.2 節) や O'Hagan (1994), Robert (2001) を参照されたい．パラメータ θ が有限集合 $\{\theta_1^*, \ldots, \theta_k^*\}$ の値をとる場合，古典的な概念での無情報事前分布は，Bayes (1763) や Laplace (1814) 以来，一様分布 $\pi(\theta_j^*) = 1/k$ とされている．しかしながら，このような簡単な場合でさえ，関心のある量の定義には注意が必要なことが示されている (Bernardo and Smith (1994) を参照)．いずれにしても，一様事前分布の概念をパラメータ空間が無限な場合に拡張すると，確率分布と見なせないような**非正則分布**を明らかに導いてしまう．例えば $\theta \in (-\infty, +\infty)$ であれば，一様事前分布は一定値をとるため，実数直線上でのその積分は無限になる．さらに，θ に一様分布を仮定すると，θ に関する任意の非線型な単調変換は一様分布にはならないことが示唆されるので，ベイズ-ラプラスの公準は，直感的に「θ に関する無知」はその一対一変換の「無知」も示唆することになるという意味において一貫していないことになる．不変性の考えに基づく事前分布は，ジェフリーズの事前分布 (Jeffreys, 1998) である．また，広く使用されているものに Bernardo (1979a,b) によって提案された情報決定理論に基づく**参照事前分布** (reference prior) もある（例えば，Bernardo and Smith (1994, 5.4 節) を参照）．非正則事前分布の使用には論争の余地が残るが，非正則事前分布から得られる事後密度は正則となる場合も多く，ベイズ的な枠組みで頻度主義による結果を再構築するためにも，ともかく非正則事前分布は広く使用されている．例えば，$Y_t|\theta$ が i.i.d. で $N(\theta, \sigma^2)$ に従う場合，非正則一様事前分布 $\pi(\theta) = c$ を用いてベイズの公式を正式に適用すると，次の関係が成立する．

$$\pi(\theta|y_{1:n}) \propto \exp\left\{-\frac{1}{2\sigma^2}\sum_{t=1}^{n}(y_t - \theta)^2\right\} \propto \exp\left\{-\frac{n}{2\sigma^2}(\theta^2 - 2\theta\bar{y})^2\right\}$$

すなわち，事後分布は $N(\bar{y}, \sigma^2/n)$ である．この場合，二次損失関数の下でベイズ点推定値は $\bar{y}$ となる．この値は θ の MLE でもある．以前も言及したように，適切なガウス事前分布から始めた場合で，標本平均を中心とする事後密度が得られるのは，事前分散 C_0 が σ^2 と比べて非常に大きいか，標本サイズ n が大きい場合のみである．

もう1つ別の一般的な方法は，事前密度を階層的に特定化することである．これは，

いくつかの超パラメータ λ が与えられた下で θ が条件付き密度 $\pi(\theta|\lambda)$ に従う仮定を意味しており，事前分布 $\pi(\lambda)$ は λ に対して割り当てられる．これは，事前密度の選択における一種の不確実性を表す方法として，しばしば使用される．これが，事前分布 $\pi(\theta) = \int \pi(\theta|\lambda)\pi(\lambda)d\lambda$ と等価であることは明らかである．

非正則事前分布の使用に関する理論的もしくは計算上の困難を避けるために，本書では正則な事前分布のみを使用する．しかしながら，分析において事前分布の影響を意識しておくことは重要である．このような影響は，感度分析を用いて評価することができる（感度分析の基本形態の1つには，事前分布の超パラメータを変えて得られる推定結果を単に比較することも含まれる）．

本節の締めくくりに，共役事前分布に関する重要な例をとり上げる．1.2節では，分散が既知のガウス型母集団の平均に関して，共役ベイズ分析を検討した．今度は，$Y_1,\ldots,Y_n|\theta,\sigma^2$ がi.i.d. で $\mathcal{N}(\theta,\sigma^2)$ に従うものとしよう．ここで，θ と σ^2 は未知である．分散 σ^2 よりむしろ精度 $\phi = 1/\sigma^2$ で検討を行った方が便利である．尤度が次のように記述できることに注意すると，(θ,ϕ) に関する共役事前分布を得ることができる．

$$\pi(y_{1:n}|\theta,\phi) \propto \phi^{(n-1)/2} \exp\left\{-\frac{1}{2}\phi n s^2\right\} \phi^{1/2} \exp\left\{-\frac{n}{2}\phi(\mu-\bar{y})^2\right\}$$

ここで $\bar{y}$ は標本平均であり，$s^2 = \sum_{i=1}^n (y_i - \bar{y})^2/n$ は標本分散である（2乗されている項に $\bar{y}$ を加減しても，クロス積は0であることに注意）．尤度は (θ,ϕ) の関数であり，ϕ に関してパラメータ $(n/2+1, ns^2/2)$ を持つガンマ密度のカーネルと，θ に関してパラメータ $(\bar{y}, (n\phi)^{-1})$ を持つ正規密度のカーネルの各々の積に比例していることが分かる．したがって，(θ,ϕ) に関する共役事前分布では，パラメータ (a,b) を持つガンマ密度に従う ϕ が与えられた条件の下で，θ はパラメータ $(m_0, (n_0\phi)^{-1})$ を持つ正規密度に従うことになる．この同時事前密度は次のようになる．

$$\pi(\theta,\phi) = \pi(\phi)\pi(\theta|\phi) = \mathcal{G}(\phi;a,b)\mathcal{N}(\theta;m_0,(n_0\phi)^{-1})$$
$$\propto \phi^{a-1}\exp\{-b\phi\}\phi^{1/2}\exp\left\{-\frac{n_0}{2}\phi(\theta-m_0)^2\right\}$$

これは，パラメータ $(m_0,(n_0)^{-1},a,b)$ を持つ正規-ガンマ分布（付録Aを参照）である．特に，$\mathrm{E}(\theta|\phi) = m_0$，そして $\mathrm{Var}(\theta|\phi) = (n_0\phi)^{-1} = \sigma^2/n_0$ であり，σ^2 が与えられた下での θ の分散は，σ^2 の $1/n_0$ の割合として表現されることになる．周辺化を行うと，分散 $\sigma^2 = \phi^{-1}$ は $\mathrm{E}(\sigma^2) = b/(a-1)$ となる逆ガンマ密度に従っているので，次の関係を示すことができる．

$$\theta \sim \mathcal{T}(m_0, (n_0a/b)^{-1}, 2a)$$

これは，パラメータが m_0，$(n_0a/b)^{-1}$ で自由度が $2a$ のスチューデント t 分布であり，ここで，$\mathrm{E}(\theta) = \mathrm{E}(\mathrm{E}(\theta|\phi)) = m_0$ と $\mathrm{Var}(\theta) = \mathrm{E}(\sigma^2)/n_0 = (b/(a-1))/n_0$ である．

1.4 事前分布の選択

共役な正規-ガンマ事前分布を用いれば，(θ, ϕ) の事後分布は依然として更新されたパラメータでの正規-ガンマ分布になる．このことを証明するためには，いくつかの計算を行う必要がある．まず次から開始する．

$$\pi(\theta, \phi | y_{1:n}) \propto \phi^{\frac{n}{2}+a-1} \exp\left\{-\frac{1}{2}\phi(ns^2 + 2b)\right\} \phi^{\frac{1}{2}} \exp\left\{-\frac{1}{2}\phi\left(n(\theta - \bar{y})^2 + n_0(\theta - m_0)^2\right)\right\}$$

上式においていくつかの代数演算や平方完成を行うと，最後の指数項は次のように表すことができる．

$$\exp\left\{-\frac{1}{2}\phi\left(nn_0 \frac{(m_0 - \bar{y})^2}{n_0 + n} + (n_0 + n)\left(\theta - \frac{n\bar{y} + n_0 m_0}{n_0 + n}\right)^2\right)\right\}$$

したがって

$$\pi(\theta, \phi | y_{1:n}) \propto \phi^{\frac{n}{2}+a-1} \exp\left\{-\frac{1}{2}\phi\left(ns^2 + 2b + nn_0 \frac{(m_0 - \bar{y})^2}{n_0 + n}\right)\right\}$$
$$\cdot \phi^{\frac{1}{2}} \exp\left\{-\frac{1}{2}\phi(n_0 + n)(\theta - m_n)^2\right\}$$

上式から，正規-ガンマ事後分布のパラメータは次式のようになる．

$$\begin{aligned}
m_n &= \frac{n\bar{y} + n_0 m_0}{n_0 + n} \\
n_n &= n_0 + n \\
a_n &= a + \frac{n}{2} \\
b_n &= b + \frac{1}{2}ns^2 + \frac{1}{2}\frac{nn_0}{n_0 + n}(\bar{y} - m_0)^2
\end{aligned} \quad (1.5)$$

これは次を意味している．

$$\phi | y_{1:n} \sim \mathcal{G}(a_n, b_n)$$
$$\theta | \phi, y_{1:n} \sim \mathcal{N}(m_n, (n_n \phi)^{-1})$$

明らかに，ϕ の条件の下では，分散が既知の $\mathcal{N}(\theta, \sigma^2)$ の平均を推定する問題に戻る．このことは，上式が与える $\mathrm{E}(\theta | \phi, y_1, \ldots, y_n) = m_n$ と $\mathrm{Var}(\theta | \phi, y_1, \ldots, y_n) = ((n_0 + n)\phi)^{-1} = \sigma^2/(n_0 + n)$ の式が，(1.2) 式で $C_0 = \sigma^2/n_0$ とした場合に一致することからも確かめられる．ここで，n_0 は「事前の標本サイズ」の役割を持つ．$\theta | y_1, \ldots, y_n$ の周辺密度は，(θ, ϕ) の同時事後分布を周辺化することで得られ，結果的にパラメータが m_n, $(n_n a_n / b_n)^{-1}$ で自由度 $2a_n$ のスチューデント t 分布となる．

予測密度もまたスチューデント t 分布となる．

$$Y_{n+1} | y_1, \ldots, y_n \sim \mathcal{T}\left(m_n, \frac{b_n}{a_n n_n}(1 + n_n), 2a_n\right)$$

新たな観測値 y_n が利用可能になった場合に，(θ, ϕ) の分布を更新する漸化式は，次のようになる．

$$m_n = m_{n-1} + \frac{1}{n_{n-1}+1}(y_n - m_{n-1})$$

$$n_n = n_{n-1} + 1$$

$$a_n = a_{n-1} + \frac{1}{2}$$

$$b_n = b_{n-1} + \frac{1}{2}\frac{n_{n-1}}{n_{n-1}+1}(y_n - m_{n-1})^2$$

1.5 線型回帰モデルにおけるベイズ推定

動的線型モデルは，標準的な線型回帰モデルの回帰係数を時変の場合に一般化したものと見なすことができる．したがって，読者の便宜のためにも，ここで線型回帰モデルに対するベイズ分析の基本要素について簡単に再確認を行う．

線型回帰モデルは，変数 Y を説明変数 x に関連付ける最も一般的な道具であり，次式のように定義される．

$$Y_t = x_t'\beta + \epsilon_t, \quad t = 1,\ldots,n, \quad \epsilon \overset{i.i.d.}{\sim} \mathcal{N}(0, \sigma^2) \tag{1.6}$$

ここで，Y_t は確率変数であり，x_t と β は p 次元のベクトルである．この基本的な式において，変数 x は確定的もしくは外生的と考える．一方，確率的な回帰では x は確率変数となる．確率的な回帰の場合，実際には，各 t において $(p+1)$ 次元の確率ベクトル (Y_t, X_t) があり，その同時分布を特定化して，そこから線型回帰モデルを導く．こうするための1つの方法は，(もっと一般的なアプローチもとりうるが) 同時分布をガウス型と仮定することである．

$$\begin{bmatrix} Y_t \\ X_t \end{bmatrix} \Big| \mu, \Sigma \sim \mathcal{N}(\mu, \Sigma), \quad \mu = \begin{bmatrix} \mu_y \\ \mu_x \end{bmatrix}, \quad \Sigma = \begin{bmatrix} \Sigma_{yy} & \Sigma_{yx} \\ \Sigma_{xy} & \Sigma_{xx} \end{bmatrix}$$

多変量ガウス分布 (付録 A を参照) の性質から，同時分布は次のように X_t に対する周辺モデルと，$X_t = x_t$ が与えられた下での Y_t に対するモデルに分解できる．

$$X_t | \mu, \Sigma \sim \mathcal{N}(\mu_x, \Sigma_{xx})$$

$$Y_t | x_t, \mu, \Sigma \sim \mathcal{N}(\beta_1 + x_t'\beta_2, \sigma^2)$$

ここで次のようにおいた．

1.5 線型回帰モデルにおけるベイズ推定

$$\beta_2 = \Sigma_{xx}^{-1}\Sigma_{xy}$$
$$\beta_1 = \mu_y - \mu_x'\beta_2$$
$$\sigma^2 = \Sigma_{yy} - \Sigma_{yx}\Sigma_{xx}^{-1}\Sigma_{xy}$$

(μ, Σ) に関する事前分布で周辺モデルのパラメータと条件付きモデルのパラメータが独立であれば，$(Y_t, X_t, \beta, \Sigma)$ に対する分布に切断がある．言い換えれば，主な関心が変数 Y にあれば，注意を条件付きモデルに限定できる．この場合，回帰モデルは，(β, Σ) と x_t が与えられた下での Y_t の条件付き分布を記述する．

(1.6) 式のモデルは次式のように書き直すことができる．

$$Y|X, \beta, V \sim \mathcal{N}_n(X\beta, V) \tag{1.7}$$

ここで，$Y = (Y_1, \ldots, Y_n)$ であり，X は t 行目が x_t' となる $n \times p$ の行列である．(1.6) 式は，対角共分散行列 $V = \sigma^2 I_n$ を意味している．すなわち，Y_t は条件付き独立で，同じ分散 σ^2 を持つ．より一般的には，V は対称正定値行列になりうる．

以下では，回帰モデルの共役事前分布を用いたベイズ推定について，3 つの場合を述べる．すなわち，V を既知と仮定した際の回帰係数 β の推定，β を既知とした共分散行列 V の推定，そして β と V の推定である．

回帰係数の推定

ここでは，V が既知であり，データ y が与えられた下での回帰係数 β の推定に関心があるとしよう．前節で簡単に説明したように，β に対する共役事前分布は，尤度を β の関数と見ることで得られる．(1.7) 式の回帰モデルの尤度は次式となる．

$$\begin{aligned}\pi(y|\beta, V, X) &= (2\pi)^{-n/2} |V|^{-1/2} \exp\left\{-\frac{1}{2}(y - X\beta)'V^{-1}(y - X\beta)\right\} \\ &\propto |V|^{-1/2} \exp\left\{-\frac{1}{2}(y'V^{-1}y - 2\beta'X'V^{-1}y + \beta'X'V^{-1}X\beta)\right\}\end{aligned} \tag{1.8}$$

ここで $|V|$ は V の行列式を表す．さて，$\beta \sim \mathcal{N}_p(m, C)$ なら，次の関係が成立することに注意しよう．

$$\pi(\beta) \propto \exp\left\{-\frac{1}{2}(\beta - m)'C^{-1}(\beta - m)\right\} \propto \exp\left\{-\frac{1}{2}(\beta'C^{-1}\beta - 2\beta'C^{-1}m)\right\}$$

したがって，尤度は β の関数として，平均が $(X'V^{-1}X)^{-1}X'V^{-1}y$ で分散が $(X'V^{-1}X)^{-1}$ の多変量ガウス密度に比例することが分かる．そこで，β に対する共役事前分布は，例えばガウス密度 $\mathcal{N}_p(m_0, C_0)$ となる．通常のように，m_0 は β に対する事前の予想を表し，C_0 の対角要素は事前の予想 m_0 に関する事前の不確実性を表す．さらに，C_0 の非対角要素は，回帰係数 β_t 間の従属性に関する事前の見解を表す．

共役ガウス事前分布を用いると，事後分布も更新されたパラメータで同様にガウス分布となる．事後パラメータの式を得るために，ベイズの公式を使用すると，次のように事後密度が計算できる．

$$\pi(\beta|Y,X,V) \propto \exp\left\{-\frac{1}{2}(\beta'X'V^{-1}X\beta - 2\beta'X'V^{-1}y)\right\}$$

$$\cdot \exp\left\{-\frac{1}{2}(\beta - m_0)'C_0^{-1}(\beta - m_0)\right\}$$

$$\propto \exp\left\{-\frac{1}{2}(\beta'(X'V^{-1}X + C_0^{-1})\beta - 2\beta'(X'V^{-1}y + C_0^{-1}m_0))\right\}$$

したがって，次のパラメータを持つ p 変量ガウス密度のカーネルであることが分かる．

$$m_n = C_n(X'V^{-1}y + C_0^{-1}m_0)$$
$$C_n = (C_0^{-1} + X'V^{-1}X)^{-1}$$

二次損失関数の場合における β のベイズ点推定値は，事後期待値 $\mathrm{E}(\beta|X,y) = m_n$ となる．$(X'V^{-1}X)^{-1}$ が存在するという仮定は必要ではないが，代わりに古典的な β の一般化最小 2 乗推定値，すなわち $\hat{\beta} = (X'V^{-1}X)^{-1}X'V^{-1}y$ を計算するのには必要であることに注意しよう．$(X'V^{-1}X)$ が正則であれば，ベイズ推定 m_n は次のように書ける．

$$m_n = (C_0^{-1} + X'V^{-1}X)^{-1}(X'V^{-1}X\hat{\beta} + C_0^{-1}m_0)$$

すなわち，事前の予想値 m_0 と一般化最小 2 乗推定値 $\hat{\beta}$ の行列加重線型結合となり，m_0 は事前精度行列 C_0^{-1} に比例する重みを持ち，$\hat{\beta}$ はその精度行列 $X'V^{-1}X$ に比例する重みを持つ．m_n が回帰係数の縮小推定量となっていることは明らかである（Lindley and Smith (1972) を参照）．

事後精度行列は，事前精度 C_0^{-1} と $\hat{\beta}$ の精度 $X'V^{-1}X$ の和になる．もちろん，β の同時事後密度を積分すれば，1 つ以上の係数 β_j の周辺事後密度を得ることができる．

次章で動的線型モデルを検討する際にも同じ分析を行うが，その時のために，事後パラメータに関して「再帰的な」代替表現を与えておくと便利である．事後分散は次のように書き直せることが証明できる（問 1.1 を参照）．

$$C_n = (X'V^{-1}X + C_0^{-1})^{-1} = C_0 - C_0X'(XC_0X' + V)^{-1}XC_0 \tag{1.9}$$

上式を用いると，事後期待値 m_n は次式で表せることを証明できる（問 1.2 を参照）．

$$m_n = m_0 + C_0X'(XC_0X' + V)^{-1}(y - Xm_0) \tag{1.10}$$

$Xm_0 = \mathrm{E}(Y|\beta,X)$ は，Y の事前点予測であることに注意する．そこで，上式では β のベイズ推定値が，事前の予想値 m_0 を，予測誤差 $(y - Xm_0)$ を考慮した項で修正される形で

記述されていることになる．$y - Xm_0$ の項の (行列) 重み $C_0X'(XC_0X' + V)^{-1}$ は，観測値に関する予測値からの外れ具合の大小を，点推定値 m_0 の調節分に変換する度合いを特定化している．大ざっぱにいうと，これは経験的な証拠に対して与えられる重みである．動的線型モデルの文脈では，この重みは利得行列と呼ばれる．

共分散行列に対する推定

今度は，β が既知で，共分散行列 V の推定に関心がある場合を考えよう．一変量ガウス型モデルのパラメータに対する推定の場合と同様に，精度行列 $\Phi = V^{-1}$ として検討を行うのが便利である．Φ に対する共役事前分布を決定するために，尤度 (1.8) 式が次のように書けることに注意する．

$$\pi(y|\beta, \Phi, X) \propto |\Phi|^{1/2} \exp\left\{-\frac{1}{2}(y - X\beta)'\Phi(y - X\beta)\right\}$$
$$= |\Phi|^{1/2} \exp\left\{-\frac{1}{2}\mathrm{tr}((y - X\beta)(y - X\beta)'\Phi)\right\}$$

ここで，$\mathrm{tr}(A)$ は行列 A のトレースを表すが，(引数がスカラーであるので) $(y-X\beta)'\Phi(y-X\beta) = \mathrm{tr}((y - X\beta)'\Phi(y - X\beta))$ であり，$\mathrm{tr}(AB) = \mathrm{tr}(BA)$ であることを思い出せば上式を得る．Φ の関数として，尤度はパラメータが $(n/2 + 1, 1/2 (y - X\beta)(y - X\beta)')$ のウィシャート密度に比例することが分かる（付録 A を参照）．そこで，精度 Φ に対する共役事前分布はウィシャート分布

$$\Phi \sim \mathcal{W}(\nu_0, S_0)$$

になり，事後分布は，更新されたパラメータでのウィシャート分布となる．

$$\Phi|Y, X, \beta \sim \mathcal{W}(\nu_n, S_n)$$

また，次の関係が成立することは容易に確かめられる．

$$\nu_n = \nu_0 + \frac{1}{2}$$
$$S_n = \frac{1}{2}(y - X\beta)(y - X\beta)' + S_0$$

事前分布の超パラメータを次のように表すと，しばしば便利なことが多い (Lindley, 1978)．

$$\nu_0 = \frac{\delta + n - 1}{2}, \qquad S_0 = \frac{1}{2}V_0$$

したがって，$\delta > 2$ に対して $\mathrm{E}(V) = V_0/(\delta - 2)$ となり，事後期待値は事前予想と標本共分散の加重平均として書くことができる．

$$\mathrm{E}(V|y) = \frac{\delta - 2}{\delta + n - 2} \cdot \mathrm{E}(V) + \frac{n}{\delta + n - 2} \cdot \frac{(y - X\beta)(y - X\beta)'}{n}$$

ここで，重みは δ に依存している．

(β, V) に対する推定

β と V の両方とも確率変数の場合は，解析的な計算が複雑になるかもしれない．そこで，V の式が $V = \sigma^2 D$ という簡単な場合を考える．ここで，σ^2 は確率変数であり，$n \times n$ の行列 D は既知（例えば $D = I_n$）とする．また，$\phi = \sigma^{-2}$ とする．この場合，(β, ϕ) に対する共役事前分布は，パラメータ $(\beta_0, N_0^{-1}, a, b)$ を持つ次のような正規-ガンマ分布となる．

$$\pi(\beta, \phi) \propto \phi^{a-1} \exp(-b\phi) \phi^{\frac{p}{2}} \exp\left\{-\frac{\phi}{2}(\beta - \beta_0)' N_0 (\beta - \beta_0)\right\}$$

すなわち

$$\beta | \phi \sim \mathcal{N}(\beta_0, (\phi N_0)^{-1})$$

$$\phi \sim \mathcal{G}(a, b)$$

ϕ の条件の下で β の共分散行列は $(\phi N_0)^{-1} = \sigma^2 \tilde{C}_0$ となり，ここで $\tilde{C}_0 = N_0^{-1}$ とおくと，観測分散 σ^2 の「大きさを変えた」$(p \times p)$ の対称正定値行列となることに注意する．

事後分布は，次のパラメータを持つ正規-ガンマ分布となることを示すことができる（問 1.3 を参照）．

$$\begin{aligned}
\beta_n &= \beta_0 + \tilde{C}_0 X' (X \tilde{C}_0 X' + D)^{-1} (y - X\beta_0) \\
\tilde{C}_n &= \tilde{C}_0 - \tilde{C}_0 X' (X \tilde{C}_0 X' + D)^{-1} X \tilde{C}_0 \\
a_n &= a + \frac{n}{2} \\
b_n &= b + \frac{1}{2}(\beta_0' \tilde{C}_0^{-1} \beta_0 + y' D^{-1} y - \beta_n' \tilde{C}_n \beta_n)
\end{aligned} \quad (1.11)$$

さらに，b_n の式を簡略化することができ，特に次式を示すことができる．

$$b_n = b + \frac{1}{2}(y - X\beta_0)'(D + X \tilde{C}_0 X')^{-1}(y - X\beta_0) \quad (1.12)$$

これらの式は再び，単純なガウス型モデル（(1.3a) 式参照）や，共分散が既知の回帰モデル（(1.10) 式と比較）で強調されている，推定-誤差修正構造を備えている．

1.6 マルコフ連鎖モンテカルロ法

ベイズ推定では，パラメータ（ここでは ψ と表す）の事後分布が解析的に扱いづらい場合がしばしば存在する．これは，事後分布の平均や分散という要約統計量や，特定のパラメータの周辺分布を閉形式（クローズド・フォーム）で導くのが不可能であることを意味する．実際，ほとんどの場合，事後密度で既知なのは正規化因子を除く部分だけである．この限界を克服するための標準的なやり方はシミュレーション法に頼ることである．例えば，事後分布 π から $\psi_1, \ldots, \psi_N$ を i.i.d. に抽出できると，標準的なモンテカ

1.6 マルコフ連鎖モンテカルロ法

ルロ法を使えば，有限な事後期待値を持つ任意の関数 $g(\psi)$ の平均を，標本平均で近似することができる．

$$\mathrm{E}_\pi(g(\psi)) \approx N^{-1} \sum_{j=1}^{N} g(\psi_j) \tag{1.13}$$

残念ながら，独立な標本を事後分布から得ることは常に容易な訳ではない．しかしながら，(1.13) 式は，より一般的に，ある種の従属性を持つ標本に対しても成立する．特に，特定のマルコフ連鎖に対して成立する．マルコフ連鎖から確率変数をシミュレートする方法に基づくモンテカルロ法は，マルコフ連鎖モンテカルロ (MCMC) 法と呼ばれ，今日ではベイズ流のデータ分析で必要な数値解析を行う標準的な方法である．次項から，(1.13) 式が特定の π に対して成り立つようなマルコフ連鎖をシミュレートするために通常採用される主要で一般的な方法を振り返る．詳細に関しては，Gelman et al. (2004) 等を参照し，より高度なものには，Robert and Casella (2004) や優れた論文である Tierney (1994) をあげておく．

既約で非周期的であり，かつ再帰的なマルコフ連鎖 $(\psi_t)_{t\geq 1}$ は不変分布 π を持ち，あらゆる[*2] 初期値 ψ_1 に対して t が無限大に増加すれば，ψ の分布は π に近づくことを示すことができる．したがって，十分大きい M に対して，$\psi_{M+1}, \ldots, \psi_{M+N}$ は全て近似的に π に従う分布になり，同時に π からの独立な標本より得られるのと同じ統計的な性質を持つことになる．特に，(1.13) 式で表される大数の法則が成立するので，次の近似を得る．

$$\mathrm{E}_\pi(g(\psi)) \approx N^{-1} \sum_{j=1}^{N} g(\psi_{M+j}) \tag{1.14}$$

ちなみに，マルコフ連鎖が既約かつ再帰的であるが非周期的ではない場合でも，周期 d が $d>1$ であれば，ψ_t の分布が連鎖の初期値に依存していたとしても，t の大きさによらず (1.14) 式が成立することに注意する．実際には，M がどの程度の大きさであるかを決定すること，すなわち何回ぐらいのイタレーションをシミュレートされたマルコフ連鎖のバーンイン（稼働検査期間）と考えて，(1.14) 式のようなエルゴード平均を計算する場合に除くのかを決めることは重要である．

次の論点は，期待値に対応する推定量としてのエルゴード平均に関する精度の評価である．ψ_j がマルコフ連鎖からシミュレートされる場合，i.i.d. の場合に標本平均の分散を推定する通常の式はもはや成立しない．簡単のために，連鎖のバーンイン部分が既に除かれていることを想定すれば，ψ_1 は π に従って分布し，$(\psi_t)_{t\geq 1}$ が定常マルコフ連鎖であることが問題なく仮定できる．ここで，$\bar{g}_N$ が (1.14) 式の右辺を表しているとしよう．N が大きい場合に，次を示すことができる．

[*2] ここでは，主要な考え方だけを伝えたいために，いくつかの測度論的な詳細を省略する．厳密な結果に関しては，読者は推奨した参考文献を参照されたい．

$$\mathrm{Var}(\bar{g}_N) \approx N^{-1}\mathrm{Var}(g(\psi_1))\tau(g)$$

ここで，$\tau(g) = \sum_{t=-\infty}^{+\infty}\rho_t$ であり，$\rho_t = \mathrm{corr}(g(\psi_s),g(\psi_{s+t}))$ である．項 $\mathrm{Var}(g(\psi_1))$ の推定値は，$g(\psi_1),\ldots,g(\psi_N)$ の標本分散で与えられる．Sokal (1989) では，$\tau(g)$ を推定するために，次のように和の計算を打ち切って，理論的な相関値の代わりに経験的な相関値をあてることが提案されている．

$$\hat{\tau}_n = \sum_{|t|\leq n}\hat{\rho}_t$$

ここで，$n = \min\{k : k \geq 3\hat{\tau}_k\}$ である．

本節の残りの部分では，特定の分布 π からシミュレーションを行うための，最も一般的な MCMC のアルゴリズムを簡単に紹介する．

1.6.1 ギブス・サンプラー

未知パラメータが多次元であり，したがって事後分布が多変量であるとしよう．この場合 $\psi = (\psi^{(1)},\psi^{(2)},\ldots,\psi^{(k)})$ と記述できる．ここで，$\pi(\psi) = \pi(\psi^{(1)},\ldots,\psi^{(k)})$ を目標密度としよう．ギブス・サンプラーでは，パラメータ空間における任意の点 $\psi_0 = (\psi_0^{(1)},\ldots,\psi_0^{(k)})$ から処理を始めて，アルゴリズム 1.1 の方法に従って適切な条件付き分布から $\psi^{(i)}, i = 1,\ldots,k$ を抽出してゆくことで，1 回につき 1 つの成分を「更新」する．

●アルゴリズム 1.1：ギブス・サンプラー

---

0. 開始点を初期化：$\psi_0 = (\psi_0^{(1)},\ldots,\psi_0^{(k)})$
1. $j = 1,\ldots,N$ に対して
  1.1) $\psi_j^{(1)}$ を $\pi(\psi^{(1)}|\psi^{(2)} = \psi_{j-1}^{(2)},\ldots,\psi^{(k)} = \psi_{j-1}^{(k)})$ から生成
  1.2) $\psi_j^{(2)}$ を $\pi(\psi^{(2)}|\psi^{(1)} = \psi_j^{(1)},\psi^{(3)} = \psi_{j-1}^{(3)},\ldots,\psi^{(k)} = \psi_{j-1}^{(k)})$ から生成
    $\vdots$
  1.k) $\psi_j^{(k)}$ を $\pi(\psi^{(k)}|\psi^{(1)} = \psi_j^{(1)},\ldots,\psi^{(k-1)} = \psi_j^{(k-1)})$ から生成

重要な点は，ギブス・サンプラーを実際に応用する時によく用いられる特徴だが，上記の基本的なアルゴリズムは，$\psi^{(i)}$ 自体が多次元の場合にも機能することである．この場合，ギブス・サンプラーは，残りの全ての成分が与えられた下での条件付き分布から抽出を行うことによって，ψ の成分の「ブロック」を順に更新する．

1.6.2 メトロポリス-ヘイスティングス・アルゴリズム

指定された不変分布を持つマルコフ連鎖を生成するための非常に柔軟な方法が，メトロポリス-ヘイスティングス・アルゴリズムによって与えられている (Metropolis et al., 1953; Hastings, 1970). この方法は非常に一般的であり，実質的に任意の分布から連鎖の次の状態を生成することが可能となる．ここでは，目標分布の不変性は，受容/棄却のステップによって強調される．このアルゴリズムは次のように動作する．連鎖が現在状態 ψ にあるとしよう．この時，提案値 $\tilde{\psi}$ は，密度 $q(\psi, \cdot)$ から生成される．ここで，q はその 2 番目の引数 ("・") における密度であるが，最初の引数によってパラメタライズされている．実際にはこれは，提案密度が現在の状態 ψ に依存する可能性があることを意味している．提案値 $\tilde{\psi}$ は，次式の確率で連鎖の新しい状態として受容される．

$$\alpha(\psi, \tilde{\psi}) = \min\left\{1, \frac{\pi(\tilde{\psi}) q(\tilde{\psi}, \psi)}{\pi(\psi) q(\psi, \tilde{\psi})}\right\} \tag{1.15}$$

もし提案値が棄却されると，連鎖は現在の状態 ψ に留まる．アルゴリズム 1.2 には関連するステップが詳述されており，連鎖が任意の値 ψ_0 から始まる場合を仮定している．

●アルゴリズム 1.2：メトロポリス-ヘイスティングス・アルゴリズム

---

0. 開始点を初期化:ψ_0
1. $j = 1, \ldots, N$ に対して
　1.1) $\tilde{\psi}_j$ を $q(\psi_{j-1}, \cdot)$ から生成
　1.2) (1.15) 式に従って $\alpha = \alpha(\psi_{j-1}, \tilde{\psi}_j)$ を計算
　1.3) 独立な確率変数 $U_j \sim \mathcal{B}e(\alpha)$ を生成
　1.4) $U_j = 1$ なら $\psi_j = \tilde{\psi}_j$ とし，他の場合は $\psi_j = \psi_{j-1}$ とする

提案密度の選択は実用上の重要な問題である．棄却率が高くなるような提案値では「sticky（粘着的）」なマルコフ連鎖になり，この場合，状態は多数回の反復で一定のままになる傾向がある．そのような状況では，(1.14) 式のようなエルゴード平均は N が非常に大きくない限り，不十分な近似しか与えないことになる．他方，受容率が高くても，それ自体は連鎖の振る舞いのよさを保証はしない．例えば，$(\psi - a, \psi + a)$ 上の一様な提案値を考えよう．ここで a は非常に小さい正の値であり，ψ が現在の状態であるとする．この場合，$q(\psi, \tilde{\psi})$ は引数に対して対称となり，したがって α の中で相殺されてしまう．さらに，提案値 $\tilde{\psi}$ は ψ に近いので，ほとんどの場合 $\pi(\tilde{\psi}) \approx \pi(\psi)$ かつ $\alpha \approx 1$ となるだろう．しかしながら，得られたシミュレーションによる連鎖は，その状態空間の中を非常にゆっくりと動き回るという結果になり，強い正の自己相関を示す．これは (1.14) 式を

通じてよい近似を得るためには，N を非常に大きくとる必要があることを意味する．一般的にいうと，現在の状態の近傍において局所的となる可能性はあるが，目標分布のよい近似となる提案値が得られる工夫をすべきである．次項にて，そのような提案値を構築する一般的な方法を説明する．

ギブス・サンプラーとメトロポリス-ヘイスティングス・アルゴリズムは，マルコフ連鎖のシミュレーションにとって決して競合するアプローチではない．実際，それらは組み合わせて，一緒に使用することができる．ギブス・サンプリングのアプローチをとると，1つ以上の条件付き分布からの標本化が実行不可能であるか，単に実用的ではない場合がある．例えば，$\pi(\psi^{(1)}|\psi^{(2)})$ が標準的な式を持たず，そのため，この分布からのシミュレーションが困難である場合を想定しよう．この場合，$\pi(\psi^{(1)}|\psi^{(2)})$ から $\psi^{(1)}$ を生成する代わりに，メトロポリス-ヘイスティングス・アルゴリズムのステップを用いて $\psi^{(1)}$ を更新することができる．このようにしても，マルコフ連鎖の不変分布は変わらないことを示すことができる．

1.6.3 適応棄却メトロポリス・サンプリング

棄却サンプリングは目標分布 π から確率変数を生成できる単純なアルゴリズムであり，π とは異なる提案分布 f から抽出を行い，一定の確率で受容することで π からのサンプリングを行う．全ての ψ に対して $\pi(\psi) \leq Cf(\psi)$ となるような定数 C が存在し，$r(\psi) = \pi(\psi)/Cf(\psi)$，したがって $0 < r(\psi) < 1$ とする．ここで，2つの独立な確率変数 U と V を生成し，U は $(0,1)$ 上で一様に分布し，$V \sim f$ とする．そして $U < r(V)$ なら $\psi = V$ とし，そうでなければこの過程を繰り返す．言い換えると $f(\psi)$ から V を抽出し，確率 $r(V)$ で V を $\pi(\psi)$ からの抽出標本として受容する．棄却する場合には，この過程を再度開始する．π の台が f の台に含まれているなら，アルゴリズムは有限時間内で完了し，最終的に受容される V が生成されることが示される．抽出結果が正しい分布に従うことを確認するため，提案された V が $U < r(V)$ の場合にだけ受容されるような状況を考えよう．この時，受容された V の分布は単なる f ではなく，事象 $\{U < r(V)\}$ の下での条件付き分布 f となる．目標分布 π の累積分布関数を Π と表すと，次を得る．

$$\begin{aligned}
P(V \leq v, U \leq r(V)) &= \int_{-\infty}^{v} P(U \leq r(V)|V = \zeta) f(\zeta) \, d\zeta \\
&= \int_{-\infty}^{v} P(U \leq r(\zeta)) f(\zeta) \, d\zeta = \int_{-\infty}^{v} r(\zeta) f(\zeta) \, d\zeta \\
&= \int_{-\infty}^{v} \frac{\pi(\zeta)}{Cf(\zeta)} f(\zeta) \, d\zeta = \frac{1}{C} \Pi(v)
\end{aligned}$$

v が $+\infty$ に行くと，$P(U \leq r(V)) = C^{-1}$ を得る．したがって次のようになる．

$$P(V \leq v | U \leq r(V)) = \frac{P(V \leq v, U \leq r(V))}{P(U \leq r(V))} = \Pi(v)$$

受容確率において最も好ましい状況とは，提案分布が目標分布に近い場合である．この場合，C は 1 に近い値をとることができ，受容確率 $r(\cdot)$ も 1 に近い値となるだろう．メトロポリス–ヘイスティングス・アルゴリズムとの類似性に関しては，言及しておく価値がある．いずれの方法でも，操作密度から提案を生成し，特定の確率でその提案を受容する．しかしながら，棄却サンプリングでは候補が受容されるまで提案を生成し続け，その過程を繰り返すことで，正確に目標分布からの独立な抽出系列を生成することができるのに対し，メトロポリス–ヘイスティングス・アルゴリズムでは，シミュレートされた確率変数には一般に従属性があり，その極限においてのみ目標分布に従う分布を持つ．

もし，π が一変量で，対数凹[*3] で有界な台を持つなら，$\log \pi$ に対して連続区分的線型包絡を構成することができ（図 1.1 を参照），これは π に対する区分的指数包絡に対応する．適切に正規化すると，これは区分的指数提案密度に対応し，これにより標準的な乱数生成器を用いたサンプリングが容易となる．さらに，C と区分的指数密度の正規化定数の間の相互作用によって，目標密度 π は正規化因子を除き既知となる必要がある．

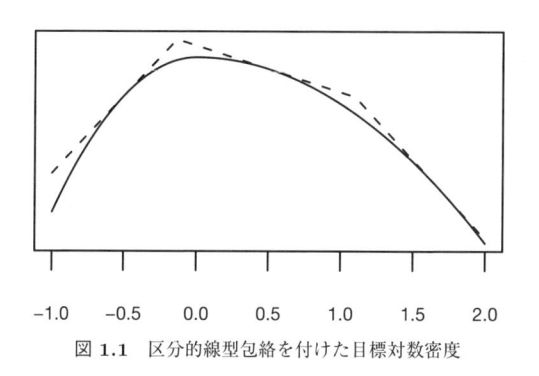

図 1.1 区分的線型包絡を付けた目標対数密度

明らかに，目標対数密度に対する包絡を構成する際，多くの点を使用するほど提案密度はより目標分布に近づき，提案 V はより速やかに受容される．これは，棄却サンプリングの適応的なバージョンを示唆しており，その方法では提案 V が棄却されるごとに，点 $(V, \log \pi(V))$ を用いて区分的線型包絡が改善され，π により近い密度から次の提案が抽出されることになる．このアルゴリズムは，Gilks and Wild (1992) で適応棄却サンプリング (adaptive rejection sampling) と呼ばれた．一変量目標分布 π が対数凹でないなら，適応棄却サンプリングとメトロポリス–ヘイスティングス・アルゴリズムを組み合わせて，不変分布として π を持つマルコフ連鎖を得る．詳細は Gilks et al. (1995) に見ることができ，そこでは，このアルゴリズムは適応棄却メトロポリス・サンプリング (adaptive

---

[*3] 関数 g は，全ての $\alpha \in (0,1)$ と $x, y \in (a,b)$ に対して区間 (a,b) で $g(\alpha x + (1-\alpha)y) > \alpha g(x) + (1-\alpha)g(y)$ と定義されていれば凹である．π は $\log \pi(\psi)$ が凹関数なら対数凹になる．

rejection Metropolis sampling; ARMS) と呼ばれている.

上述の一変量 ARMS アルゴリズムは，MCMC の設定の中で次のような簡単な工夫を用いることで，多変量目標分布に対しても機能するように，適合させることができる．連鎖が現在 $\psi \in \mathbb{R}^k$ にあるとする．ここで一様に分布する単位ベクトル $u \in \mathbb{R}^k$ を生成する．次に，ARMS を次の関係に比例する一変量密度に適用する．

$$t \mapsto \pi(\psi + tu)$$

正規化因子を除けば，これは，現在の ψ を通る直線に沿って，u の方向を持つ新しい抽出標本が与えられた下での，条件付き目標密度になっている．R では関数 arms が，元々はパッケージ HI (Petris and Tardella (2003) を参照) の一部として書かれたが，今ではパッケージ dlm に含まれ，ARMS のこの種の多変量のバージョンを実行する．この関数は，引数 y.start, myldens, indFunc, n.sample が必要であり，それぞれ開始点，目標対数密度を評価する関数，密度の台を評価する関数，シミュレートすべき抽出数に対応している．また，追加引数 ... は，myldens と indFunc に渡される．これは，対数密度とその台が追加パラメータに依存する場合に有益である．図 1.2 は，分散が共に 1，共分散が 0 で，平均がそれぞれ $(-3, -3)$ と $(3, 3)$ の 2 つの 2 変量正規密度の混合分布からシミュレートした 500 点のプロットを示している．この標本を生成するために，以下のコードを使用した.

───────────── **R code** ─────────────
```
> bimodal <- function(x) log(prod(dnorm(x, mean = 3)) +
+                                  prod(dnorm(x, mean = -3)))
> supp <- function(x) all(x > (-10)) * all(x < 10)
> y <- arms( c(-2, 2), bimodal, supp, 500 )
```

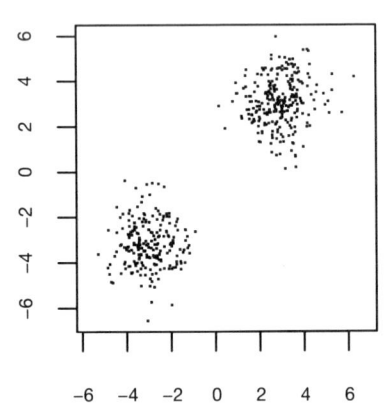

図 **1.2**　2 つの 2 変量正規分布の混合分布からの標本

普通のギブス・サンプラーでは，この目標分布の場合，2つの峰の一方に非常に偏りやすくなることに注意しよう．このように，多変量事後分布に多峰性が疑われる場合には，単純なギブス・サンプラーのみに頼らず，MCMC に ARMS を含めるのが賢明であることが示唆される．

マルコフ連鎖モンテカルロ法は，ベイズ統計のあらゆる応用分野で広く用いられているが，さらに他の確率的な数値手法も存在し，ある種のモデルに適用すれば，事後分布の要約を計算することができる．特に状態空間モデルでは，逐次モンテカルロ法によって提供される MCMC の代替手段が，特に非ガウス・非線型のモデルに対して近年かなり一般的になってきている．これはやや高度な話題なので，第 5 章で取り扱うことにする．

演習問題

1.1 等式 (1.9) 式を確かめよ．

1.2 等式 (1.10) 式を確かめよ．

1.3 1.5 節で説明した線型回帰モデルを考えよう．ここで，$V = \sigma^2 D$ であり，D は既知の行列とする．このとき，正規-ガンマ事前分布を用いて，パラメータ $(\beta, \phi = \sigma^{-1})$ に関する事後密度を確かめよ．ただし，パラメータは (1.11) 式で与えられるものとする．さらに，等式 (1.12) 式も確かめよ．

1.4 (縮小推定) 次のような確率変数 $Y_1, \ldots, Y_n$ を考えよう．

$$Y_1, \ldots, Y_n | \theta_1, \ldots, \theta_n \sim \prod_{t=1}^{n} \mathcal{N}(y_t | \theta_t, \sigma^2)$$

ここで，σ^2 は既知とする．

(a) $\theta_1, \ldots, \theta_n$ が i.i.d. で $\mathcal{N}(m, \tau^2)$ に従う場合，Y_t が独立になることを確かめよ．また，事後密度 $p(\theta_1, \ldots, \theta_n | y_1, \ldots, y_n)$ を計算せよ．二次損失関数を用いると，θ_t のベイズ推定は $\mathrm{E}(\theta_t | y_1, \ldots, y_n)$ となるが，この式を導き説明せよ．また，事後分散 $\mathrm{Var}(\theta_t | y_1, \ldots, y_n)$ はどうなるか？

(b) 今度は，$\theta_1, \ldots, \theta_n$ が共通の分布 $\mathcal{N}(\lambda, \sigma_w^2)$ に従い，λ が与えられた下で条件付き i.i.d. になるとしよう．ここで，λ は $\mathcal{N}(m, \tau^2)$ に従い，m, σ_w^2, τ^2 は既知とする．この時，事後密度 $p(\theta_1, \ldots, \theta_n | y_1, \ldots, y_n)$ を計算せよ．また，$\mathrm{E}(\theta_t | y_1, \ldots, y_n)$ と $\mathrm{Var}(\theta_t | y_1, \ldots, y_n)$ の数式を導き説明せよ．

1.5 $Y_1, \ldots, Y_n$ は，θ が与えられた下で条件付き i.i.d. となる確率変数であって，$Y_i | \theta \sim \mathcal{N}(\theta, \sigma^2)$ とする（ここで σ^2 は既知）．さらに，次のように仮定する．

$$\theta \sim \sum_{j=1}^{k} p_j \mathcal{N}(\mu_j, \tau_j^2)$$

この時 $Y_1 = y_1, \ldots, Y_n = y_n$ が与えられた下における，θ の事後分布と Y_{n+1} の予測分布を計算せよ．

1.6 線型モデル $y = X\beta + \epsilon,\ \epsilon \sim \mathcal{N}(0, V)$ を考えよう．ここで β と V は未知で，これらは独立な事前分布に従い，$\beta \sim \mathcal{N}(m_0, C_0),\ \Phi = V^{-1} \sim \mathcal{W}(\nu_0, S_0)$ としよう．このとき，(β, Φ) の同時事後分布を近似するギブス・サンプラーを書け．

2

動的線型モデル

　本章では，状態空間モデルに関する基本概念と，時系列分析におけるその利用について説明する．動的線型モデルは，一般状態空間モデルの線型でかつガウシアンである特殊な場合として示される．動的線型モデルにおける推定と予測は，よく知られているカルマン・フィルタによって再帰的に得ることができる．

2.1 はじめに

　近年，時系列分析における状態空間モデルの応用に対する関心が高まってきている．例えば，Harvey (1989), West and Harrison (1997), Durbin and Koopman (2001)，それに Künsch (2001) や Migon et al. (2005) による最近のレビューとそれらにある参考文献を参照のこと．状態空間モデルでは，時系列は確率的な攪乱項によって摂動する動的システムの出力とみなされる．このモデルでは，トレンド，季節や回帰成分のようないくつかの成分の組合せとして，時系列の自然な解釈ができる．同時に，エレガントで強力な確率構造を持ち，非常に広範な応用に対して柔軟な枠組みを提供する．計算は再帰的なアルゴリズムで実装可能である．推定と予測の問題は，利用可能な情報が与えられた下で関心のある量の条件付き分布を再帰的に計算することによって解決される．その意味で，このモデルはベイズ理論の枠組みの中で極めて自然に扱われる．

　状態空間モデルは，一変量や多変量の時系列をモデル化し，非定常性や構造変化，不規則パターンがある場合でも使用可能である．時系列分析における状態空間モデルの応用の可能性について感触を得るために，例として図 2.1 にプロットされたデータを考えよう．この時系列はうまく予測ができるように見える．なぜなら，かなり規則的に時間的な振る舞いを繰り返しているためである．トレンドと規則的な季節成分が，変動性のわずかな増加と共に確認できる．この種のデータに関しては，トレンドと季節成分を持つかなり単純な時系列モデルで多分よい結果を得るだろう．実際，時系列分析の基本は，検討中の現象の動きの中に，合理的な規則性が見つけられることができるかに依存している．したがって，系列が時間的に規則的なパターンを繰り返す傾向があるなら，将来

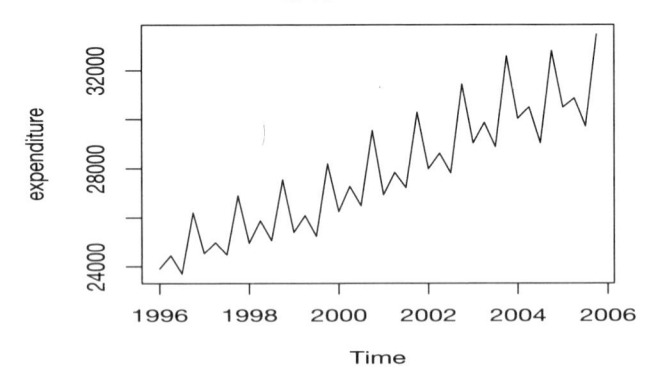

図 2.1 家計食費支出，四半期データ（1996 年 Q1 から 2005 年 Q4），データは http://con.istat.it から取得可能

の振る舞いを予測するのはとても容易である．しかしながら，図 2.2〜2.4 にプロットされたデータのような時系列では，状況はより複雑になる．図 2.2 は，1960 年から 1986 年までの四半期ごとのイギリスのガス消費量を示している（このデータは UKgas として R で利用可能である）．明らかに季節成分に変化があることが分かる．図 2.3 はよく検討されるデータセットを示しており，1871 年から 1970 年までのアスワンでのナイル川の年間流量の観測値である．この系列は，レベルのシフトを示している．アスワンにおける最初のダムの建設は 1898 年に開始され，2 番目の大型ダムは 1971 年に完成していることが分かっている．今までにこれらの巨大なダムを見たことがあるなら，ナイル川の流量と広大な周辺地域にとても大きな変化が引き起こされたことが，容易に理解できる

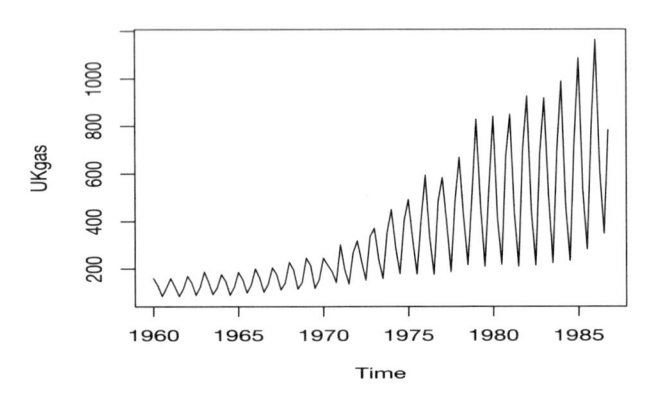

図 2.2 1960 年 Q1 から 1986 年 Q4 までの四半期でのイギリスのガス消費量（単位は 100 万サーム）

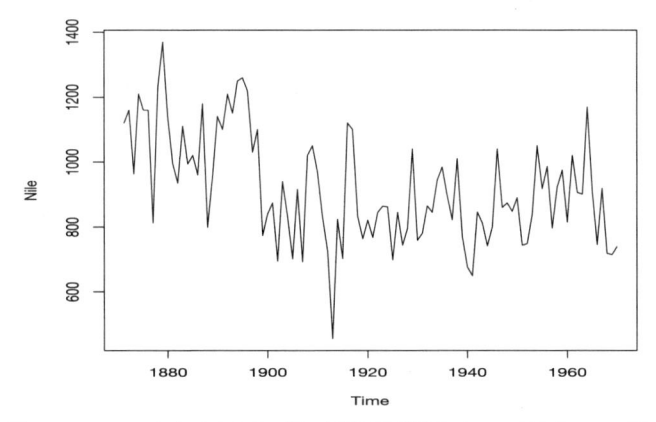

図 2.3　アスワンにおけるナイル川の年間流量観測値（1871 年から 1970 年）

だろう．したがって，規則的なパターンや内在するシステムの安定性を仮定せずに，変化点や構造変化を含めることができるような，より柔軟な時系列モデルに対する必要性が感じ始められるだろう．図 2.4 にはもっと不規則な可能性のある系列がプロットされており，これは Google[*1)] の日次価格を示している（2004 年 8 月 19 日から 2006 年 3 月 31 日までの終値）．この系列は，明らかに非定常で，実際かなり不規則に見える．事実，その当時，新規の経済市場がいかに不安定であったかが分かっている．ARMA モデルによる非定常時系列の分析では，少なくともデータを事前に変換して定常性を確保してお

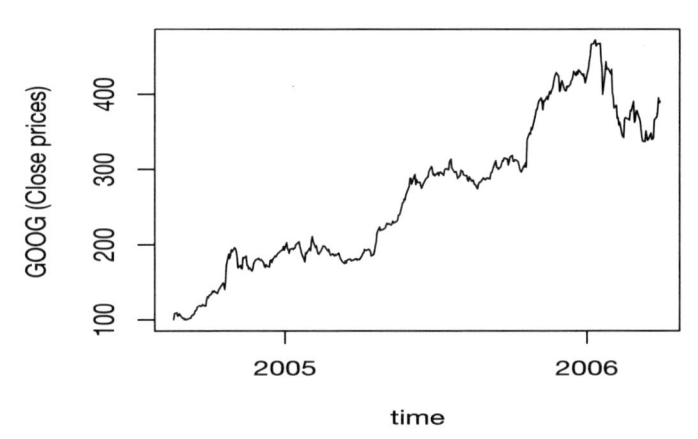

図 2.4　Google 株式会社の日次価格 (GOOG)

[*1)]　金融データは，R のパッケージ tseries における関数 *get.hist.quote*，もしくはパッケージ its における関数 *priceIts* を使用することで，R に容易にダウンロードできる．

く必要がある．しかし，データが平均レベルや分散の不安定性や構造変化，急激なジャンプを示す場合，これらをより直接的に分析できるモデルの方が，より自然に感じることができる．状態空間モデルは ARMA モデルを特殊な場合として含むが，データの事前変換を必要とせずに非定常時系列に適用することができる．しかし，さらに基本的な論点が存在する．例えば経済や金融のデータを扱う場合，一変量時系列モデルはしばしばかなり制約的であることが多い．経済学者は，経済システムをより深く理解したいと思っており，例えば，特に関心がある変数に影響を与える適切なマクロ経済変数に着目する．図 2.4 の金融データの例では，一変量時系列モデルでも，高頻度なデータ（図 2.4 のデータは日次価格）に対して十分であり，不規則性，構造変化，あるいはジャンプに速やかに適応するかもしれない．しかしながら，急激な変化を予測するとなると，市場に影響を及ぼす経済的，社会政治的な変数について，より深くかつ広く検討することにさらに努めなければ困難であろう．検討に努めた場合でさえ，急激な変化の予測はまったく容易な作業ではないのである！ 検討を深めるためには，モデルに回帰項を含めたり，多変量時系列モデルを使用するのが望ましいと考える．回帰項はかなり自然な形で，状態空間時系列モデルに含めることができる．また，状態空間モデルは，一般的には多変量時系列に対して定式化することができる．

　状態空間モデルは 1960 年代前半に工学分野で発生したが，確率過程や時系列の理論において，予測問題は常に基本的かつ興味を引く論点でありつづけていた．Kolmogorov (1941) は，Wold (1938) によって提案された表現を用いて，離散時間定常確率過程に関するこの問題を検討した．Wiener (1949) は連続時間確率過程を検討し，予測問題をいわゆるウィーナーーホップ積分方程式の解法に還元した．しかしながら，Wiener の問題を解決するためには，いくつかの理論的かつ現実的な制約に従う必要があった．この問題に対する新たな視点は Kalman (1960) によって与えられ，そこでは，確率過程のボーデーシャノン表現と動的システムの分析に「状態遷移」法が使用された．カルマン・フィルタ (Kalman, 1960; Kalman and Bucy, 1963) として知られている Kalman の解法は，定常な確率過程と非定常な確率過程に適用される．この方法は，他分野ですぐに人気を博し，宇宙船ボイジャーの軌道の決定から海洋学の問題，農業から経済学や音声認識に至るまで，幅広い問題に適用された（例えば，カルマン・フィルタの応用に特化した，IEEE Transactions on Automatic Control (1983) の特集号を参照）．潜在変数や再帰的推定の考え方は，早くは少なくとも Thiele (1880) や Plackett (1950) といった統計分野の文献に見つけることができるものの，この方法の重要性を後に再認識したのは，統計学者のみであった．この辺りは，Lauritzen (1981) を参照されたい．このような遅れが生じた原因の 1 つは，カルマン・フィルタに関する検討のほとんどが，工学分野の文献で行われたためである．これは，統計学者がこのような文献の用語になじみがなかったというだけでは

なく，統計や時系列分析の応用において重要ないくつかの問題が，まだ十分に理解されていなかったことも意味している．1960年のKalmanによる論文では，実際の応用で重要となる遷移モデルを得る方法は別の問題として扱われ，解決されていないことを彼自身強調している．工学分野の文献では，動的システムの構造は，確率的な攪乱効果を除いて既知と仮定するのが一般的な方法であり，主な問題は，モデルが与えられた下でシステムの状態に関する最適な推定値を見つけることにある．時系列分析では，力点がいくらか異なっている．動的システムに内在する状態の物理的な解釈は，工学分野の応用に比べあまり明白ではない．たとえ，動的システムの出力と捉えると都合がよいような観測可能な過程があったとしても，予測問題が最も大きな意味を持つことが多い．このような状況では，モデルの構築はより困難となりうるし，状態空間表現が得られた場合でさえ，モデルには通常，未知であったり推定の必要がある量やパラメータが存在する．

状態空間モデルは，70年代に時系列分析の文献に現れ（Akaike, 1974a; Harrison and Stevens, 1976），80年代を通じて地位が確立されるようになった（Harvey, 1989; West and Harrison, 1997; Aoki, 1987）．ここ数十年においてこの手法は関心の的になっている．その要因は様々で，一方では時系列分析によく適したモデルの開発が進んだり，例えば分子生物学や遺伝学を含め応用範囲が広がりを見せたためでもあり，他方では，より複雑な非ガウス・非線型の状況を扱うために，現代的なモンテカルロ法のような計算ツールの開発が進んだためでもある．

次節では，状態空間モデルの基本的な定式化と推定に関する再帰的な計算構造について説明する．その後特殊な場合として，ガウス型の動的線型モデルに対してカルマン・フィルタを示す．

2.2 簡 単 な 例

状態空間モデルの一般的な定式化を示す前に，簡単な入門向きの例を通じて，基本的な考え方や再帰的な計算に関する直感的な説明を与えておくと有益である．確率誤差によって影響を受けるいくつかの観測値（$Y_t : t = 1, 2, \ldots$）に基づいて，目標の位置 θ を決定する問題を考えよう．この問題はかなり直感的であり，極めて自然に動的特性を組み込むことができる．静的な問題では，目標は時間的に移動しないが，目標が移動する場合に議論を拡張することも当然できる．好みによっては，ある商品の販売予測のような何らかの経済的な問題を考えてもよい．短期予測では，観測された販売高は，しばしば観測できない平均販売高・プラス・確率誤差に対する観測値としてモデル化される．ここで，平均販売高のレベルは，一定値もしくは時間軸上で確率的に変動するものと仮定する（これは，いわゆるランダムウォーク・プラス・ノイズモデルであり，42ページを参照）．

ベイズ推定については，第1章（7ページ）における静的な問題で既に説明した．そこでは，海で難破して救命艇で小島の海岸に漂着する状況を想定し，θ が未知の位置（例えば，一変量で海岸からの距離）であった．観測値は，次のようにモデル化された．

$$Y_t = \theta + \epsilon_t, \qquad \epsilon_t \overset{i.i.d.}{\sim} \mathcal{N}(0, \sigma^2)$$

すなわち，θ が与えられた下で，Y_t は条件付き独立で同一な $\mathcal{N}(\theta, \sigma^2)$ という分布に従う．また，θ は正規事前分布 $\mathcal{N}(m_0, C_0)$ に従う．既に第1章で分かったように，新しいデータが利用可能になるたびに逐次的に計算を行うと，θ に対する事後分布は，(1.2) 式あるいは (1.3) 式によって得られた更新パラメータで依然としてガウス型のままとなる．

具体的には，位置 θ の事前の予想値が $m_0 = 1$ で，分散 $C_0 = 2$ であるとしよう．この事前密度は，図 2.5 の最初のパネル（左上）にプロットされている．m_0 は観測値に対する点予測にもなっていることに注意する．すなわち，$\mathrm{E}(Y_1) = \mathrm{E}(\theta + \epsilon_1) = \mathrm{E}(\theta) = m_0 = 1$ である．

時点 $t = 1$ で，例えば $Y_1 = 1.3$ の観測値を得ると，(1.3) 式から θ の事後正規密度のパラメータは

$$m_1 = m_0 + \frac{C_0}{C_0 + \sigma^2}(Y_1 - m_0) = 1.24$$

で，精度は $C_1^{-1} = \sigma^{-2} + C_0^{-1} = 0.4^{-1}$ となる［訳注：$\sigma^2 = 0.5$ としている］．時点 0 における最良の予想値 m_0 を，因子 $K_1 = C_0/(C_0 + \sigma^2)$ で重み付けした予測誤差 $(Y_1 - m_0)$ で修正することで m_1 が得られることが分かる．観測値が正確であれば正確であるほど，あるいは初期情報があいまいであればあいまいであるほど，それだけより「データを信頼する」結果となる．すなわち，上の式において，C_0 に対して σ^2 が小さいほど，m_1 におけるデータ修正項の重み K_1 が大きくなる．時点 $t = 2$ で例えば新しい観測値 $Y_2 = 1.2$

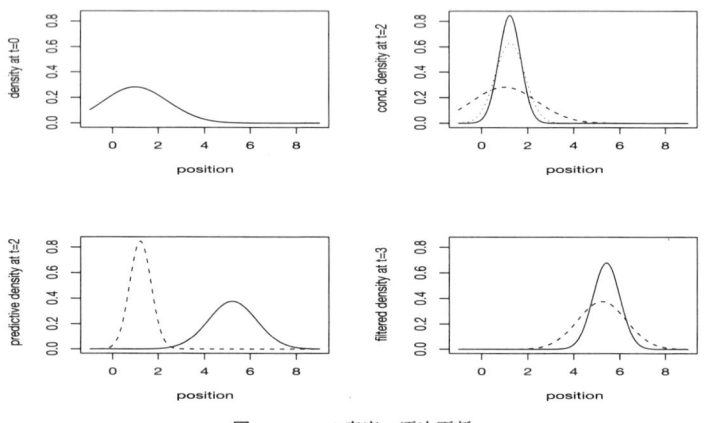

図 **2.5** θ_t の密度の逐次更新

2.2 簡単な例

が利用可能になった時，$\theta|Y_{1:2}$ の密度が計算でき，再び (1.3) 式を用いると，$\mathcal{N}(m_2, C_2)$ で，$m_2 = 1.222, C_2 = 0.222$ となる．図 2.5 の 2 番目のパネル（右上）では，$y_{1:2}$ が与えられた際に，θ の事前密度が事後密度に更新される状況が示されている．このような方法で，新しいデータが利用可能になるたびに逐次的に処理を続けることができる．

今度は，この問題に動的な成分を導入しよう．時点 $t = 2$ で目標が動き始めることが分かっており，その後に続く 2 回の観測の間に位置が変化するとする．次のような簡単な形の移動を仮定しよう[*2]．

$$\theta_t = \theta_{t-1} + \nu + w_t, \qquad w_t \sim \mathcal{N}(0, \sigma_w^2) \tag{2.1}$$

ここで，ν は既知の名目的速度，w_t は平均 0 で分散 σ_w^2 が既知のガウス型の確率誤差である．例えば，$\nu = 4.5, \sigma_w^2 = 0.9$ としよう．こうして，継続する時点において，目標の未知の位置を記述する過程 ($\theta_t : t = 1, 2, \ldots$) を得る．ここで，観測方程式は次式のようになる．

$$Y_t = \theta_t + \epsilon_t, \qquad \epsilon_t \overset{i.i.d.}{\sim} \mathcal{N}(0, \sigma^2) \tag{2.2}$$

そして，系列 (θ_t) と (ϵ_t) が独立であると仮定する．未知の位置 θ_t について推定を行うため，次のステップに沿って処理を続ける．

初期ステップ 先の結果から，時点 $t = 2$ において，次のようになる．

$$\theta_2 | y_{1:2} \sim \mathcal{N}(m_2 = 1.222, C_2 = 0.222)$$

予測ステップ (2.1) 式の動的特性に基づけば，時点 $t = 2$ において，目標が時点 $t = 3$ でどこに位置するかが予測可能である．次の関係を容易に得る．

$$\theta_3 | y_{1:2} \sim \mathcal{N}(a_3, R_3)$$

ここで

$$a_3 = \mathrm{E}(\theta_2 + \nu + w_3 | y_{1:2}) = m_2 + \nu = 5.722$$

分散は

[*2] 方程式 (2.1) 式は，例えば次のような連続時間における運動法則の離散化と考えることができる．

$$d\theta_t = \nu dt + dW_t$$

ここで，ν は名目的速度，dW_t は誤差項である．簡単のために，短い時間間隔 (t_{i-1}, t_i) で離散化すると，次のようになる．

$$\frac{\theta_{t_i} - \theta_{t_{i-1}}}{t_i - t_{i-1}} = \nu + w_{t_i}$$

すなわち，以下の関係が成立する．

$$\theta_{t_i} - \theta_{t_{i-1}} = \nu(t_i - t_{i-1}) + w_{t_i}(t_i - t_{i-1})$$

ここで，確率誤差 w_{t_i} は密度 $\mathcal{N}(0, \sigma_w^2)$ に従うと仮定する．さらなる簡単化のために，時間間隔を単位化して $(t_i - t_{i-1}) = 1$ とすると，上式は (2.1) 式と書き直せる．

$$R_3 = \mathrm{Var}(\theta_2 + \nu + w_3 | y_{1:2}) = C_2 + \sigma_w^2 = 1.122$$

図 2.5 の 3 番目のパネル（左下）は，$\theta_2 | y_{1:2}$ の条件付き分布から，$\theta_3 | y_{1:2}$ の「予測」分布に至る予測ステップを示している．時点 $t = 2$ における目標の位置がかなり確実でも，時点 $t = 3$ における位置は不確実となることに注意する．これは θ_t の動的特性における確率誤差 w_t の影響のためであり，σ_w^2 が大きいほど，次の観測時点における位置はより不確実になる．$y_{1:2}$ が与えられた下で，次の観測値 Y_3 を予測することもできる．観測方程式 (2.2) 式に基づくと，次の関係を容易に得る．

$$Y_3 | y_{1:2} \sim \mathcal{N}(f_3, Q_3)$$

ここで

$$f_3 = \mathrm{E}(\theta_3 + \epsilon_3 | y_{1:2}) = a_3 = 5.722$$

分散は

$$Q_3 = \mathrm{Var}(\theta_3 + \epsilon_3 | y_{1:2}) = R_3 + \sigma^2 = 1.622$$

である．Y_3 の不確実性は，時点 $t = 3$ における位置の不確実性（R_3 で表される）と同様に，観測誤差（Q_3 における σ^2 の項）にも依存する．

推定ステップ（フィルタリング） 時点 $t = 3$ において，新しい観測値 $Y_3 = 5$ が利用可能になったとする．Y_3 の点予測は $f_3 = a_3 = 5.722$ なので，予測誤差 $e_t = y_t - f_t = -0.722$ を得る．θ_3 とその結果 Y_3 を過剰推定してしまったので，直感的には θ_3 の新しい推定値 $\mathrm{E}(\theta_3 | y_{1:3})$ は，$a_3 = \mathrm{E}(\theta_3 | y_{1:2})$ より小さくなるだろう．$\theta_3 | y_{1:3}$ の事後密度を計算するためにベイズの公式を使用する．ここで，事前分布の役割は，$y_{1:2}$ が与えられた下での θ_3 の密度 $\mathcal{N}(a_3, R_3)$ が果たし，尤度は (θ_3, y_1, y_2) が与えられた下での Y_3 の密度となる．(2.2) 式から，(誤差系列間の独立性を仮定しているため) θ_3 が与えられた下で Y_3 は過去の観測値とは独立になり，

$$Y_3 | \theta_3 \sim \mathcal{N}(\theta_3, \sigma^2)$$

となることに注意する．そこで，ベイズの公式（(1.3) 式参照）によって次を得る．

$$\theta_3 | y_1, y_2, y_3 \sim \mathcal{N}(m_3, C_3)$$

ここで

$$m_3 = a_3 + \frac{R_3}{R_3 + \sigma^2}(y_3 - f_3) = 5.225$$

分散は

$$C_3 = \frac{\sigma^2 R_3}{\sigma^2 + R_3} = R_3 - \frac{R_3}{R_3 + \sigma^2} R_3 = 0.346$$

である．再び，更新メカニズムにおいて，推定-修正構造が機能していることが分かる．データ $y_{1:3}$ が与えられた下での θ_3 の最良推定値は，直前の最良推定値 a_3 を，予測誤差

$e_3 = y_3 - f_3$ に重み $K_3 = R_3/(R_3 + \sigma^2)$ を付けた項で修正して計算される.この重みが大きくなるほど,θ_3 の予測 a_3 の不確実性は大きくなり(すなわち C_2 と σ_w^2 に依存する R_3 がより大きくなり),観測値 Y_3 はより正確になる(すなわち σ^2 がより小さくなる).これらの結果から,いわゆる**信号対雑音比**と呼ばれる,観測分散 σ^2 に対するシステム分散 σ_w^2 の大きさが,推定と予測におけるデータの影響を決定する重要な役割を果たしているのが分かる.図 2.5 の最後(右下)のプロットは,この推定ステップを示している.新しい観測値が利用可能になった場合に推定値や予測値を更新するために,前述のステップを再帰的に反復し続けることができる.

前述の簡単な例では,動的線型モデルの基本的な側面を示した.これは次のようにまとめられる.

- 観測可能な過程 ($Y_t : t = 1, 2, \ldots$) は,ガウス型の確率誤差を除いて潜在過程 ($\theta_t : t = 1, 2, \ldots$) によって決定されると考えられる.仮に継続する時点における目標の位置を知っていたとすると,Y_t 間は独立となり,残りは予測不可能な観測誤差だけになる.さらに,観測値 Y_t は時点 t における目標の位置 θ_t のみに依存する.
- 潜在過程 (θ_t) は,極めて単純な動的特性に従う.すなわち,θ_t は過去の経路全てには依存せず,ガウス型の確率誤差を除く線型な関係を通じて,直前の位置 θ_{t-1} のみに依存する.
- 推定と予測は,新しいデータが利用可能になると,逐次的に得ることができる.

線型性とガウス性の仮定は動的線型モデルに特有のものであるが,(Y_t) や (θ_t) の過程の従属構造は一般状態空間モデルの定義の一部である.

2.3 状態空間モデル

時系列 $(Y_t)_{t \geq 1}$ を考えよう.任意の $t \geq 1$ に対する $(Y_1, \ldots, Y_t)$ の同時有限次元分布の特定化は容易な作業ではない.特に時系列の応用では,独立性や交換可能性が正当化されることは滅多にない.これは,これらの性質が本質的に時間とは関係がないためである.マルコフ従属性は,Y_t の間の従属性のおそらく最も簡単な形であり,ここでは時間は明確な役割を持つ.任意の $t > 1$ に対して,$(Y_t)_{t \geq 1}$ が次のようなマルコフ連鎖であるとしよう.

$$\pi(y_t | y_{1:t-1}) = \pi(y_t | y_{t-1})$$

これは,Y_t に関して,時点 $t-1$ までの観測値全てによってもたらされる情報が,y_{t-1} のみによってもたらされる情報と厳密に同じであることを意味している.別の言い方をすると,Y_t と $Y_{1:t-2}$ は y_{t-1} が与えられた下で条件付き独立になるというのと同じことであ

る．マルコフ連鎖では，有限次元の同時分布を，次のようにかなり簡単な形で書くことができる．

$$\pi(y_{1:t}) = \pi(y_1) \cdot \prod_{j=2}^{t} \pi(y_j | y_{j-1})$$

しかしながら，観測値に対して直接マルコフ構造を仮定するのは多くの応用で適当ではない．状態空間モデルは，マルコフ連鎖という比較的単純な従属構造の上に構築されているが，観測値に対してはより複雑なモデルを定義することができる．状態空間モデルでは，状態過程と呼ばれる観測不可能なマルコフ連鎖 (θ_t) が存在し，Y_t は θ_t の不正確な観測値であると仮定する．工学的な応用では，通常 θ_t は，出力 Y_t を生み出す物理的に観測可能なシステムの状態を記述している．他方，計量経済学的な応用では，θ_t は，潜在的な構造となる場合が多いが，役に立つ解釈を持たせることができる．いずれの場合でも，(θ_t) は補助的な時系列として考えることができ，これにより観測可能な時系列 (Y_t) の確率分布を特定化する作業が容易になる．

正式には，状態空間モデルは，$\mathbb{R}^p$ 上の値をとる時系列 ($\theta_t : t = 0, 1, \ldots$) と，$\mathbb{R}^m$ 上の値をとる時系列 ($Y_t : t = 1, 2, \ldots$) からなり，次の仮定を満たす．

(A.1) (θ_t) はマルコフ連鎖である．
(A.2) (θ_t) の条件の下で Y_t は独立であり，Y_t は θ_t のみに依存する．

(A.1)-(A.2) の結果，状態空間モデルは，初期分布 $\pi(\theta_0)$ と条件付き密度 $\pi(\theta_t | \theta_{t-1})$，$\pi(y_t | \theta_t), t \geq 1$ によって完全に特定化される．実際，任意の $t > 0$ に対して，次式が成立する．

$$\pi(\theta_{0:t}, y_{1:t}) = \pi(\theta_0) \cdot \prod_{j=1}^{t} \pi(\theta_j | \theta_{j-1}) \pi(y_j | \theta_j) \tag{2.3}$$

(2.3) 式から，条件化や周辺化によって，関心のある他の任意の分布を導くことができる．例えば，観測値 $Y_{1:t}$ の同時密度は，(2.3) 式で θ_j を積分消去することで得られる．しかしながら，この方法では，(2.3) 式の単純な積形式が失われてしまうことに注意する．

図 2.6 は，状態空間モデルによって仮定される情報の流れを表している．この図のグラフは，非巡回的有向グラフ（DAG: Directed Acyclic Graph）の特殊な場合になっている（Cowell et al. (1999) を参照）．このようなモデルのグラフ表現を用いれば，状態空間モデルで生じる確率変数の条件付き独立性の特徴を導くことができる．実際，2 つの確率変数の集合 A と B は，第 3 の変数の集合 C が与えられ，C が A と B を分離する場合（すなわち，A のある変数を B のある変数に連結する経路が全て C を通る場合），かつその場合に限り条件付き独立になることが証明できる．前述の説明において，図 2.6 の矢印は，両方向に横断し得るグラフの無向辺とみなされるべきである点に注意する．証明に関しては，Cowell et al. (1999, 5.3 節) を参照して欲しい．ここでは一例として図 2.6

2.4 動的線型モデル

$$\theta_0 \to \theta_1 \to \theta_2 \to \cdots \to \theta_{t-1} \to \theta_t \to \theta_{t+1} \to \cdots$$
$$\downarrow \quad \downarrow \quad \quad \quad \downarrow \quad \downarrow \quad \downarrow$$
$$Y_1 \quad Y_2 \quad \quad \quad Y_{t-1} \quad Y_t \quad Y_{t+1}$$

図 **2.6** 状態空間モデルにおける従属構造

を使用し，θ_t が与えられた下で Y_t と $(\theta_{0:t-1}, Y_{1:t-1})$ が条件付き独立となることを示そう．この証明は，Y_t とそれより前の $Y_s (s < t)$，もしくは状態 $\theta_s (s < t)$ のどれか1つを連結する経路が全て θ_t を通る必要があり，それゆえ $\{\theta_t\}$ は $\{\theta_{0:t-1}, Y_{1:t-1}\}$ と $\{Y_t\}$ を分離することを確認するだけでよい．このことから

$$\pi(y_t | \theta_{0:t}, y_{1:t-1}) = \pi(y_t | \theta_t)$$

となる．同様の方法で，θ_{t-1} が与えられた下で，θ_t と $(\theta_{0:t-2}, Y_{1:t-1})$ が条件付き独立であることも証明できる．このことは，条件付き分布の観点からは，次のように表すことができる．

$$\pi(\theta_t | \theta_{0:t-1}, y_{1:t-1}) = \pi(\theta_t | \theta_{t-1})$$

状態が離散値をとる確率変数の状態空間モデルは，しばしば隠れマルコフモデル (hidden Markov models) と呼ばれる．

2.4 動的線型モデル

第一の，重要なクラスの状態空間モデルはガウス型線型状態空間モデルで，これは動的線型モデルとも呼ばれる．**動的線型モデル** (DLM: Dynamic Linear Models) は，時点 $t = 0$ では次の p 次元状態ベクトルに対する正規事前分布によって特定化される．

$$\theta_0 \sim \mathcal{N}_p(m_0, C_0) \tag{2.4a}$$

同時に，$t \geq 1$ の各時点では次の一組の方程式によって特定化される．

$$Y_t = F_t \theta_t + v_t, \qquad v_t \sim \mathcal{N}_m(0, V_t) \tag{2.4b}$$
$$\theta_t = G_t \theta_{t-1} + w_t, \qquad w_t \sim \mathcal{N}_p(0, W_t) \tag{2.4c}$$

ここで G_t と F_t は，(それぞれ $p \times p$ と $m \times p$ のオーダーの) 既知の行列である．そして，$(v_t)_{t>1}$ と $(w_t)_{t>1}$ は2つの独立な系列であり，これらは平均が0，既知の分散行列がそれぞれ $(V_t)_{t>1}$ と $(W_t)_{t>1}$ の独立なガウス型確率ベクトルとなる．(2.4b) 式は観測方程式と呼ばれ，(2.4c) 式は状態方程式あるいはシステム方程式と呼ばれる．さらに，θ_0 は (v_t) と (w_t) とは独立であると仮定する．DLM では，$Y_t | \theta_t \sim \mathcal{N}(F_t \theta_t, V_t)$ かつ $\theta_t | \theta_{t-1} \sim \mathcal{N}(G_t \theta_{t-1}, W_t)$ となるため (問 2.1 と 2.2 を参照)，前節の仮定 (A.1) と (A.2) を満たすことが証明できる．

(2.4) 式とは対照的に，一般状態空間モデルは θ_0 の事前分布と共に，次のような観測方程式と状態遷移方程式（g_t と h_t は任意の関数）によって特定化することができる．

$$Y_t = h_t(\theta_t, v_t)$$

$$\theta_t = g_t(\theta_{t-1}, w_t)$$

線型状態空間モデルは，g_t と h_t を線型関数として特定化しており，さらにガウス型線型状態空間モデルではガウス分布の仮定が加わる．正規性の仮定は多くの応用で実用的であり，中心極限定理の考え方によって正当化できる．しかしながら，外れ値をモデル化するための裾が厚い分布に従う誤差や，離散時間系列を扱う動的な一般化線型モデルなどの多くの重要な拡張が存在する．正規性の仮定を取り除く場合の代償は，計算が難しくなることである．

ここで，時系列分析における DLM の例をいくつか紹介する．これらの例は第 3 章でより広範に扱う．一変量時系列（$Y_t : t = 1, 2, \ldots$）の最も単純なモデルは，いわゆるランダムウォーク・プラス・ノイズモデルであり，次式で定義される．

$$\begin{aligned} Y_t &= \mu_t + v_t, & v_t &\sim \mathcal{N}(0, V) \\ \mu_t &= \mu_{t-1} + w_t, & w_t &\sim \mathcal{N}(0, W) \end{aligned} \qquad (2.5)$$

ここで，誤差系列 (v_t) と (w_t) は，系列内と系列間の両方において独立である．これは，$m = p = 1, \theta_t = \mu_t, F_t = G_t = 1$ と設定した DLM である．またこれは，2.2 節における導入向きの例で用いたモデルであり，速度が動的特性にない場合（状態方程式 (2.1) 式で $v = 0$ とおいた場合）でもある．このモデルが，明確なトレンドや季節変動を示さない時系列に対して適切であることは，直感的に分かるだろう．ここでは，観測値 (Y_t) はレベル μ_t の雑音を伴う観測値としてモデル化され，このレベルは時間と共に確率的な変化に従いランダムウォークによって記述される．これが，このモデルがローカルレベル・モデルとも呼ばれる理由である．$W = 0$ であれば，平均値が一定のモデルに戻ることになる．ランダムウォーク (μ_t) は，非定常であることに注意する．実際，DLM は非定常時系列のモデル化に用いることができる．これとは逆に，通常の ARMA モデルでは，定常性を達成するまでデータの事前変換が必要である．

さらに少し精密なモデルは，**線型成長モデル**，もしくはローカル線型トレンドモデルである．これは，観測方程式はローカルレベル・モデルと同じだが，次のように μ_t の動的特性に時変の傾きが含まれている．

$$\begin{aligned} Y_t &= \mu_t + v_t, & v_t &\sim \mathcal{N}(0, V) \\ \mu_t &= \mu_{t-1} + \beta_{t-1} + w_{t,1}, & w_{t,1} &\sim \mathcal{N}(0, \sigma_\mu^2) \\ \beta_t &= \beta_{t-1} + w_{t,2}, & w_{t,2} &\sim \mathcal{N}(0, \sigma_\beta^2) \end{aligned} \qquad (2.6)$$

ここで，誤差 $v_t, w_{t,1}, w_{t,2}$ に相関はない．これは次のような設定を行った DLM である．

$$\theta_t = \begin{bmatrix} \mu_t \\ \beta_t \end{bmatrix}, \quad G = \begin{bmatrix} 1 & 1 \\ 0 & 1 \end{bmatrix}, \quad W = \begin{bmatrix} \sigma_\mu^2 & 0 \\ 0 & \sigma_\beta^2 \end{bmatrix}, \quad F = \begin{bmatrix} 1 & 0 \end{bmatrix}$$

システム分散 σ_μ^2 と σ_β^2 は 0 であってもよい．このモデルは，2.2 節における導入向けの例で用いており，そこでは，動的特性における名目的な速度は一定であった（すなわち，$\sigma_\beta^2 = 0$）．

これらの例で，行列 G_t と F_t や共分散行列 V_t と W_t は一定であることに注意する．この場合，モデルは時不変（固定）であるといわれる．他の例は第 3 章で確認する．特に，DLM の特殊な場合として，一般的なガウス型の ARMA モデルを得ることができる．実際，ガウス型の ARMA モデルと DLM モデルは，時不変な場合等価になることを示すことができる（Hannan and Deistler (1988) を参照）．

時変の回帰係数を認めると，DLM は線型回帰モデルの一般化と見なすことができる．単純な静的線型回帰モデルは，変数 Y と非確率的な説明変数 x の関係を，次のように記述する．

$$Y_t = \theta_1 + \theta_2 x_t + \epsilon_t, \quad \epsilon_t \overset{i.i.d.}{\sim} \mathcal{N}(0, \sigma^2)$$

ここで，$(Y_t, x_t), t = 1, 2, \ldots$ は時間と共に観測されたと考える．時変の回帰パラメータを認めると，x と y の間の関係における非線型性や検討中の過程における構造変化，いくつかの変数の削除がモデル化できる．単純な動的線型回帰モデルでは，次を仮定する．

$$Y_t = \theta_{t,1} + \theta_{t,2} x_t + \epsilon_t, \quad \epsilon_t \sim \mathcal{N}(0, \sigma_t^2)$$

システムの遷移を記述するこの他の方程式は

$$\theta_t = G_t \theta_{t-1} + w_t, \quad w_t \sim \mathcal{N}_2(0, W_t)$$

であり，これは，$F_t = [1, x_t]$，状態 $\theta_t = (\theta_{t,1}, \theta_{t,2})'$ と設定した DLM である．特殊な場合として，$G_t = I$ が単位行列で，全ての t に対して $\sigma_t^2 = \sigma^2$ かつ $w_t = 0$ とすると，単純な静的線型回帰モデルに戻る．

2.5 パッケージ dlm における動的線型モデル

パッケージ dlm において，DLM はクラス属性を持った名前付き成分を持つリストとして表現され，クラス "`dlm`" のオブジェクトになる．`dlm` クラスのオブジェクトは，固定もしくは時変の DLM を表現することができる．固定 DLM は，いったん行列 F, V, G, W, C_0，およびベクトル m_0 が与えられると完全に特定化される．R では，これらの成分は各々

dlm オブジェクトに，要素 FF, V, GG, W, C0, および m0 として保存される．抽出や置換の関数が適用可能であり，利用者が使いやすい方法で，モデルの特定部分にアクセスしたり修正を行うことが可能である．また，このパッケージでは，最低限の入力で特定のクラスの DLM を生成する関数もいくつか提供される．第 3 章ではモデルの特定化を議論するが，これらの関数についてはその際に説明する．一般的な一変量，もしくは多変量の DLM は，関数 dlm を用いて特定化できる．この関数は，dlm オブジェクトをその要素から生成する．その際，まず念のために入力について，例えば行列次元の一貫性を検査する等のいくつかの確認を行う．入力の引数には，名前付き成分を持つリストを与えるか，もしくは個別の値を与えることができる．次の表示は dlm の使用方法であり，42 ページで紹介したランダムウォーク・プラス・ノイズモデルと線型成長モデルに対応する dlm オブジェクトを生成している．ここでは $V = 1.4$, $\sigma^2 = 0.2$ ［訳註：ランダムウォーク・プラス・ノイズモデルでは $W = 0.2$，線型成長モデルでは $\sigma_\mu^2 = 0$, $\sigma_\beta^2 = 0.2$ を意味している］と仮定している．1×1 の行列はスカラーとして，すなわち長さ 1 の数値ベクトルとして，問題なく dlm に渡すことができる点に注意する．

──────────────── **R code** ────────────────
```
> rw <- dlm(m0 = 0, C0 = 10, FF = 1, V = 1.4, GG = 1, W = 0.2)
> unlist(rw)
  m0   C0   FF    V   GG    W
 0.0 10.0  1.0  1.4  1.0  0.2
> lg <- dlm(FF = matrix(c(1, 0), nr = 1),
+           V = 1.4,
+           GG = matrix(c(1, 0, 1, 1), nr = 2),
+           W = diag(c(0, 0.2)),
+           m0 = rep(0, 2),
+           C0 = 10 * diag(2))
> lg
$FF
     [,1] [,2]
[1,]    1    0

$V
     [,1]
[1,]  1.4

$GG
     [,1] [,2]
[1,]    1    1
[2,]    0    1

$W
```

```
       [,1] [,2]
[1,]      0  0.0
[2,]      0  0.2

$m0
[1] 0 0

$C0
       [,1] [,2]
[1,]     10    0
[2,]      0   10

> is.dlm(1g)
[1] TRUE
```

今度は，線型成長モデル 1g における観測分散を $V = 0.8$ に，またシステム分散 W が $\sigma_\beta^2 = 0.5$ となるように変更したい場合を想定しよう．これは以下のコードで示されるように，容易に実現できる．

―――――――――――――― **R code** ――――――――――――――
```
> V(1g) <- 0.8
> W(1g)[2, 2] <- 0.5
> V(1g)
     [,1]
[1,]  0.8
> W(1g)
     [,1] [,2]
[1,]    0  0.0
[2,]    0  0.5
```

同様の方法で，時点 0 での状態の平均と分散，m_0 と C_0，を含むモデルの他の要素を修正したり確認することができる．

今度は時変 DLM に移り，それらが R でどのように表現されるのかを確認する．時変 DLM では，たいていは（存在したとしても）各行列のわずかな要素だけが時間的に変化し，残りは一定であることが多い．したがって，検討対象の全ての t において行列 F_t, V_t, G_t, W_t の全体を保存する代わりに，それらの行列の個々のテンプレートを記憶し，別の行列に時変の要素を保存する方法を選択した．このための行列が，dlm オブジェクトの要素 X である．このアプローチを採用すると，X の各列が，どの行列のどの要素に対応するかを知っておく必要がある．この目的のために，要素 JFF, JV, JGG, JW を 1 つ以上特定化する必要がある．まず最初の JFF に焦点を合わせよう．これは FF と同じ次元の行列であるべきで，整数の要素を持つ．JFF[i,j] が正の整数 k なら，これは時

点 s での $FF[i,j]$ の値が $X[s,k]$ であることを意味する.他方,$JFF[i,j]$ が 0 なら,$FF[i,j]$ は時間的に一定の値をとる.JV,JGG,および JW は,それぞれ V,GG,および W に対して,同じように使用される.例えば,43 ページで紹介した動的回帰モデルを考えよう.ここでの唯一の時変要素を,F_t の 1 行 2 列目の要素とする.そうすると,X は 1 列の行列となるだろう(ただし,X には未使用の余分な列があってもよい).以下のコードは,動的回帰モデルが R においてどのように定義できるかを示している.

———————————— **R code** ————————————

```
> x <- rnorm(100) # covariates
> dlr <- dlm(FF = matrix(c(1, 0), nr = 1),
+             V = 1.3,
+             GG = diag(2),
+             W = diag(c(0.4, 0.2)),
+             m0 = rep(0, 2), C0 = 10 * diag(2),
+             JFF = matrix(c(0, 1), nr = 1),
+             X = x)
> dlr
$FF
     [,1] [,2]
[1,]    1    0

$V
     [,1]
[1,]  1.3

$GG
     [,1] [,2]
[1,]    1    0
[2,]    0    1

$W
     [,1] [,2]
[1,]  0.4  0.0
[2,]  0.0  0.2

$JFF
     [,1] [,2]
[1,]    0    1

$X
        [,1]
[1,] -0.5777
[2,]  0.297
```

```
36    [3,] ...

38    $m0
      [1] 0 0
40
      $C0
42         [,1] [,2]
      [1,]  10   0
44    [2,]   0  10
```

上の表示における 36 行目のドットは，dlm クラスのオブジェクトに対する print のメソッド関数によって作られていることに注意する．X の要素を全て印字したい場合は，X(dlr) として抽出するか，print.default を使用する必要がある．dlm オブジェクトの個々の要素を変更する場合は，新しい要素が dlm オブジェクトの残りと矛盾がないかを利用者が確認する必要がある．この理由は，置換関数が何ら確認を行わないためである．これは明確な設計上の選択であり，途中段階では無効な特定化になってしまうかもしれないが，最終的には dlm オブジェクトがきちんと定義されるように，dlm オブジェクトの要素を 1 つずつ修正したいと利用者が望む可能性を反映している．例えば，rw を使用して長さ 30 の時系列について，次のような時変の観測分散を特定化したいと考えている場合を想定しよう．

$$V_t = \begin{cases} 0.75 & t = 1, \ldots, 10 \text{ の時} \\ 1.25 & t = 11, \ldots, 30 \text{ の時} \end{cases}$$

システム分散は前に特定化した一定値で問題がないと仮定すると，rw には 2 つの要素 JV と X を加える必要がある．JV を追加すると，dlm オブジェクトは最初一時的に無効な特定化となるが，ついで X の要素を追加することで有効な特定化になる．「手作業」で要素を変更，追加，削除することで得られたもう 1 つ別のモデルが有効な dlm オブジェクトであることは，念のために修正されたモデルに対して関数 dlm を呼び出すことで確認できる．このような場合，is.dlm はオブジェクトのクラス属性を確認するだけなので役には立たない．V の元々の値は新しいモデルでも存在はしているが，使用されることはない．この理由で，V(rw) は V の古い値を返すと同時に，rw の要素 V が今では時変であることを利用者に警告する．以下のコードは，前述の説明を示している．

―――――――――――――― **R code** ――――――――――――――
```
   > JV(rw) <- 1
2  > is.dlm(rw)
   [1] TRUE
4  > dlm(rw)
   以下にエラー dlm(rw) : Component X must be provided for time-varying
```

```
6   models
    > X(rw) <- rep(c(0.75, 1.25), c(10, 20))
8   > rw <- dlm(rw)
    > V(rw)
10        [,1]
    [1,]  1.4
12  警告メッセージ:
    In V.dlm(rw) : Time varying 'V'
```

2.6 非ガウス・非線型状態空間モデルの例

時系列分析における DLM の特定化と推定は第 3 章と第 4 章で扱う. ここでは, 重要なクラスの非ガウス・非線型状態空間モデルをいくつか簡単に示す. 本書では線型ガウス型の場合に話題を限定するが, 本節ではこれらの仮定をなくした場合に, 状態空間モデルを拡張する可能性について, その考え方を示す.

指数分布族の状態空間モデル

動的線型モデルは, ガウス分布の仮定を取り除くことによって一般化することができる. この一般化は, 離散的な時系列をモデル化するために必要となる. 例えば当面の問題において, Y_t が時間的な特性の有無を表しているなら, ベルヌーイ分布を用いるだろうし, もし Y_t が計数データであれば, ポアソンモデルを使うかもしれない, 等である. 動的一般化線型モデル (West et al., 1985) では, θ_t が与えられた下での Y_t の条件付き分布 $\pi(y_t|\theta_t)$ が, 自然パラメータ $\eta_t = F_t\theta_t$ の指数分布族に入ると仮定される. 状態方程式はガウス型線型モデルの場合と同様に $\theta_t = G_t\theta_{t-1} + w_t$ となる. 一般化 DLM の推定は計算の難しさを示すが, MCMC 技法によってこの問題を解決できる.

隠れマルコフモデル

状態 θ_t が離散的な状態空間モデルは, 通常隠れマルコフモデルと呼ばれる. 隠れマルコフモデルは音声認識では広く使用されている (例えば Rabiner and Juang (1993) を参照). 経済学や金融では, 構造変化を伴う時系列をモデル化するためによく使用される. 系列の動的特性や変化点は, 潜在的なマルコフ連鎖 (θ_t) で決定されると考え, 状態空間 $\{\theta_1^*,\cdots,\theta_k^*\}$ と遷移確率は, 次のようになる.

$$\pi(i|j) = P(\theta_t = \theta_i^*|\theta_{t-1} = \theta_j^*)$$

結果として, Y_t は時点 t での連鎖の状態に依存する異なる分布から, 次のように生じうる.

$$Y_t|\{\theta_t = \theta_j^*\} \sim \pi(y_t|\theta_j^*), \quad j = 1,\ldots,k$$

状態空間モデルと隠れマルコフモデルは別々の問題として発展してきたが，これらの基本となる前提や再帰的な計算には密接な関係がある．隠れマルコフモデルの MCMC 法も開発されている．例えば，Rydén and Titterington (1998), Kim and Nelson (1999), Cappé et al. (2005) や，その中の参考文献を参照されたい．

確率ボラティリティモデル

　確率ボラティリティモデルは，金融関係の応用で広く使用されている．時点 t での資産の対数収益率が Y_t であるとしよう（すなわち，$Y_t = \log P_t/P_{t-1}$ で P_t は時点 t における資産価格）．効率的市場を仮定すると，対数収益率の条件付き平均は 0 となる（すなわち $E(Y_{t+1}|y_{1:t}) = 0$）．しかしながら，ボラティリティと呼ばれる条件付き分散は時変となる．収益率のボラティリティを分析するために，主に 2 種類のモデルが存在する．よく知られた ARCH や GARCH モデル (Engle, 1982; Bollerslev, 1986) は，ボラティリティを過去の収益率の値の関数として記述している．一方，確率ボラティリティモデルでは，ボラティリティを外生的な確率過程であると考える．この考え方は，ボラティリティが状態ベクトル（の一部）となる状態空間モデルに通じる（例えば，Shephard (1996) を参照）．最も単純な確率ボラティリティモデルは，次のような形となる．

$$Y_t = \exp\left\{\frac{1}{2}\theta_t\right\} w_t, \qquad w_t \sim \mathcal{N}(0,1)$$

$$\theta_t = \eta_t + \phi\theta_{t-1} + v_t, \qquad v_t \sim \mathcal{N}(0,\sigma^2)$$

すなわち，θ_t は 1 階の自己回帰モデルに従う．これらのモデルは非ガウス・非線型であり，通常 ARCH や GARCH モデルより確率ボラティリティモデルの方が計算を必要とするが，MCMC 近似が適用可能である (Jacquier et al., 1994)．他方，確率ボラティリティモデルは複数の資産の収益率を扱う場合にモデルを一般化することが容易と考えられるが，多変量の ARCH や GARCH モデルではパラメータ数が急増しすぎてしまう．$Y_t = (Y_{t,1},\ldots,Y_{t,m})$ が，m 個の資産の対数収益率であるとしよう．単純な多変量確率ボラティリティモデルでは，次のように仮定することがある．

$$Y_{t,i} = \exp(z_t + x_{t,i})v_{t,i}, \qquad i = 1,\ldots,m$$

ここで，z_t は共通の市場ボラティリティ因子であり，$x_{t,i}$ は個別のボラティリティである．状態ベクトルは $\theta_t = (z_t, x_{t,1},\ldots,x_{t,m})'$ であり，単純な状態方程式では θ_t の要素が独立な AR(1) 過程に従うと仮定される．

2.7 状態の推定と予測

　状態空間モデルが莫大な範囲の応用問題に幅広く適用される理由の１つは，そのかなり大きな柔軟性にある．むろん，どんな統計的応用でもそうなのだが，非常に重要であり，かつしばしば困難なのは，注意深くモデルを特定化する段階である．多くの問題で，統計学者や専門家は共に，状態空間モデルをその状態が直感的な意味を持つように構築することができる．また，専門家の知識を適用することによって，状態方程式における遷移確率を特定化したり，状態空間の次元を決定したりすること等が可能となる．しかしながら，モデルの構築はしばしば主要な困難となりうる．この理由は様々であり，物理的に解釈可能な状態を明確に同定することができないためかもしれないし，状態空間表現が一意ではないためかもしれないし，状態空間が大きすぎて同定が不十分なためかもしれないし，モデルが複雑過ぎるためかもしれない．DLM を用いた時系列分析でのモデル構築の問題のいくつかは，第 3 章で説明を行う．ここではまず，モデルが与えられている場合を考えよう．すなわち，密度 $\pi(y_t|\theta_t)$ や $\pi(\theta_t|\theta_{t-1})$ はすでに特定化されていると仮定して，推定と予測の基本的な漸化式を示す．第 4 章では，これらの密度が未知パラメータ ψ に依存するように設定し，その推定について議論する．

　状態空間モデルが与えられた場合の主な課題は，観測されない状態を推定するか，もしくは観測系列の一部に基づいて将来の観測値を予測することにある．推定と予測は，利用可能な情報が与えられた下で，関心のある量の条件付き分布を計算することによって行われる．

　状態ベクトルを推定するためには，条件付き密度 $\pi(\theta_s|y_{1:t})$ を計算する．ここで，フィルタリング ($s = t$ の場合)，状態予測 ($s > t$)，そして平滑化 ($s < t$) の問題を区別する．フィルタリングと平滑化の違いは，強調しておく価値がある．フィルタリングの問題では，データは時間順に到着すると想定されている．これは多くの応用問題にあてはまる．例えば，移動中の目標を追跡する問題でもそうだし，金利の期間構造を毎日推定しなければならず，翌日の市場で新しいデータが観測された際に現在の推定値を更新するような金融分野での応用でもそうである．これらの場合においては，時点 t（「いま」）までの観測値に基づいて状態ベクトルの現在の値を推定し，時点 $t+1$ で新しいデータが利用可能になると推定値と予測値を更新するような手続きが欲しい．フィルタリング問題を解決するためには，条件付き密度 $\pi(\theta_t|y_{1:t})$ を計算する．DLM では，新しいデータが利用可能になった際に，カルマン・フィルタが状態ベクトルの現在の推定を更新する式を提供し，フィルタリング密度は $\pi(\theta_t|y_{1:t})$ から $\pi(\theta_{t+1}|y_{1:t+1})$ へ移る．

　一方，平滑化問題もしくは回顧的分析は，データ $y_1,\ldots,y_t$ が与えられた下で時点 $1,\ldots,t$ における状態系列を推定することからなる．多くの応用で望まれるのは，一定期間時系

2.7 状態の推定と予測

列を観測してから，過去に遡ってその観測値の基礎になるシステムの振る舞いを検討することである．例えば，経済学の研究では，ある国における一定年数分の消費や国内総生産の時系列があり，過去に遡ってシステムの社会経済的な振る舞いを理解することに関心が持たれるかもしれない．平滑化問題を解決するためには，$y_{1:t}$ が与えられた下で $\theta_{1:t}$ の条件付き分布を計算する．フィルタリングの場合と同様に，平滑化は逐次的なアルゴリズムとして実装できる．

実際問題として，時系列分析では予測が主な課題となることも多い．ここでは，状態の推定は，将来の観測値を予測するための単なる一ステップとなる．すなわち，データ $y_{1:t}$ に基づいて次の観測値 Y_{t+1} を予測する一期先予測では，状態ベクトルの次の値 θ_{t+1} を最初に推定し，この推定値に基づいて Y_{t+1} の予測値を計算する．状態の一期先予測密度は $\pi(\theta_{t+1}|y_{1:t})$ であり，これは θ_t のフィルタリング密度に基づいている．状態の一期先予測密度から，観測値の一期先予測密度 $\pi(y_{t+1}|y_{1:t})$ を得る．

さらに少し先の予測に関心があるような場合は，状態ベクトル θ_{t+k} ($k > 1$) で表されるシステムの遷移を推定して，Y_{t+k} の k 期先予測を行う．状態予測は，状態の k 期先予測密度 $\pi(\theta_{t+k}|y_{1:t})$ を計算することで解決される．この状態の k 期先予測密度に基づき，時点 $t+k$ における将来の観測値の k 期先予測密度 $\pi(y_{t+k}|y_{1:t})$ が計算できる．もちろん，時間範囲 $t+k$ がより将来の方向に遠ざかるにつれ予測はますます不確実になるが，いずれにしても，確率密度（すなわち，$y_{1:t}$ が与えられた下での Y_{t+k} の予測密度）を通じて不確実性を定量化できることに注意する．予測密度についても再帰的に計算する方法を示す．特に，条件付き平均 $\mathrm{E}(Y_{t+1}|y_{1:t})$ は，条件付き期待平方予測誤差を最小にする Y_{t+1} の値の最適一期先点予測になる．$\mathrm{E}(Y_{t+k}|y_{1:t})$ は通常 k の関数として，**予測関数**と呼ばれる．

2.7.1 フィルタリング

最初に，一般状態空間モデルにおけるフィルタリング密度 $\pi(\theta_t|y_{1:t})$ の計算に必要な，再帰的なステップについて説明する．たとえこれらの式を多数活用することがなくても，ここで一般的な漸化式を確認しておくことは，既に紹介した条件付き独立性の仮定の役割をもっとよく理解するために有益である．次に，DLM の場合に話題を移すと，フィルタリングの問題は，よく知られているカルマン・フィルタによって解決される．

状態空間モデルの利点の 1 つは，状態の動的特性に関するマルコフ構造 (A.1)，ならびに観測可能な値に対する条件付き独立性の仮定 (A.2) によって，フィルタ化密度や予測密度を再帰的なアルゴリズムを用いて計算できる点にある．2.2 節の導入向けの例で確認済みであるが，$\theta_0 \sim \pi(\theta_0)$ から始めて，$t = 1, 2, \ldots$ に対して次のように再帰的に計算ができる．

(i) フィルタリング密度 $\pi(\theta_{t-1}|y_{1:t-1})$ と，θ_{t-1} が与えられた下での θ_t の条件付き分布（モデルによって特定化される）に基づき，$y_{1:t-1}$ が与えられた下での θ_t の一期先予測分

布を求める．

(ii) 次の観測値の一期先予測分布を求める．

(iii) 事前分布としての $\pi(\theta_t|y_{1:t-1})$ と，尤度 $\pi(y_t|\theta_t)$ からベイズの定理を適用して，フィルタリング分布 $\pi(\theta_t|y_{1:t})$ を求める．

次の命題には，一般状態空間モデルにおけるフィルタリング漸化式が正式に提示されている．

命題 2.1 (フィルタリング漸化式) (A.1)-(A.2)（40 ページ）によって定義された一般状態空間モデルにおいて，次の記述が成立する．

(i) 状態に対する一期先予測密度は，そのフィルタ化密度 $\pi(\theta_{t-1}|y_{1:t-1})$ から次のように計算できる．

$$\pi(\theta_t|y_{1:t-1}) = \int \pi(\theta_t|\theta_{t-1})\pi(\theta_{t-1}|y_{1:t-1})\,d\theta_{t-1} \tag{2.7a}$$

(ii) 観測値に対する一期先予測密度は，状態の予測密度から次のように計算できる．

$$\pi(y_t|y_{1:t-1}) = \int \pi(y_t|\theta_t)\pi(\theta_t|y_{1:t-1})\,d\theta_t \tag{2.7b}$$

(iii) フィルタリング密度は，上述の密度から次のように計算できる．

$$\pi(\theta_t|y_{1:t}) = \frac{\pi(y_t|\theta_t)\pi(\theta_t|y_{1:t-1})}{\pi(y_t|y_{1:t-1})} \tag{2.7c}$$

証明 2.1 この証明は，モデルの条件付き独立性の性質に強く依存し，図 2.6 のグラフから導くことができる．

(i) を証明するために，θ_{t-1} が与えられた下で，θ_t は $Y_{1:t-1}$ から条件付き独立となることに注意する．したがって次のようになる．

$$\begin{aligned}\pi(\theta_t|y_{1:t-1}) &= \int \pi(\theta_{t-1},\theta_t|y_{1:t-1})\,d\theta_{t-1} \\ &= \int \pi(\theta_t|\theta_{t-1},y_{1:t-1})\pi(\theta_{t-1}|y_{1:t-1})\,d\theta_{t-1} \\ &= \int \pi(\theta_t|\theta_{t-1})\pi(\theta_{t-1}|y_{1:t-1})\,d\theta_{t-1}\end{aligned}$$

(ii) を証明するために，θ_t が与えられた下で Y_t が $Y_{1:t-1}$ から条件付き独立となることに注意する．したがって次のようになる．

2.7 状態の推定と予測　　　　　　　　　　　53

$$\pi(y_t|y_{1:t-1}) = \int \pi(y_t, \theta_t|y_{1:t-1})\,d\theta_t$$
$$= \int \pi(y_t|\theta_t, y_{1:t-1})\pi(\theta_t|y_{1:t-1})\,d\theta_t$$
$$= \int \pi(y_t|\theta_t)\pi(\theta_t|y_{1:t-1})\,d\theta_t$$

(iii) の部分は，ベイズの定理と θ_t が与えられた下における Y_t と $Y_{1:t-1}$ の条件付き独立性から得られる．

$$\pi(\theta_t|y_{1:t}) = \frac{\pi(\theta_t|y_{1:t-1})\pi(y_t|\theta_t, y_{1:t-1})}{\pi(y_t|y_{1:t-1})} = \frac{\pi(\theta_t|y_{1:t-1})\pi(y_t|\theta_t)}{\pi(y_t|y_{1:t-1})}$$

□

上述の命題で与えられる一期先予測分布から，状態や観測値に対する k 期先予測分布は，次式によって再帰的に計算できる．

$$\pi(\theta_{t+k}|y_{1:t}) = \int \pi(\theta_{t+k}|\theta_{t+k-1})\pi(\theta_{t+k-1}|y_{1:t})\,d\theta_{t+k-1}$$

および

$$\pi(y_{t+k}|y_{1:t}) = \int \pi(y_{t+k}|\theta_{t+k})\pi(\theta_{t+k}|y_{1:t})\,d\theta_{t+k}$$

ちなみに，これらの漸化式は，$\pi(\theta_t|y_{1:t})$ が過去の観測値 $y_{1:t}$ に含まれる情報を集約するので，任意の $k>0$ に関して Y_{t+k} を予測するには $\pi(\theta_t|y_{1:t})$ だけで十分であることも示している．

2.7.2 動的線型モデルに対するカルマン・フィルタ

前述の結果は，原理的にはフィルタリングと予測問題を解決するが，一般に，関連する条件付き分布を実際に計算することは，決して容易な作業ではない．DLM は，一般的な漸化式がかなり簡単になる1つの重要な場合である．この場合，多変量ガウス分布の標準的な結果を用いると，確率ベクトル $(\theta_0, \theta_1, \ldots, \theta_t, Y_1, \ldots, Y_t)$ は，任意の $t \geq 1$ に対してガウス分布に従うことが容易に証明される．したがって，その周辺分布や条件付き分布もまたガウス型になる．関連する全ての分布がガウス型であるので，それらは平均と分散によって完全に決定される．DLM のフィルタリング問題の解法は，名高いカルマン・フィルタによって与えられる．

命題 2.2 (カルマン・フィルタ)　(2.4)式（41ページ）で特定化された DLM を考えよう．

$$\theta_{t-1}|y_{1:t-1} \sim \mathcal{N}(m_{t-1}, C_{t-1})$$

ここで次のステートメントが成立する．

(i) $y_{1:t-1}$ が与えられた下での θ_t の一期先予測分布はガウス型であり，次のパラメータを持つ．

$$\begin{aligned} a_t &= \mathrm{E}(\theta_t | y_{1:t-1}) = G_t m_{t-1} \\ R_t &= \mathrm{Var}(\theta_t | y_{1:t-1}) = G_t C_{t-1} G_t' + W_t \end{aligned} \quad (2.8\mathrm{a})$$

(ii) $y_{1:t-1}$ が与えられた下での Y_t の一期先予測分布はガウス型であり，次のパラメータを持つ．

$$\begin{aligned} f_t &= \mathrm{E}(Y_t | y_{1:t-1}) = F_t a_t \\ Q_t &= \mathrm{Var}(Y_t | y_{1:t-1}) = F_t R_t F_t' + V_t \end{aligned} \quad (2.8\mathrm{b})$$

(iii) $y_{1:t}$ が与えられた下での θ_t のフィルタリング分布はガウス型であり，次のパラメータを持つ．

$$\begin{aligned} m_t &= \mathrm{E}(\theta_t | y_{1:t}) = a_t + R_t F_t' Q_t^{-1} e_t \\ C_t &= \mathrm{Var}(\theta_t | y_{1:t}) = R_t - R_t F_t' Q_t^{-1} F_t R_t \end{aligned} \quad (2.8\mathrm{c})$$

ここで，$e_t = Y_t - f_t$ は予測誤差である．

証明 2.2 確率ベクトル $(\theta_0, \theta_1, \ldots, \theta_t, Y_1, \ldots, Y_t)$ は (2.3) 式で与えられる同時分布に従う．ここで，関連する周辺分布や条件付き分布はガウス型である．多変量正規分布（付録 A を参照）の標準的な結果から，$(\theta_0, \theta_1, \ldots, \theta_t, Y_1, \ldots, Y_t)$ の同時分布は，任意の $t > 1$ においてガウス型となる．その結果，任意の部分ベクトルの分布もガウス型となり，ある要素が与えられた下での残りの要素の条件付き分布も同様にガウス型となる．したがって，予測分布とフィルタリング分布はガウス型となるので，それらの平均と分散が計算できれば十分である．

(i) を証明するために，$\theta_t | y_{1:t-1} \sim N(a_t, R_t)$ としよう．(2.4c) 式を用いると，a_t と R_t は次のようにして得ることができる．

$$\begin{aligned} a_t &= \mathrm{E}(\theta_t | y_{1:t-1}) = \mathrm{E}(\mathrm{E}(\theta_t | \theta_{t-1}, y_{1:t-1}) | y_{1:t-1}) \\ &= \mathrm{E}(G_t \theta_{t-1} | y_{1:t-1}) = G_t m_{t-1} \end{aligned}$$

そして

$$\begin{aligned} R_t &= \mathrm{Var}(\theta_t | y_{1:t-1}) \\ &= \mathrm{E}(\mathrm{Var}(\theta_t | \theta_{t-1}, y_{1:t-1}) | y_{1:t-1}) + \mathrm{Var}(\mathrm{E}(\theta_t | \theta_{t-1}, y_{1:t-1}) | y_{1:t-1}) \\ &= W_t + G_t C_{t-1} G_t' \end{aligned}$$

(ii) を証明するために，$Y_t|y_{1:t-1} \sim \mathcal{N}(f_t, Q_t)$ としよう．(2.4b) 式を用いると，f_t と Q_t は次のようにして得ることができる．

$$f_t = \mathrm{E}(Y_t|y_{1:t-1}) = \mathrm{E}(\mathrm{E}(Y_t|\theta_t, y_{1:t-1})|y_{1:t-1}) = \mathrm{E}(F_t\theta_t|y_{1:t-1}) = F_t a_t$$

そして

$$\begin{aligned} Q_t &= \mathrm{Var}(Y_t|y_{1:t-1}) \\ &= \mathrm{E}(\mathrm{Var}(Y_t|\theta_t, y_{1:t-1})|y_{1:t-1}) + \mathrm{Var}(\mathrm{E}(Y_t|\theta_t, y_{1:t-1})|y_{1:t-1}) \\ &= V_t + F_t R_t F_t' \end{aligned}$$

次に (iii) を証明しよう．命題 2.1 (iii) を，現在の特別な場合にあてはめることができる．その際に既に示したが，時点 t におけるフィルタリング分布を計算するためには，ベイズの公式を適用して，事前分布 $\pi(\theta_t|y_{1:t-1})$ と尤度 $\pi(y_t|\theta_t)$ を組み合わせる必要がある．DLM では分布は全てガウス型であるので，この問題は次のような線型回帰モデルのベイズ推定の場合と同様になる．

$$Y_t = F_t\theta_t + v_t, \qquad v_t \sim \mathcal{N}(0, V_t)$$

ここで回帰パラメータに相当する θ_t は，共役ガウス事前分布 $\mathcal{N}(a_t, R_t)$ に従う（V_t は既知）．1.5 節の結果から，次の関係を得る．

$$\theta_t|y_{1:t} \sim \mathcal{N}(m_t, C_t)$$

ここで，(1.10) 式より

$$m_t = a_t + R_t F_t' Q_t^{-1}(Y_t - F_t a_t)$$

および，(1.9) 式より

$$C_t = R_t - R_t F_t' Q_t^{-1} F_t R_t$$

□

カルマン・フィルタによって，予測分布やフィルタリング分布が再帰的に計算可能となる．すなわち，$\theta_0 \sim \mathcal{N}(m_0, C_0)$ から始めて $\pi(\theta_1|y_1)$ を計算し，新しいデータが利用可能になるたびに，この処理を再帰的に続ける．

$\theta_t|y_{1:t}$ の条件付き分布によって，フィルタリングの問題は解決される．しかしながら，多くの場合，点推定値に関心が持たれる．1.3 節で説明したように，情報 $y_{1:t}$ が与えられた下での θ_t のベイズ点推定値は，二次損失関数 $L(\theta_t, a) = (\theta_t - a)'H(\theta_t - a)$ に関しては，条件付き期待値 $m_t = \mathrm{E}(\theta_t|y_{1:t})$ となる．これは，a に関して条件付き期待損失

$E((\theta_t - a)'H(\theta_t - a)|y_{1:t-1})$ を最小化するので,最適推定値になる.$H = I_p$ の場合,最小期待損失は条件付き分散行列 $\mathrm{Var}(\theta_t|y_{1:t})$ となる.

2.2 節における導入向けの例で言及したように,m_t の式は直感的な推定-修正の形態になっており,「フィルタ平均は,予測平均 a_t と,新しい観測値がその予測からどの程度乖離しているかに基づく修正項の和に等しい」形になる.修正項の重みは,次の利得行列で与えられる.

$$K_t = R_t F_t' Q_t^{-1}$$

したがって,現在のデータ点 Y_t の重みは,(Q_t を通じて)観測分散 V_t と $R_t = \mathrm{Var}(\theta_t|y_{1:t-1}) = G_t C_{t-1} G_t' + W_t$ に依存する.

例として,ローカルレベル・モデル (2.5) 式を考えよう.カルマン・フィルタから,次の関係が成立する.

$$\mu_t|y_{1:t-1} \sim \mathcal{N}(m_{t-1}, R_t = C_{t-1} + W)$$
$$Y_t|y_{1:t-1} \sim \mathcal{N}(f_t = m_{t-1}, Q_t = R_t + V)$$
$$\mu_t|y_{1:t} \sim \mathcal{N}(m_t = m_{t-1} + K_t e_t, C_t = K_t V)$$

ここで,$K_t = R_t/Q_t$ であり,$e_t = Y_t - f_t$ である.過程 (Y_t) の振る舞いが,2 つの誤差分散の比 $r = W/V$ (通常信号対雑音比と呼ばれる)によって大きく影響されることは強調しておく価値がある(このことを理解するために,V や W の値を変えて,Y_t の軌跡をいくつかシミュレーションしてみるのはよい演習となろう).この値は,推定や予測の仕組みの構造に反映される.$m_t = K_t y_t + (1 - K_t) m_{t-1}$ であり,これは y_t と m_{t-1} の重み付け平均となっていることに注意する.現在の観測値 y_t の重み $K_t = R_t/Q_t = (C_{t-1} + W)/(C_{t-1} + W + V)$ は適応係数とも呼ばれ,$0 < K_t < 1$ の条件を満たす.どんな C_0 が与えられても,信号対雑音比が小さいなら K_t は小さくなり,y_t が受ける重みも小さくなる.逆に極端に $V = 0$ とすると,$K_t = 1$ かつ $m_t = y_t$ となり,一期先予測は最新のデータ点によってのみ与えられることになる.W と V の相対的な大きさが異なると,フィルタ化分布の平均と一期先予測にどのような影響を与えるかの実際の説明は,58 ページと 68 ページに与えられている.

事後分散 C_t (したがって R_t と Q_t についても)を評価する際に,命題 2.2 に含まれる反復的な更新式をそのまま単純に用いると数値不安定性になり,このため計算された分散行列が,非対称になったり,負定値にすらなる可能性がある.この問題を克服するために,これまでにより安定な代替アルゴリズムが開発されてきた.少なくとも統計学の文献で最も広く使用されているのは平方根フィルタであり,これは C_t の平方根[*3] を

[*3] 分散行列 A の平方根を $A = N'N$ となるような任意の正方行列 N と定義する.

2.7 状態の推定と予測

逐次更新する式で与えられる．平方根フィルタに関しては，Morf and Kailath (1975) や Anderson and Moore (1979, 第 6 章) を参照されたい．

経験的には，特に観測雑音の分散が小さい場合，平方根フィルタでも数値安定性の問題が生じ，計算される分散が負定値となる場合が時々見られた．もっと頑健なアルゴリズムは，C_t の特異値分解 (SVD)[*4] を逐次更新する方法に基づくものである．このアルゴリズムの詳細は，Oshman and Bar-Itzhack (1986) や Wang et al. (1992) に見られる．厳密にいうと，SVD に基づくフィルタは平方根フィルタとみなすことができる．実際，$A = UD^2U'$ が分散行列の SVD なら，DU' は A の平方根である．しかしながら，標準的な平方根フィルタリング・アルゴリズムと比べると，SVD に基づく方法の方が概してより安定している（さらなる説明に関しては，参考文献を参照されたい）．

カルマン・フィルタは，パッケージ dlm では関数 `dlmFilter` によって実行される．引数は，数値ベクトル，行列もしくは時系列の形でのデータ y とモデル mod（dlm クラスのオブジェクト，あるいは dlm オブジェクトに強制的に変換可能なリスト）である．前述した数値安定性の理由で，分散行列 C_t と R_t の SVD に基づいて計算が行われる．したがって出力結果は，各 t において $C_t = U_{C,t} \mathrm{diag}(D_{C,t}^2) U'_{C,t}$ となる直交行列 $U_{C,t}$ とベクトル $D_{C,t}$ となり，R_t に対しても同様な値が返される．

`dlmFilter` によって生成される出力結果（"`dlmFiltered`" というクラスの属性を持つリスト）には，元のデータとモデル（要素 y と mod），予測分布とフィルタ化分布の平均（要素 a と m），予測分布とフィルタ化分布の分散の SVD（要素 U.R，D.R，U.C，D.C）が含まれる．利便性のため，一期先予測が出力結果リストの要素 f で提供される．要素 U.C は行列のリストであり，上記の $U_{C,t}$ を指す．一方，D.C は行列であり，C_t の SVD におけるベクトル $D_{C,t}$ を列成分として含む．U.R と D.R に関しても同様である．ユーティリティ関数 `dlmSvd2var` を使用すると，SVD から分散を再構築することができる．以下の表示では，ナイル川のデータ（図 2.3）に関して，ランダムウォーク・プラス・ノイズモデルを使用している．分散 $V = 15100$ と $W = 1468$ は最尤推定値である．dlm の代わりにもっと便利な `dlmModPoly` を用いてモデルを設定することもできるが，これについては第 3 章で説明する．

────────────── **R code** ──────────────

```
> NilePoly <- dlmModPoly(order = 1, dV = 15100, dW = 1468)
> unlist(NilePoly)
      m0        C0       FF        V       GG        W
       0  10000000        1    15100        1     1468
> NileFilt <- dlmFilter(Nile, NilePoly)
> str(NileFilt, 1)
```

[*4] 定義に関しては付録 B を参照．

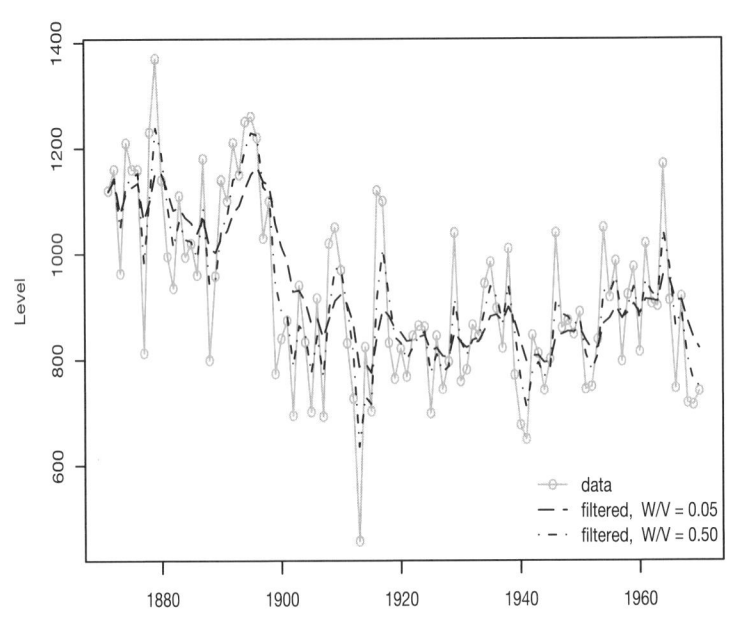

図 2.7 2つの異なる信号対雑音比に対するナイル川水位レベルのフィルタ化値

```
    List of 9
 8   $ y     : Time-Series [1:100] from 1871 to 1970: 1120 1160 963 1210 ...
     $ mod:List of 10
10    ..- attr(*, "class")= chr "dlm"
     $ m     : Time-Series [1:101] from 1870 to 1970: 0 1118 ...
12   $ U.C:List of 101
     $ D.C: num [1:101, 1] 3162 123 ...
14   $ a     : Time-Series [1:100] from 1871 to 1970: 0 1118 ...
     $ U.R:List of 100
16   $ D.R: num [1:100, 1] 3163 129 ...
     $ f     : Time-Series [1:100] from 1871 to 1970: 0 1118 ...
18    - attr(*, "class")= chr "dlmFiltered"
     > n <- length(Nile)
20   > attach(NileFilt)
     > dlmSvd2var(U.C[[n + 1]], D.C[n + 1, ])
22              [,1]
     [1,] 4031.035
```

上記の表示の最後の数字は，100番目の状態ベクトルのフィルタリング分布の分散である．出力結果には m_0 と C_0 が含まれており，このため $U.C$ は $U.R$ より要素が1つ多く，

m と $D.C$ は a と $D.R$ より行が 1 つ多い.

既に 56 ページでも言及したが，W と V の相対的な大きさは利得行列に考慮される重要な要素であり，この利得行列によって，事前状態から事後状態への更新が予想外の観測値に対してどの程度敏感かが決まる．ローカルレベル・モデルにおける信号対雑音比 W/V の役割を示すために，信号対雑音比がかなり異なる 2 つのモデルを用いて，ナイル川の真の水位レベルを推定する．こうすると，2 つのモデルにおけるフィルタ化値が比較できる．

──────────────── **R code** ────────────────
```
> plot(Nile, type='o', col = c("darkgrey"),
+      xlab = "", ylab = "Level")
> mod1 <- dlmModPoly(order = 1, dV = 15100, dW = 755)
> NileFilt1 <- dlmFilter(Nile, mod1)
> lines(dropFirst(NileFilt1$m), lty = "longdash")
> mod2 <- dlmModPoly(order = 1, dV = 15100, dW = 7550)
> NileFilt2 <- dlmFilter(Nile, mod2)
> lines(dropFirst(NileFilt2$m), lty = "dotdash")
> leg <- c("data", paste("filtered,   W/V =",
+                        format(c(W(mod1) / V(mod1),
+                                 W(mod2) / V(mod2)))))
> legend("bottomright", legend = leg,
+        col=c("darkgrey", "black", "black"),
+        lty = c("solid", "longdash", "dotdash"),
+        pch = c(1, NA, NA), bty = "n")
```
──

図 2.7 は，2 つのモデルから生じるフィルタ化レベルを示している．モデル 2 の信号対雑音比はモデル 1 より 10 倍大きいため，フィルタ化値がよりデータに近づく傾向が明らかである．

2.7.3　欠測観測値がある場合のフィルタリング

応用データ分析では，欠測観測値を 1 つ以上含む時系列を扱うことは珍しくない．多変量時系列では，欠測観測値には異なる 2 種類のタイプが存在する可能性がある．すなわち，全体的な欠測観測値と部分的な欠測観測値のことである．最初の場合は，ある時点 t における観測ベクトルの全てが利用できない場合に起きる．2 番目の場合は，観測ベクトルのいくつかの要素のみが利用できない場合である．例えば，いくつかの国における株式指数一式の終値の毎日の時系列を考えると，こういったことが起きる可能性がある．ある日 (t) が A 国では休日だが B 国でそうでない場合，B 国における指数の終値は普通に記録される一方，A 国における指数の終値は定義すらされず欠測となる．一変量時系列では，観測値は欠測かそうでないかのいずれかになることは明らかだろう．幸いにも，状態空間モデルの構造では，フィルタリング漸化式は欠測観測値に容易に適応す

ることができる．最初に，全体的な欠測観測値の場合を考えよう．R の慣例に従い，欠測観測値は特別な値 *NA* を持つと考えよう．時点 t における観測値が欠測となる場合 $y_t = $ *NA* であり，y_t には何も情報がないため次式を得る．

$$\pi(\theta_t|y_{1:t}) = \pi(\theta_t|y_{1:t-1}) \tag{2.9}$$

これは，この場合の時点 t におけるフィルタリング分布が，時点 $t-1$ における一期先予測分布となることを意味している．フィルタリング漸化式（命題 2.1）では，(2.7c) 式を (2.9) 式で置き換える操作が必要となる．DLM では特に $\theta_t|y_{1:t-1} \sim \mathcal{N}(a_t, R_t)$ であるので，$m_t = a_t$ かつ $C_t = R_t$ と設定するだけで済む．y_{t+1} が欠測せずに提供されれば，標準的なフィルタリング漸化式は，時点 $t+1$ から通常通り再開される．DLM では，$y_t = $ *NA* とするのは，$F_t = 0$ もしくは $V_t = \infty$ とおくのと正式に同じになることに注意する．前者の場合では，y_t は全く θ_t と関連がなくなるし，後者の場合では，観測値の雑音が非常に大きく，θ_t に関して意味のある情報を提供するという点では全く信頼ができなくなる．どちらの方法でも，利得行列は $K_t = 0$ となり，その結果 $m_t = a_t$ かつ $C_t = R_t$ となる．

今度は，m 次元の観測ベクトルで，$m > 1$ の場合の状態空間モデルを考えよう．y_t の要素の全てではないが，いくつかが欠測していると仮定しよう．この場合，ベクトル y_t は θ_t に関する何らかの情報を提供するが，この情報は欠測していない要素に全て含まれていることになる．$\tilde{y}_t$ が，y_t の欠測していない要素のみからなるベクトルであるとしよう．すると，フィルタリング漸化式 (2.7) 式において，$\pi(y_t|\theta_t)$ は $\pi(\tilde{y}_t|\theta_t)$ で，また $\pi(y_t|y_{1:t-1})$ は $\pi(\tilde{y}_t|y_{1:t-1})$ で置き換えられるべきである．DLM の場合を注意深く見てみよう．$\tilde{y}_t$ の次元を $\tilde{m}_t$ で表すと，$m \times m$ の単位行列から，y_t の欠測要素に対応する行を取り除くことで，$\tilde{m}_t \times m$ の行列 M_t が得られ，$\tilde{y}_t = M_t y_t$ となる．実際には y_t の代わりに $\tilde{y}_t$ を観測していることになるので，事前分布 $\mathcal{N}(a_t, R_t)$ から事後分布 $\mathcal{N}(m_t, C_t)$ への更新において，適切と考えられる観測方程式は，次のようになることが示される．

$$\tilde{y}_t = \tilde{F}_t \theta_t + \tilde{v}_t, \qquad \tilde{v}_t \sim \mathcal{N}(0, \tilde{V}_t)$$

ここで，$\tilde{F}_t = M_t F_t$ であり，$\tilde{V}_t = M_t V_t M_t'$ である．実際このことは，カルマン・フィルタ（命題 2.2）を計算する際，(2.8b) 式と (2.8c) 式における F_t と V_t を，単に $\tilde{F}_t$ と $\tilde{V}_t$ で置き換えればよいことを示している．

関数 `dlmFilter` は複数の *NA* を含むデータを受け付け，適切なフィルタリング分布の各種のモーメントを計算する．

2.7.4 平　滑　化

状態空間モデルの魅力的な特徴の 1 つは推定と予測であり，新しいデータが利用可能になるたびに逐次的に適用可能となる．しかしながら，時系列分析ではある期間 $t = 1, \ldots, T$

2.7 状態の推定と予測

における Y_t の観測値が存在し，過去に遡ってシステムの振る舞いを再構築し，観測の基礎になる社会経済的な構造や物理現象を検討したいということがよくある．この場合，後ろ向きの再帰的アルゴリズムを使って，任意の $t < T$ において，$y_{1:T}$ が与えられた下での θ_t の条件付き分布を計算することができる．この計算では，フィルタリング分布 $\pi(\theta_T | y_{1:T})$ から始まり，全ての状態の履歴を後ろ向きに推定する．次の定理には，一般状態空間モデルでの結果が含まれている．

命題 2.3 (平滑化漸化式) (A.1)-(A.2) (40 ページ) によって定義された一般状態空間モデルにおいて，次の記述が成立する．

(i) $y_{1:T}$ の条件付きで，状態の系列 $(\theta_0, \ldots, \theta_T)$ は次のような後ろ向きの遷移確率に従う．
$$\pi(\theta_t | \theta_{t+1}, y_{1:T}) = \frac{\pi(\theta_{t+1} | \theta_t) \pi(\theta_t | y_{1:t})}{\pi(\theta_{t+1} | y_{1:t})}$$

(ii) $y_{1:T}$ が与えられた下での θ_t の平滑化分布は，次のような $\pi(\theta_T | y_{1:T})$ から始まる t の後ろ向き漸化式に従って計算できる．
$$\pi(\theta_t | y_{1:T}) = \pi(\theta_t | y_{1:t}) \int \frac{\pi(\theta_{t+1} | \theta_t)}{\pi(\theta_{t+1} | y_{1:t})} \pi(\theta_{t+1} | y_{1:T}) \, d\theta_{t+1}$$

証明 2.3 (i) を証明するために，θ_{t+1} が与えられた下で θ_t と $Y_{t+1:T}$ が条件付き独立となり，さらに，θ_t が与えられた下で θ_{t+1} と $Y_{1:t}$ が条件付き独立となる点に注意する（これを示すには，図 2.6 の非巡回的有向グラフ (DAG) を用いる）．ベイズの公式を使用すると，次を得る．

$$\begin{aligned}
\pi(\theta_t | \theta_{t+1}, y_{1:T}) &= \pi(\theta_t | \theta_{t+1}, y_{1:t}) \\
&= \frac{\pi(\theta_t | y_{1:t}) \pi(\theta_{t+1} | \theta_t, y_{1:t})}{\pi(\theta_{t+1} | y_{1:t})} \\
&= \frac{\pi(\theta_t | y_{1:t}) \pi(\theta_{t+1} | \theta_t)}{\pi(\theta_{t+1} | y_{1:t})}
\end{aligned}$$

(ii) を証明するために，θ_{t+1} に関して $\pi(\theta_t, \theta_{t+1} | y_{1:T})$ を周辺化する．

$$\begin{aligned}
\pi(\theta_t | y_{1:T}) &= \int \pi(\theta_t, \theta_{t+1} | y_{1:T}) \, d\theta_{t+1} \\
&= \int \pi(\theta_{t+1} | y_{1:T}) \pi(\theta_t | \theta_{t+1}, y_{1:T}) \, d\theta_{t+1} \\
&= \int \pi(\theta_{t+1} | y_{1:T}) \frac{\pi(\theta_{t+1} | \theta_t) \pi(\theta_t | y_{1:t})}{\pi(\theta_{t+1} | y_{1:t})} \, d\theta_{t+1} \\
&= \pi(\theta_t | y_{1:t}) \int \pi(\theta_{t+1} | \theta_t) \frac{\pi(\theta_{t+1} | y_{1:T})}{\pi(\theta_{t+1} | y_{1:t})} \, d\theta_{t+1}
\end{aligned}$$

□

DLM では，平滑化漸化式を平滑化分布の平均と分散によって，より明示的に表現することができる．

命題 2.4 (カルマンスムーザ)　(2.4) 式で定義される DLM において，$\theta_{t+1}|y_{1:T} \sim \mathcal{N}(s_{t+1}, S_{t+1})$ であれば $\theta_t|y_{1:T} \sim \mathcal{N}(s_t, S_t)$ となり，ここで次の関係が成立する．

$$s_t = m_t + C_t G'_{t+1} R_{t+1}^{-1}(s_{t+1} - a_{t+1})$$
$$S_t = C_t - C_t G'_{t+1} R_{t+1}^{-1}(R_{t+1} - S_{t+1}) R_{t+1}^{-1} G_{t+1} C_t$$

証明 2.4　多変量ガウス分布の性質から，$y_{1:T}$ が与えられた下での θ_t の条件付き分布はガウス型となる．したがってこのことから，分布の平均と分散を計算すれば十分である．ここで次の関係が成立する．

$$s_t = \mathrm{E}(\theta_t|y_{1:T}) = \mathrm{E}(\mathrm{E}(\theta_t|\theta_{t+1}, y_{1:T})|y_{1:T})$$

および

$$S_t = \mathrm{Var}(\theta_t|y_{1:T}) = \mathrm{Var}(\mathrm{E}(\theta_t|\theta_{t+1}, y_{1:T})|y_{1:T}) + \mathrm{E}(\mathrm{Var}(\theta_t|\theta_{t+1}, y_{1:T})|y_{1:T})$$

命題 2.3 の証明で示したように，θ_t と $Y_{t+1:T}$ は θ_{t+1} が与えられた下で条件付き独立になるので，$\pi(\theta_t|\theta_{t+1}, y_{1:T}) = \pi(\theta_t|\theta_{t+1}, y_{1:t})$ となる．この分布を計算するために，ベイズの公式が利用できる．この場合の尤度 $\pi(\theta_{t+1}|\theta_t, y_{1:t}) = \pi(\theta_{t+1}|\theta_t)$ は状態方程式 (2.4c) 式によって表されることに注意する．即ち次の通りである．

$$\theta_{t+1}|\theta_t \sim \mathcal{N}(G_{t+1}\theta_t, W_{t+1})$$

またこの場合の事前分布は $\pi(\theta_t|y_{1:t})$ であり，$\mathcal{N}(m_t, C_t)$ となる．(1.10) 式と (1.9) 式を用いると，次を得る．

$$\mathrm{E}(\theta_t|\theta_{t+1}, y_{1:t}) = m_t + C_t G'_{t+1}(G_{t+1} C_t G'_{t+1} + W_{t+1})^{-1}(\theta_{t+1} - G_{t+1} m_t)$$
$$= m_t + C_t G'_{t+1} R_{t+1}^{-1}(\theta_{t+1} - a_{t+1})$$
$$\mathrm{Var}(\theta_t|\theta_{t+1}, y_{1:t}) = C_t - C_t G'_{t+1} R_{t+1}^{-1} G_{t+1} C_t$$

このことから，次の関係が成立する．

$$s_t = \mathrm{E}(\mathrm{E}(\theta_t|\theta_{t+1}, y_{1:t})|y_{1:T}) = m_t + C_t G'_{t+1} R_{t+1}^{-1}(s_{t+1} - a_{t+1})$$
$$S_t = \mathrm{Var}(\mathrm{E}(\theta_t|\theta_{t+1}, y_{1:t})|y_{1:T}) + \mathrm{E}(\mathrm{Var}(\theta_t|\theta_{t+1}, y_{1:t})|y_{1:T})$$
$$= C_t - C_t G'_{t+1} R_{t+1}^{-1} G_{t+1} C_t + C_t G'_{t+1} R_{t+1}^{-1} S_{t+1} R_{t+1}^{-1} G_{t+1} C_t$$
$$= C_t - C_t G'_{t+1} R_{t+1}^{-1}(R_{t+1} - S_{t+1}) R_{t+1}^{-1} G_{t+1} C_t$$

2.7 状態の推定と予測

ここで前提から，$E(\theta_{t+1}|y_{1:T}) = s_{t+1}$，および $Var(\theta_{t+1}|y_{1:T}) = S_{t+1}$ であることを使った．
□

カルマンスムーザにより，$\theta_t|y_{1:T}$ の分布が計算可能となる．この場合，$\theta_T|y_{1:T} \sim \mathcal{N}(s_T = m_T, S_T = C_T)$ として $t = T - 1$ から始めて，$t = T - 2, t = T - 3, \ldots$ に関して後ろ向きに処理を進めることで，$\theta_t|y_{1:T}$ の分布を計算する．平滑化漸化式は，カルマン・フィルタを用いて得られた，フィルタリングと一期先予測のモーメントのみに依存していることに注意する．したがって，時系列が欠測観測値を含んでいる場合，フィルタリング漸化式を実行する際に考慮されるべき追加調整は，平滑化漸化式では不要である．

平滑化アルゴリズムの数値安定性に関して，フィルタリング漸化式の場合と同じ危険が存在する．命題 2.4 の式は数値不安定性を受けやすく，より頑健な平方根スムーザや SVD に基づくスムーザが利用可能である (Zhang and Li (1996) を参照)．関数 dlmSmooth は，dlmFiltered クラスのオブジェクト（通常 dlmFilter からの出力結果）から始めて，R で計算を実行する．あるいはこの関数にはデータとモデルを与えることもでき，この場合は内部で dlmFilter が呼び出される．dlmSmooth が返すリストの要素は，平滑化分布の平均 s とその分散を SVD の形にした U.S, D.S である．以下の表示は，ナイル川のデータに dlmSmooth を使用した結果を示している．

```
                        R code
> NileSmooth <- dlmSmooth(NileFilt)
> str(NileSmooth, 1)
List of 3
 $ s  : Time-Series [1:101] from 1870 to 1970: 1111 1111 ...
 $ U.S:List of 101
 $ D.S: num [1:101, 1] 74.1 63.5 ...
> attach(NileSmooth)
> drop(dlmSvd2var(U.S[[n + 1]], D.S[n + 1,]))
[1] 4031.035
> drop(dlmSvd2var(U.C[[n + 1]], D.C[n + 1,]))
[1] 4031.035
> drop(dlmSvd2var(U.S[[n / 2 + 1]], D.S[n / 2 + 1,]))
[1] 2325.985
> drop(dlmSvd2var(U.C[[n / 2 + 1]], D.C[n / 2 + 1,]))
[1] 4031.035
```

上の表示では，観測値数 n は 100 であるので，時点 $t = 0$ を考慮すると n/2+1 は時点 50 に相当する．平滑化分散とフィルタリング分散は，観測期間の終わりである時点 T では等しくなっているのを確認して欲しい（9 行目と 11 行目）．しかし，時点 50 における平滑化分散（13 行目）は，同じ時点のフィルタリング分散（15 行目）よりずっと小さくなっている．これは，時点 50 におけるフィルタリング分布が，最初から 50 個の観測値

だけを前提条件としている一方，平滑化分布では利用可能な 100 個全ての観測値を前提条件としているためである．また，時点 50 におけるフィルタリング分散が時点 100 におけるフィルタリング分散と，偶然一致していることにも注意する．多くの時不変のモデルの場合では，t が増えるにしたがってフィルタリング分散 C_t は極限値に近づく傾向がある．あまり正式ではないが，この振る舞いの説明は以下の通りである．DLM では，システムの状態の学習過程は，動的な環境で生じる．すなわち，状態の情報を得る時に状態が変化するような環境である．したがって，時点 $t-1$ から時点 t にフィルタリング分散を更新する際，2 つの相反する過程が進むことになる．すなわち，一方では，観測値 y_t は θ_{t-1} に関する新しい情報をもたらすが，他方ではシステムの状態は w_t による不確実性が加わって θ_t に変化する．ここで加わる不確実性は，分散 $W_t = W$ によって表される．C_0 が大きい場合（典型的には，状態の事前の予想値にあまり確信がない場合），最初の観測値は非常に情報力があり，その C_t への影響は状態の動的特性よりはるかに重要となる．この結果，フィルタリング分散は全体的に減少することになる．しかしながら，より多くのデータが集められるにしたがって，一回の観測値がシステムの状態の情報に与える影響は減少する．そして，ある時点で，加わる分散 W で表される情報の損失と丁度バランスがとれるようになる．その時点からは，C_t は実質的に一定のままとなる．

以下の表示では，平滑化分布の分散を用いて，状態要素（この例では 1 つだけ）に関して点ごとの確率区間を構成する方法が示されている．以下のコードによって生成されるプロットは図 2.8 に示されている．

```
> hwid <- qnorm(0.025, lower = FALSE) *
+     sqrt(unlist(dlmSvd2var(U.S, D.S)))
> smooth <- cbind(s, as.vector(s) + hwid %o% c(-1, 1))
> plot(dropFirst(smooth), plot.type = "s", type = "l",
+     lty = c(1, 5, 5), ylab = "Level", xlab = "",
+     ylim = range(Nile))
> lines(Nile, type = "o", col = "darkgrey")
> legend("bottomleft", col = c("darkgrey", rep("black", 2)),
+     lty = c(1, 1, 5), pch = c(1, NA, NA), bty = "n",
+     legend = c("data", "smoothed level",
+     "95% probability limits"))
```

さらなる例として，イギリスにおける耐久財の 1958 年のポンド価格での消費支出の四半期時系列（1957 年の第 1 四半期から 1967 年の第 4 四半期）[*5] を考えよう．ローカルレベル・プラス・四半期ごとの季節成分を含む DLM が，このデータに当てはめられる．この種のモデルについては第 3 章で説明する．ここでは，フィルタリングと平滑化に焦

[*5] 出典：Hyndman（年代なし）

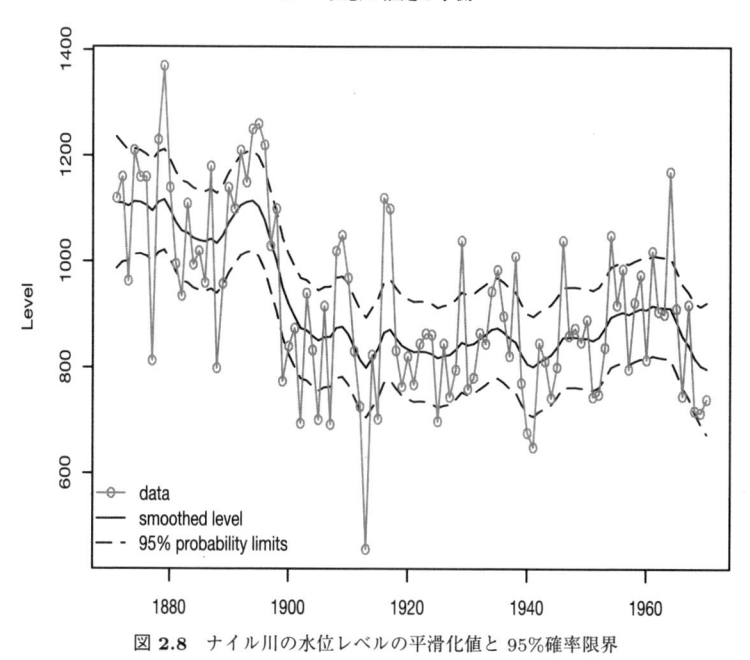

図 2.8 ナイル川の水位レベルの平滑化値と 95%確率限界

点を合わせる．このモデルでは状態ベクトルは 4 次元である．この成分の内 2 つは，個別に適切な解釈が存在する．最初の成分は，季節成分を除いた系列の真のレベルとして考えることができる．2 番目の成分は，動的な季節成分である．このモデルに従う観測値を得るためには，行列 FF からも分かるように，状態ベクトルの最初の成分と 2 番目の成分を合計し，観測雑音を加える．図 2.9 は，データと共に季節成分を除いたフィルタ化レベルと平滑化レベルをあわせて示している．これらのレベル値は，フィルタ化状態ベクトルと平滑化状態ベクトルのちょうど最初の要素になっている．また，系列のレベルに加えて季節成分を推定することもでき，それらの値は平滑化状態ベクトルやフィルタ化状態ベクトルのちょうど 2 番目の要素になっている．図 2.10 は平滑化季節成分を示している．モデルが動的であるということは強調しておく価値がある．それゆえ，季節成分は，時間の経過に伴い変化してもよい．この例の場合も明らかにそうなっている．すなわち，観測期間の初期に正負の値が交互する状況から，系列の後半では正の値が 2 つ続いた後に負の値が 2 つ続くというパターンに移行している．次の表示では R において，フィルタ化値と平滑化値がどのようにして得られるか，ならびにプロットがどのように生成されるかを示している．関数 *bdiag* はパッケージ dlm のユーティリティ関数であり，各ブロックもしくは複数のブロックを含むリストからブロック対角行列を生成する．

66   2. 動的線型モデル

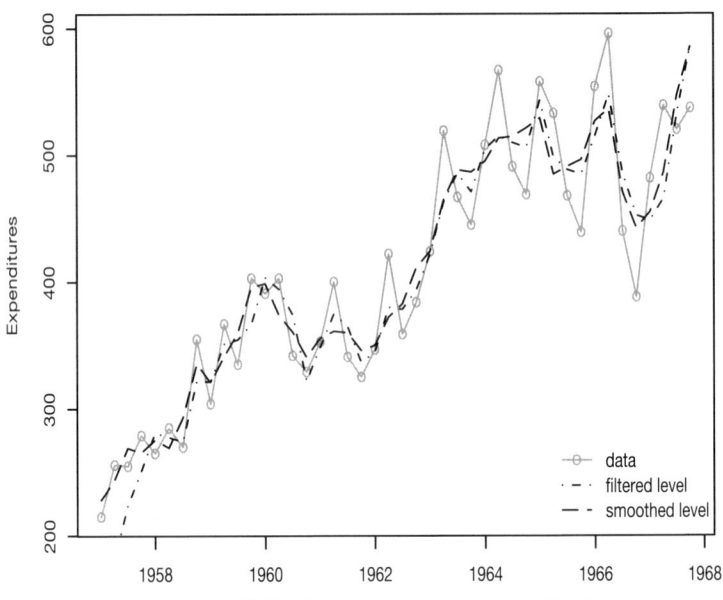

図 2.9 耐久財の四半期支出，そのフィルタ化レベルと平滑化レベル

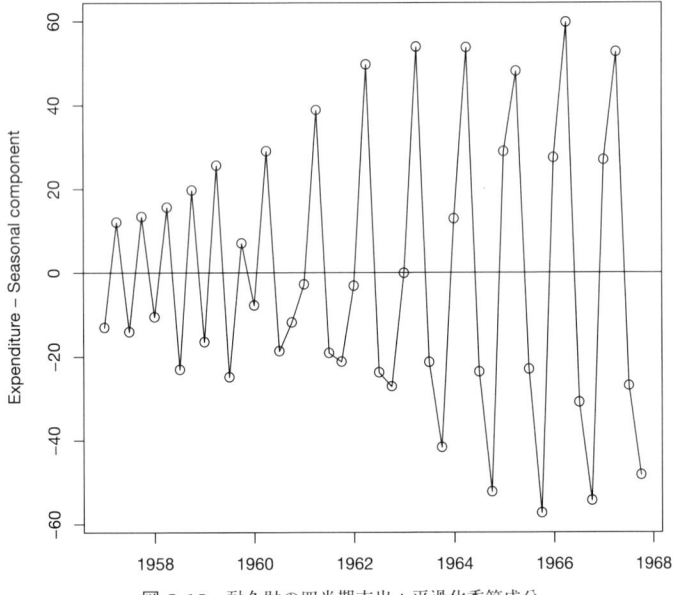

図 2.10 耐久財の四半期支出：平滑化季節成分

_____ **R code** _____
```
> expd <- ts(read.table("Dataset/qconsum.dat", skip = 4,
+                       colClasses = "numeric")[, 1],
+            start = c(1957, 1), frequency = 4)
> expd.dlm <- dlm(m0 = rep(0,4), C0 = 1e8 * diag(4),
+                 FF = matrix(c(1, 1, 0, 0), nr = 1),
+                 V = 1e-3,
+                 GG = bdiag(matrix(1),
+                            matrix(c(-1, -1, -1, 1, 0, 0, 0, 1, 0),
+                                   nr = 3, byrow = TRUE)),
+                 W = diag(c(771.35, 86.48, 0, 0), nr = 4))
> plot(expd, xlab = "", ylab = "Expenditures", type = 'o',
+      col = "darkgrey")
> ### Filter
> expdFilt <- dlmFilter(expd, expd.dlm)
> lines(dropFirst(expdFilt$m[, 1]), lty = "dotdash")
> ### Smooth
> expdSmooth <- dlmSmooth(expdFilt)
> lines(dropFirst(expdSmooth$s[,1]), lty = "longdash")
> legend("bottomright", col = c("darkgrey", rep("black", 2)),
+        lty = c("solid", "dotdash", "longdash"),
+        pch = c(1, NA, NA), bty = "n",
+        legend = c("data", "filtered level", "smoothed level"))
> ### Seasonal component
> plot(dropFirst(expdSmooth$s[, 2]), type = 'o', xlab = "",
+      ylab = "Expenditure - Seasonal component")
> abline(h = 0)
```

2.8 予測

$y_{1:t}$ が手元にある場合，観測値の将来の値 Y_{t+k} や状態ベクトルの将来の値 θ_{t+k} を予測することに関心を持つかもしれない．状態空間モデルでは，再帰的な形式の計算により一期先予測を計算し，新しいデータが利用可能になった時にその値を逐次的に更新することが自然にできる．実際にデータが逐次的に得られるような応用問題（例えば毎日の株価予測や，移動中の目標の追跡）では，このような関心が明らかに存在する．ただし，一期先予測は「標本内」で計算された結果であり，モデルの性能を検査するためのツールとしても利用される．

DLM において，状態や観測値の一期先予測分布は，命題 2.2 で示したようにカルマン・フィルタの副産物として得られる．

R において，一期先予測 $f_t = \mathrm{E}(Y_t | y_{1:t-1})$ は，関数 `dlmFilter` の出力結果の中で与え

られる.各時点 t における観測値の一期先予測 f_t は,フィルタリング平均 m_{t-1} の線型関数である.したがって,一期前の m_{t-1} において,利得行列の大きさは予想外の観測値 y_{t-1} からどの程度影響を受けるかを決定したので,f_t においても同じ役割を演じる.ランダムウォーク・プラス・ノイズモデルの場合では,これは特に明白である.というのも,この場合 $f_t = m_{t-1}$ となるためである.図 2.11 は下記のコードで作成されており,58 ページの表示で定義された異なる信号対雑音比を持つローカルレベル・モデルから得られた一期先予測が含まれている.

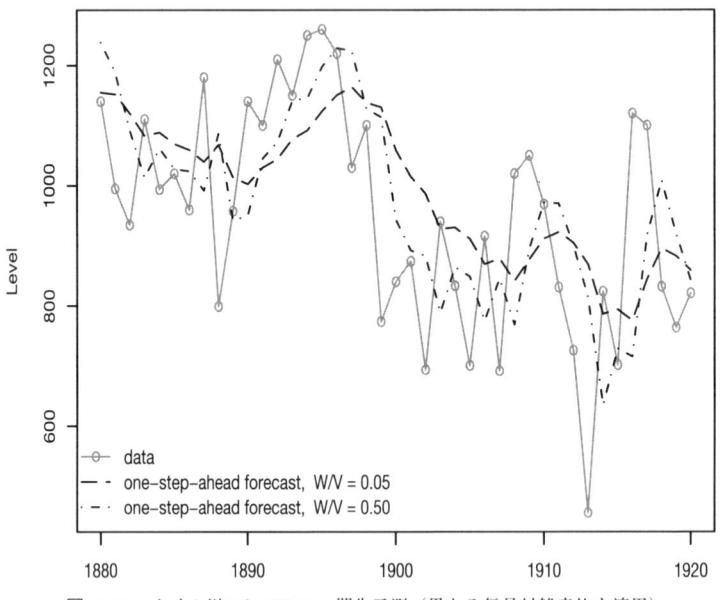

図 2.11 ナイル川のレベルの一期先予測(異なる信号対雑音比を適用)

_____ **R code** _____
```
  > a <- window(cbind(Nile, NileFilt1$f, NileFilt2$f),
2 +              start = 1880, end = 1920)
  > plot(a[, 1], type = 'o', col = "darkgrey",
4 +       xlab = "", ylab = "Level")
  > lines(a[, 2], lty = "longdash")
6 > lines(a[, 3], lty = "dotdash")
  > leg <- c("data", paste("one-step-ahead forecast,  W/V =",
8 +                         format(c(W(mod1) / V(mod1),
  +                                  W(mod2) / V(mod2)))))
10 > legend("bottomleft", legend = leg,
  +         col = c("darkgrey", "black", "black"),
```

2.8 予　　測　　　　　　　　　　　　　　69

```
12  +         lty = c("solid", "longdash", "dotdash"),
    +         pch = c(1, NA, NA), bty = "n")
```

　同じ例についてさらに詳しく説明すると，信号対雑音比は時不変である必要はないことに注意する．例えば，1898年におけるアスワンダムの建設により，ナイル川の水位レベルに大きな変化が発生したことが予期できる．このような予期されるレベルのシフトをモデルに組み込む簡単な方法は，その年と翌年におけるシステムの遷移分散 W_t が通常より大きいと仮定することである（以下の表示では12倍にした）．この方法により，ナイル川の真の水位レベルの推定では新しい状況が速やかに認識され，一期先予測はより正確になるだろう．以下のコードでは，この考え方を示している．

────────────────── **R code** ──────────────────
```
  > mod0 <- dlmModPoly(order = 1, dV = 15100, dW = 1468)
2 > X <- ts(matrix(mod0$W, nc = 1, nr = length(Nile)),
  +         start = start(Nile))
4 > window(X, 1898, 1899) <- 12 * mod0$W
  > modDam <- mod0
6 > modDam$X <- X
  > modDam$JW <- matrix(1, 1, 1)
8 > damFilt <- dlmFilter(Nile, modDam)
  > mod0Filt <- dlmFilter(Nile, mod0)
10 > a <- window(cbind(Nile, mod0Filt$f, damFilt$f),
  +         start = 1880, end = 1920)
12 > plot(a[, 1], type = 'o', col = "darkgrey",
  +      xlab = "", ylab = "Level")
14 > lines(a[, 2], lty = "longdash")
  > lines(a[, 3], lty = "dotdash")
16 > abline(v = 1898, lty = 2)
  > leg <- c("data", paste("one-step-ahead forecast -",
18 +           c("mod0", "modDam")))
  > legend("bottomleft", legend = leg,
20 +         col = c("darkgrey", "black", "black"),
  +         lty = c("solid", "longdash", "dotdash"),
22 +         pch = c(1, NA, NA), bty = "n")
```

　修正されたモデル modDam を用いると，川の水位の予測は1900年には新たな実際の水位付近に接近するが，別のモデルでは1907年頃になることに注意する（図2.12を参照）．より技術的な留意点として，固定モデル mod0 に要素 X と JW（6行目と7行目）を加えることで，時変モデル modDam を定義する方法に言及しておくことは有益であろう．

　多くの応用で関心が持たれるのは少し先の将来を予見することであり，これによって k 期先の系列の振る舞いについて発生しうる概況が示される．ここで提示する漸化式によ

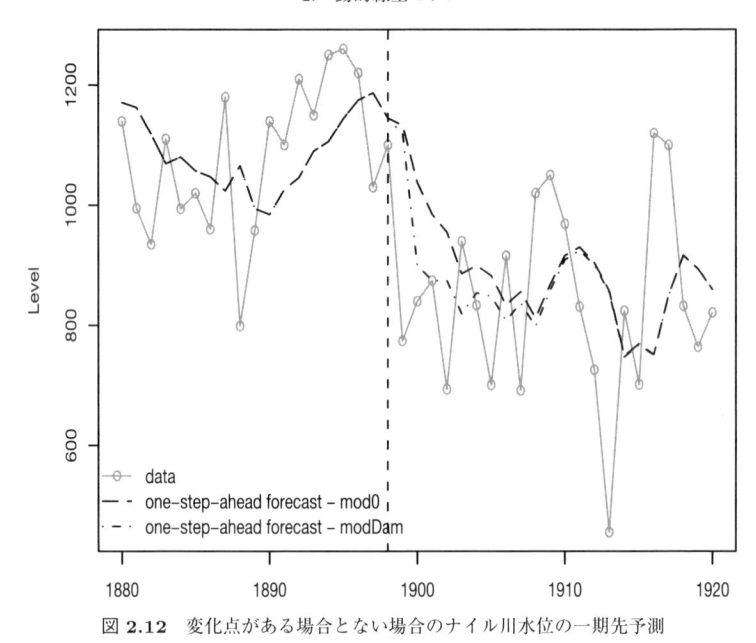

図 **2.12** 変化点がある場合とない場合のナイル川水位の一期先予測

り，時点 t までのデータが与えられた下で，将来の時点 $t+k$ における状態や観測値の条件付き分布に関して，平均と分散を計算することが可能となる．モデルのマルコフ性の観点から，時点 t におけるフィルタリング分布は，モデルが将来へ遷移する際の初期分布のように振る舞う．より正確には，現在及び将来の状態 $(\theta_{t+k})_{k>0}$ と将来の観測値 $(Y_{t+k})_{k>1}$ の同時分布は，初期分布が $\pi(\theta_t|y_{1:t})$ であり，条件付き分布 $\pi(\theta_{t+k}|\theta_{t+k-1})$ と $\pi(y_{t+k}|\theta_{t+k})$ を持つ状態空間モデルから得られる．データによって与えられる将来の情報は，全てこの同時分布に含まれる．特に DLM では，データは $\pi(\theta_t|y_{1:t})$ の平均 m_t を得るのに用いられるだけなので，m_t は予測の目的において十分なデータの要約を与えることになる．変数間の従属構造を表す非巡回的有向グラフ（図 2.6）を見れば，この点に関してさらに直感的な洞察を深めることができる．$Y_{1:t}$ から Y_{t+k} への経路は図 2.13 の通りであり，ここで，データ $Y_{1:t}$ は θ_t の情報を与え，θ_t は θ_{t+k} までの将来の状態への遷移の情報を与え，結果的に Y_{t+k} の情報も与えることが示されているのが分かる．もちろん，k が大き

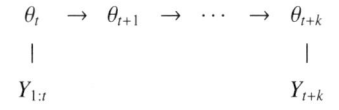

$$
\begin{array}{ccccccc}
\theta_t & \to & \theta_{t+1} & \to & \cdots & \to & \theta_{t+k} \\
| & & & & & & | \\
Y_{1:t} & & & & & & Y_{t+k}
\end{array}
$$

図 **2.13** $Y_{1:t}$ から Y_{t+k} への情報の流れ

くなるにつれてより多くの不確実性がシステムに入り，予測はますます正確ではなくなるだろう．

命題 2.5 は，一般状態空間モデルにおける状態や観測値の予測分布を計算する漸化式を与える．

命題 2.5 (予測漸化式) (A.1)-(A.2)（40 ページ）によって定義された一般状態空間モデルにおいて，任意の $k > 0$ に関して次が成立する．

(i) 状態の k 期先予測分布

$$\pi(\theta_{t+k}|y_{1:t}) = \int \pi(\theta_{t+k}|\theta_{t+k-1})\pi(\theta_{t+k-1}|y_{1:t})\,d\theta_{t+k-1}$$

(ii) 観測値の k 期先予測分布

$$\pi(y_{t+k}|y_{1:t}) = \int \pi(y_{t+k}|\theta_{t+k})\pi(\theta_{t+k}|y_{1:t})\,d\theta_{t+k}$$

証明 2.5 モデルの条件付き独立性の性質を用いると，次を得る．

$$\begin{aligned}
\pi(\theta_{t+k}|y_{1:t}) &= \int \pi(\theta_{t+k},\theta_{t+k-1}|y_{1:t})\,d\theta_{t+k-1} \\
&= \int \pi(\theta_{t+k}|\theta_{t+k-1},y_{1:t})\pi(\theta_{t+k-1}|y_{1:t})\,d\theta_{t+k-1} \\
&= \int \pi(\theta_{t+k}|\theta_{t+k-1})\pi(\theta_{t+k-1}|y_{1:t})\,d\theta_{t+k-1}
\end{aligned}$$

これが (i) である．(ii) の証明も，再びモデルの条件付き独立性の性質に基づいて，次を得る．

$$\begin{aligned}
\pi(y_{t+k}|y_{1:t}) &= \int \pi(y_{t+k},\theta_{t+k}|y_{1:t})\,d\theta_{t+k} \\
&= \int \pi(y_{t+k}|\theta_{t+k},y_{1:t})\pi(\theta_{t+k}|y_{1:t})\,d\theta_{t+k} \\
&= \int \pi(y_{t+k}|\theta_{t+k})\pi(\theta_{t+k}|y_{1:t})\,d\theta_{t+k}
\end{aligned}$$

これが (ii) である．

□

DLM では全ての積分が明示的に計算できるので，命題 2.5 はより特定化された形をとる．しかしながら，フィルタリングや平滑化の場合と同じように，予測分布は全てガ

ウス型なので，平均と分散が計算できれば十分である．命題 2.6 から，それらを計算する漸化式が得られる．まず最初に，いくつかの表記を導入する必要がある．$k \geq 1$ に対して，次式を定義する．

$$a_t(k) = \mathrm{E}(\theta_{t+k} | y_{1:t}) \tag{2.10a}$$
$$R_t(k) = \mathrm{Var}(\theta_{t+k} | y_{1:t}) \tag{2.10b}$$
$$f_t(k) = \mathrm{E}(Y_{t+k} | y_{1:t}) \tag{2.10c}$$
$$Q_t(k) = \mathrm{Var}(Y_{t+k} | y_{1:t}) \tag{2.10d}$$

命題 2.6 (2.4) 式で定義された DLM に対して，$a_t(0) = m_t$ かつ $R_t(0) = C_t$ とおける．すると，$k \geq 1$ において，次の記述が成立する．

(i) $y_{1:t}$ が与えられた時の θ_{t+k} の分布はガウス型であり，その平均と分散は

$$a_t(k) = G_{t+k} a_t(k-1)$$
$$R_t(k) = G_{t+k} R_t(k-1) G'_{t+k} + W_{t+k}$$

(ii) $y_{1:t}$ が与えられた時の Y_{t+k} の分布はガウス型であり，その平均と分散は

$$f_t(k) = F_{t+k} a_t(k)$$
$$Q_t(k) = F_{t+k} R_t(k) F'_{t+k} + V_{t+k}$$

証明 2.6 既に言及したように，全ての条件付き分布はガウス型となる．したがって，その平均と分散を与える式を証明することだけが必要である．帰納法で証明を進める．$k = 1$ に関しては，命題 2.2 の観点からこの結果が成立する．$k > 1$ に関しては，次のようになる．

2.8 予測

$$a_t(k) = \mathrm{E}(\theta_{t+k}|y_{1:t}) = \mathrm{E}(\mathrm{E}(\theta_{t+k}|y_{1:t}, \theta_{t+k-1})|y_{1:t})$$
$$= \mathrm{E}(G_{t+k}\theta_{t+k-1}|y_{1:t}) = G_{t+k}a_t(k-1)$$
$$R_t(k) = \mathrm{Var}(\theta_{t+k}|y_{1:t}) = \mathrm{Var}(\mathrm{E}(\theta_{t+k}|y_{1:t}, \theta_{t+k-1})|y_{1:t}) + \mathrm{E}(\mathrm{Var}(\theta_{t+k}|y_{1:t}, \theta_{t+k-1})|y_{1:t})$$
$$= G_{t+k}R_t(k-1)G'_{t+k} + W_{t+k}$$
$$f_t(k) = \mathrm{E}(Y_{t+k}|y_{1:t}) = \mathrm{E}(\mathrm{E}(Y_{t+k}|y_{1:t}, \theta_{t+k})|y_{1:t})$$
$$= \mathrm{E}(F_{t+k}\theta_{t+k}|y_{1:t}) = F_{t+k}a_t(k)$$
$$Q_t(k) = \mathrm{Var}(Y_{t+k}|y_{1:t}) = \mathrm{Var}(\mathrm{E}(Y_{t+k}|y_{1:t}, \theta_{t+k})|y_{1:t}) + \mathrm{E}(\mathrm{Var}(Y_{t+k}|y_{1:t}, \theta_{t+k})|y_{1:t})$$
$$= F_{t+k}R_t(k)F'_{t+k} + V_{t+k}$$

□

予測分布に考慮されるデータは，最後の観測が行われた時点におけるフィルタリング分布の平均だけであることに注意する．関数 `dlmForecast` は，観測や状態の予測分布の平均と分散を計算する．オプションで，将来の状態と観測の標本を抽出するために使うこともできる．`dlmForecast` の主な引数は，`dlmFiltered` クラスのオブジェクトである．もしくは，`dlm` クラスのオブジェクト（または，適切な名前の要素を持つリスト）であってもよい．この場合，要素 `m0` と `C0` は，観測期間の最後の時点における，データが与えられた下での状態ベクトルの平均と分散（すなわち，最後の（直近の）フィルタリング分布における平均と分散）であると解釈される．以下のコードは，支出の系列（図 2.9，66 ページ）の予測値を得る方法を示しており，予測期間は最後の観測から 3 年間分で，予測分布からの標本も一緒に取得している．図 2.14 は，この系列の予測値とシミュレートした将来の値を示している．

```
                         R code
> set.seed(1)
> expdFore <- dlmForecast(expdFilt, nAhead = 12, sampleNew = 10)
> plot(window(expd, start = c(1964, 1)), type = 'o',
+      xlim = c(1964, 1971), ylim = c(350, 850),
+      xlab = "", ylab = "Expenditures")
> names(expdFore)
[1] "a"         "R"          "f"         "Q"
[5] "newStates" "newObs"
> attach(expdFore)
> invisible(lapply(newObs, function(x)
+                  lines(x, col = "darkgrey",
+                        type = 'o', pch = 4)))
> lines(f, type = 'o', lwd = 2, pch = 16)
> abline(v = mean(c(time(f)[1], time(expd)[length(expd)])),
+        lty = "dashed")
```

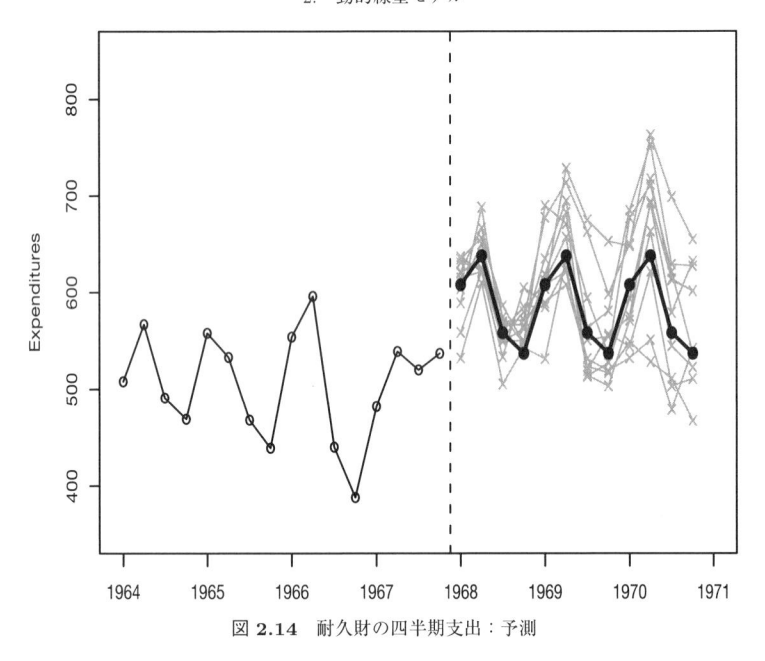

図 2.14 耐久財の四半期支出：予測

```
> detach()
```

2.9 イノベーション過程とモデル検査

既に見てきたように，DLM では一期先予測 $f_t = \mathrm{E}(Y_t|y_{1:t-1})$ を計算することができ，その予測誤差を次のように定義する．

$$e_t = Y_t - \mathrm{E}(Y_t|y_{1:t-1}) = Y_t - f_t$$

この予測誤差は，一期先推定誤差によって，次のようにも書ける．

$$\begin{aligned}e_t &= Y_t - F_t a_t = F_t \theta_t + v_t - F_t a_t \\ &= F_t(\theta_t - a_t) + v_t\end{aligned}$$

予測誤差の系列 $(e_t)_{t \geq 1}$ にはいくつかの興味深い性質があるが，その中で最も重要なものを以下の命題にまとめた．

命題 2.7 DLM の予測誤差の系列を $(e_t)_{t \geq 1}$ としよう．この場合，以下の性質が成立する．

(i) e_t の期待値は 0 である．

(ii) 確率ベクトル e_t は, $Y_1,\ldots,Y_{t-1}$ の任意の関数と無相関である.
(iii) 任意の $s < t$ に対して, e_t と Y_s は無相関である.
(iv) 任意の $s < t$ に対して, e_t と e_s は無相関である.
(v) e_t は $Y_1,\ldots,Y_t$ の線型関数である.
(vi) $(e_t)_{t \geq 1}$ はガウス過程である.

証明 2.7

(i) 繰り返し期待値をとると,
$$\mathrm{E}(e_t) = \mathrm{E}(\mathrm{E}(Y_t - f_t | Y_{1:t-1})) = 0$$
(ii) $Z = g(Y_1,\ldots,Y_{t-1})$ とすると,
$$\mathrm{Cov}(e_t, Z) = \mathrm{E}(e_t Z) = \mathrm{E}(\mathrm{E}(e_t Z | Y_{1:t-1}))$$
$$= \mathrm{E}(\mathrm{E}(e_t | Y_{1:t-1})Z) = 0$$
(iii) 観測値が一変量であれば, (ii) で $Z = Y_s$ とする. その他の場合は Y_s の各要素に (ii) を適用する.
(iv) 観測値が一変量であれば, 再び (ii) で $Z = e_s$ とする. その他の場合は要素ごとに (ii) を適用する.
(v) $Y_1,\ldots,Y_t$ は同時ガウス分布に従うので, $f_t = \mathrm{E}(Y_t | Y_{1:t-1})$ は $Y_1,\ldots,Y_{t-1}$ の線型関数となる. したがって, e_t は $Y_1,\ldots,Y_t$ の線型関数となる.
(vi) (v) から, 任意の t に対して, $(e_1,\ldots,e_t)$ は同時正規分布に従う $(Y_1,\ldots,Y_t)$ の線型変換となる. このことから, $(e_1,\ldots,e_t)$ もまた同時正規分布に従うことになる. したがって, 全ての有限次元分布はガウス型となるので, 過程 $(e_t)_{t \geq 1}$ はガウス型となる. □

予測誤差 e_t はまたイノベーション(innovations)とも呼ばれる. $Y_t = f_t + e_t$ という表現を見れば, この呼び名も当然である. というのも, Y_t を, 過去の観測値から予測可能な要素 f_t と, 過去の要素とは独立でしたがって観測値 Y_t によって与えられる本当に新しい情報を含むもう 1 つ別の要素 e_t との和と考えることができるためである.

しばしば, いわゆる DLM のイノベーション形で検討を行うと便利な場合がある. この形は, 新しい状態変数としてベクトル $a_t = \mathrm{E}(\theta_t | y_{1:t-1})$ を選択することで得られる. この場合, 観測方程式は $e_t = Y_t - f_t = Y_t - F_t a_t$ から導かれ, 次の通りとなる.

$$Y_t = F_t a_t + e_t \tag{2.11a}$$

また, $a_t = G_t m_{t-1}$ であり, m_{t-1} はカルマン・フィルタによって与えられる.

$$a_t = G_t m_{t-1} = G_t a_{t-1} + G_t R_{t-1} F'_{t-1} Q_{t-1}^{-1} e_{t-1}$$

したがって，新しい状態方程式は

$$a_t = G_t a_{t-1} + w_t^* \qquad (2.11\mathrm{b})$$

となり，ここで，$w_t^* = G_t R_{t-1} F'_{t-1} Q_{t-1}^{-1} e_{t-1}$ である．(2.11) 式によるシステムが，DLM のイノベーション形である．この形では，観測誤差とシステム誤差はもはや独立ではなくなる．すなわち，状態の動的特性がもはや観測値から独立ではなくなる点に注意する．主な利点は，イノベーション形では観測値からいかなる情報も得られない状態ベクトルの要素が全て自動的に除かれている点にある．そのため，ある意味で最小のモデルとなっている．

観測値が一変量の場合，$\tilde{e}_t = e_t / \sqrt{Q_t}$ で定義される標準化イノベーションの系列はガウス型のホワイト・ノイズ，すなわち，独立で同一な分布に従う平均 0 の正規確率変数の系列となる．この性質は，モデルの仮定を検査するのに利用できる．モデルが正しければ，データから計算された系列 $\tilde{e}_1, \ldots, \tilde{e}_t$ は，標準正規分布からの大きさ t の標本のように見えるべきである．多数の統計的な検定が標準化イノベーションに適用可能であり，そのいくつかは R でも利用可能である．このような検定は，大きく 2 つに分類される．1 つは，$\tilde{e}_t$ の分布が標準正規分布かどうかを検査する目的のものであり，もう 1 つは，$\tilde{e}_t$ が無相関かどうかを検査する目的のものである．第 3 章では，これらの検定のいくつかを使って説明を行う．しかしながら，たいていのモデル検査にはより略式のアプローチがとられる．このアプローチは，精選された診断プロットの主観的評価に基づいている．筆者らの意見として最も有益なのは，標準化イノベーションの Q-Q プロットと経験自己相関関数のプロットである．前者は正規性を評価するために使用でき，一方後者は無相関性からの乖離を明らかにする．標準化イノベーションの時系列プロットは，外れ値，変化点，およびその他の予想外のパターンを検出するのに有益であることが分かる．

R では，標準化イノベーションは関数 `residuals` を用いて，`dlmFiltered` クラスのオブジェクトから抽出できる．また，パッケージ dlm は，`dlmFiltered` クラスのオブジェクトの `tsdiag` のために，メソッド関数も提供する．この関数は `tsdiag.Arima` に倣っており，標準化イノベーションを抽出してそれらをプロットし，さらに経験自己相関関数と特定のラグ値（デフォルトは 10）までの Ljung-Box 検定統計量の p 値を一緒に出力する．ナイル川のレベルのデータをモデル化するために使用した DLM の `modDam` (69 ページ) に対して，図 2.15 は，標準化イノベーションの Q-Q プロットを示している．一方，図 2.16 では，`tsdiag` を呼び出して生成された各種のプロットを表している．2 つの図は以下のコードから得られた．

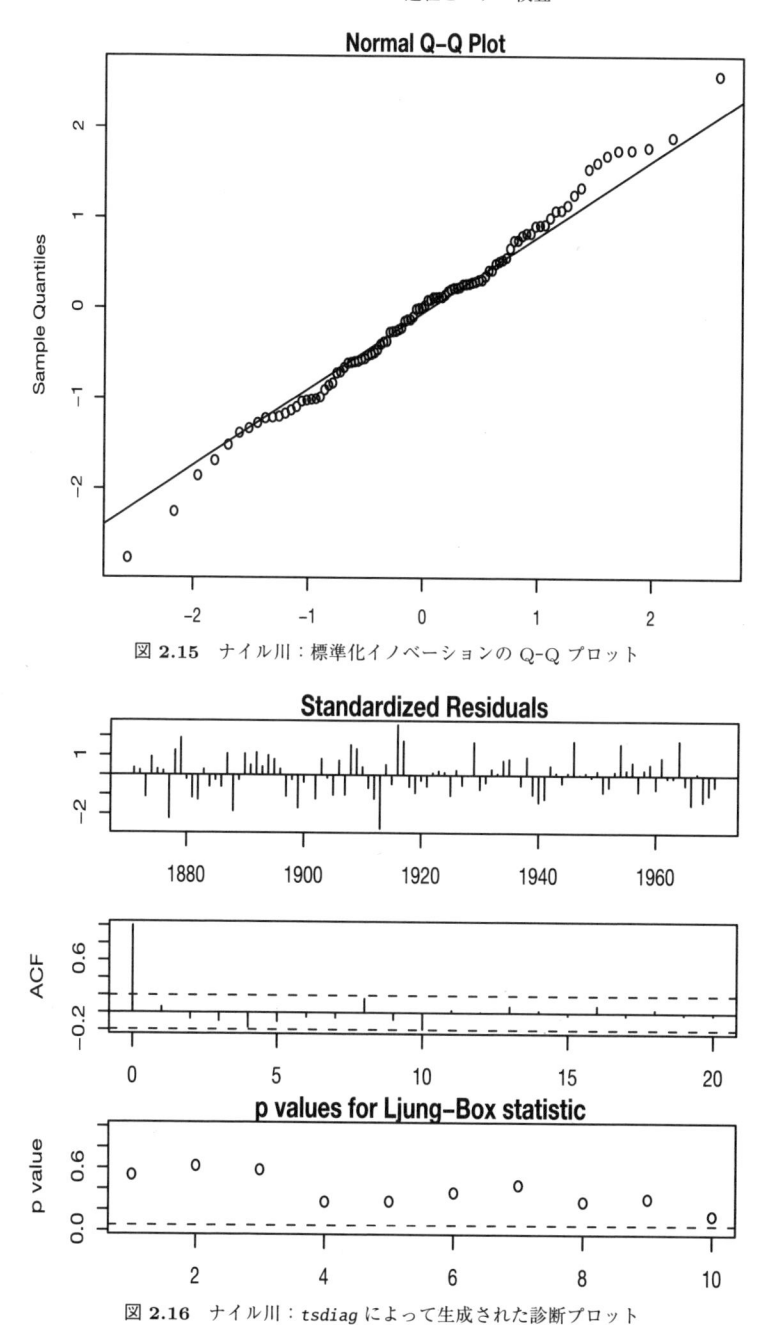

2.9 イノベーション過程とモデル検査   77

図 2.15 ナイル川：標準化イノベーションの Q-Q プロット

図 2.16 ナイル川：*tsdiag* によって生成された診断プロット

R code

```
> qqnorm(residuals(damFilt, sd = FALSE))
> qqline(residuals(damFilt, sd = FALSE))
> tsdiag(damFilt)
```

多変量の観測値の場合は，通常一変量の場合と同じグラフィカルな診断ツールをイノベーション系列の要素ごとに適用する．それ以上のステップはベクトル標準化 $\tilde{e}_t = B_t e_t$ の採用であり，ここで B_t は $B_t Q_t B_t' = I$ となる $p \times p$ の行列である．この方法では，$\tilde{e}_t$ の要素は独立で同一な標準正規分布に従う．この標準化により，系列 $\tilde{e}_{1,1}, \tilde{e}_{1,2}, \ldots, \tilde{e}_{1,p}, \ldots, \tilde{e}_{t,p}$ は，一変量標準正規分布からの大きさ tp の標本のようにみなせる．しかしながら，この方法は応用研究ではさほど一般的でないため，本書では採用しない．

2.10　時不変 DLM の可制御性と可観測性

工学分野の文献では，DLM は制御問題において広く使用されている．実際，Kalman の貢献の主な目的の1つは最適制御であった．例えば，Kalman (1961), Kalman et al. (1963) および Kalman (1968) を参照されたい．そこでは，システムの状態 θ_t に関心が持たれ，いわゆる制御変数 u_t によって θ_t が調整されることが望まれる．この種の問題は，明らかに工学以外の多くの応用分野に大きな関連がある．例えば経済学では，金融当局はインフレ率や失業率といったマクロ経済変数の状態を，金融操作 u_t によって制御下におくように調整したいと考えるかもしれない．制御変数を含む DLM は，制御された DLM と呼ばれ，次の形式で記述される．

$$y_t = F_t \theta_t + v_t$$
$$\theta_t = G_t \theta_{t-1} + H_t u_t + w_t$$

ここで，u_t は r 次元の制御変数のベクトルであり，研究者がこの値を調整することで状態 θ_t の望ましいレベルを得ることができる．また，H_t は $p \times r$ の既知の行列であり，確率誤差 v_t と w_t に関しては通常通りの仮定がおかれる．制御問題は，当初，確定システム（すなわち，確率的な項 v_t や w_t のないシステム）で検討されていた．しかしながら，ほとんどの応用では，θ_t と y_t の間の関係や状態遷移に確率誤差が存在すると，問題はいっそう困難になる．制御問題の包括的な取り扱いは，本書の適用範囲を超える．本節では，いくつかの基本概念を簡単に再確認するだけにとどめるつもりである．ここでは，時不変の制御された DLM（すなわち，次のように行列 F_t, G_t, V_t, W_t，および H_t が時間的に一定な場合の制御された DLM）の場合に注意を限定する．

$$y_t = F \theta_t + v_t$$
$$\theta_t = G \theta_{t-1} + H u_t + w_t$$

2.10 時不変 DLM の可制御性と可観測性

優れた参考文献としては，Anderson and Moore (1979), Harvey (1989), Maybeck (1979), および Jazwinski (1970) があげられる．

基本的なレベルでは，制御問題とは制御変数 $u_1, \ldots, u_T$ を適切に設定して，DLM の状態を有限時間 T 内に初期値 θ_0 から目標値 θ^* にすることである．ここで直ちに，2つの問題が生じる．最初の問題は，DLM の状態が直接観測されない点にあり，特に θ_0 は一般に明示的に既知ではない．2番目の問題は，たとえ θ_0 が既知であったとしても，システムを所望の状態 θ^* にできる保証がない点である．最初に，2番目の問題をより注意深く確認するため，確定的なシステム方程式の理想的な場合，すなわち全ての t において $w_t = 0$ である場合を考えよう．システム方程式は，この場合次式のように簡単になる．

$$\theta_t = G\theta_{t-1} + Hu_t \tag{2.12}$$

時点 0 での θ_0 から始めて，(2.12) 式を繰り返し適用して，次を得る．

$$\theta_1 = G\theta_0 + Hu_1$$
$$\theta_2 = G\theta_1 + Hu_2 = G^2\theta_0 + GHu_1 + Hu_2$$
$$\vdots$$
$$\theta_T = G^T\theta_0 + \sum_{j=0}^{T-1} G^j Hu_{T-j}$$

したがって，時点 T においてシステムが状態 θ^* となるなら，方程式 $\theta_T = \theta^*$ を制御変数 $u_1, \ldots, u_T$ に関して解く必要がある．より明確に，次のように $p \times rT$ の行列 C_T を定義しよう．

$$C_T = [G^{T-1}H | \cdots | GH | H]$$

ベクトル $u_1, \ldots, u_T$ をスタックする（縦に重ねる）と，次の線型方程式系を得る．

$$C_T \begin{bmatrix} u_1 \\ \vdots \\ u_T \end{bmatrix} = \theta^* - G^T\theta_0 \tag{2.13}$$

(2.13) 式が任意の θ^* と θ_0 に対して解を持つなら，C_T はランクが p である必要があり，逆もまた同様である．言い換えれば，システム方程式 (2.12) 式を持つ DLM において，制御変数 $u_1, \ldots, u_T$ を適切に選択して，有限時間 T 内に任意の初期状態 θ_0 を別の任意な状態 θ^* にすることができるのは，C_T がフルランク p の場合であり，かつその場合に限られる．さらに，線型代数の基本的な議論を用いると，ある T において C_T がランク

p なら，C_p がランク p を持つことが証明できる．この理由で，行列 C_p は DLM の可制御行列と呼ばれ，これを添え字なしで C と表わす．可制御行列 C がフルランク p なら，DLM は可制御であるという．

上記で与えられる可制御性の定義は，次のシステム方程式を持つ標準的な時不変 DLM に移行することができる．

$$\theta_t = G\theta_{t-1} + w_t, \qquad w_t \sim \mathcal{N}(0, W) \tag{2.14}$$

結局，(2.12) 式と (2.14) 式の唯一の差は，前者における制御項 Hu_t が後者におけるシステムノイズ w_t に置き換わっている点にある．この類似性をさらに一歩進めると，ノイズは $w_t = B\eta_t$ と書ける．ここで，η_t は r 次元の確率ベクトルであり，標準正規分布に従う独立な成分を持つ．また，B は $p \times r$ の行列でありフルランクになる．ここで $W = BB'$ であることに注意する．$r < p$ の場合 W のランクは r であり，w_t がとりうる値は，$\mathbb{R}^p$ の線型部分空間（r 次元）上に存在する．この意味で，w_t は実質的に r 次元であると考えることができ，η_t を通じて表すことができる．そこでシステム方程式 (2.14) 式を持つ DLM の可制御行列を次のように定義する．

$$C = [G^{p-1}B|\cdots|GB|B]$$

そして，可制御行列がフルランク p である場合，DLM は可制御となる．

$W = BB'$ という分解では，B は一意に特定されないことに注意する．これは，任意の r 次の直交行列 O に関して，行列 $\tilde{B} = BO$ が，$W = \tilde{B}\tilde{B}'$ という表現を与えるためである．しかしながら，特定の B を選択することは問題ではない．実際，$W = BB'$ という分解の計算を完全に避けることもできる．$\mathbb{R}^p$ の線型部分空間は，W と同様に B の列によって張られることに注意する．それゆえ，C と次の行列

$$C^W = [G^{p-1}W|\cdots|GW|W]$$

は，同じランクを持つが，C^W の列数は rp ではなく p^2 である．

例えば，次数 2 の和分ランダムウォーク（101 ページ参照）を考えると，この DLM のシステム方程式は，次式で表される 2 つの行列で定義される．

$$G = \begin{bmatrix} 1 & 1 \\ 0 & 1 \end{bmatrix}$$
$$W = \begin{bmatrix} 0 & 0 \\ 0 & \sigma_\beta^2 \end{bmatrix} \tag{2.15}$$

ここで，$\sigma_\beta^2 > 0$ である．ここでは $p = 2$ なので，次の関係が成立する．

2.10 時不変 DLM の可制御性と可観測性

$$C^W = [GW \mid W] = \begin{bmatrix} 0 & \sigma_\beta^2 & 0 & 0 \\ 0 & \sigma_\beta^2 & 0 & \sigma_\beta^2 \end{bmatrix}$$

C^W のランクは 2 なので,この DLM は可制御である.

標準的な DLM では,観測者によってノイズ (w_t) が設定できないため,可制御性の概念が,制御された DLM の場合と異なる解釈になることは明らかである.システム方程式 (2.14) 式を持つ可制御 DLM では,ノイズ系列 (w_t) の効果によって,状態ベクトル θ_t がその初期値の如何に関わらず,$\mathbb{R}^p$ における任意の点に到達可能となる.言い換えれば,システムの状態に関してアクセス不可能な領域が存在しない.マルコフ連鎖の一般理論では,この性質はマルコフ連鎖 (θ_t) の**既約性**と呼ばれる.

今度は,説明を始める際に提起された最初の問題に戻ろう.この問題は状態の可観測性と関連している.システム雑音もしくは観測雑音が 0 でなければ,観測値 y_t もしくは有限回 T の観測値 $y_{t:t+T-1}$ のみに基づいて,θ_t の値を厳密に決定できる望みがほとんどないことは明らかである.したがって,時不変 DLM の理想的な状況に焦点を合わせ,$V = 0$ かつ $W = 0$ と設定する.この場合の観測方程式とシステム方程式は,次式のように整理される.

$$\begin{aligned} y_t &= F\theta_t \\ \theta_t &= G\theta_{t-1} \end{aligned} \quad (2.16)$$

(2.16) 式を繰り返して適用すると,次の関係を得る.

$$y_t = F\theta_t$$
$$y_{t+1} = F\theta_{t+1} = FG\theta_t$$
$$\vdots$$
$$y_{t+T-1} = FG^{T-1}\theta_t$$

次の行列を定義し

$$O_T = \begin{bmatrix} F \\ FG \\ \vdots \\ FG^{T-1} \end{bmatrix}$$

観測ベクトルをスタックする(縦に重ねる)と,上記のシステムは次のように書ける.

$$\begin{bmatrix} y_t \\ \vdots \\ y_{t+T-1} \end{bmatrix} = O_T \theta_t$$

したがって，上記の線型方程式系が一意な解（θ_t に関して）を持つ場合，かつその場合に限り，状態 θ_t はデータ $y_{t:t+T-1}$ から決定できることになる．このことが成立するのは，$mT \times p$ の行列 O_T がランク p を持つ場合であり，かつその場合に限られる．またこの場合，O_T がある T においてランク p を持つなら，O_p がランク p を持つことも証明できる．行列 O_p は与えられた DLM の**可観測行列**と呼ばれ，これを添字なしで O と表そう．可観測行列 O がフルランク p の場合，時不変 DLM は可観測であるといわれる．

例えば再び，次数 2 の和分ランダムウォークを考えると，そのシステム方程式は (2.15) 式で定義される．この DLM の観測行列は，次の通りである．

$$F = [1 \quad 0]$$

したがって，可観測行列は次のようになる．

$$O = \begin{bmatrix} F \\ FG \end{bmatrix} = \begin{bmatrix} 1 & 0 \\ 1 & 1 \end{bmatrix}$$

この行列のランクは 2 であり，したがって，この DLM は可観測である．

次節では，可制御性と可観測性を，カルマン・フィルタの漸近的な振る舞いと結びつける．

2.11 フィルタ安定性

時不変な DLM を考えよう．2.7 節に示されているように，任意の t において次を得る．

$$\theta_t | y_{1:t-1} \sim \mathcal{N}_p(a_t, R_t)$$

ここで，a_t と R_t は命題 2.2 によって与えられる．行列 F, G, V および W が既知の場合，共分散行列 $R_t = \mathrm{Var}(\theta_t | y_{1:t-1})$ はデータには依存せず，初期条件 m_0 と C_0，システム行列 F と G，および共分散行列 V と W のみに依存することに注意する．この意味で，R_t の漸近的な振る舞いはモデルに固有のものであり，行列 F, G, V および W の性質に基づいて検討することができる．特に，$y_{1:t-1}$ もしくは $y_{1:t}$ が与えられた下での θ_t の条件付き分散が，t が無限大に増加した場合に，初期条件 m_0, C_0 を忘却して，安定する傾向があるかどうかについて検討することができる．

命題 2.2 の (i) で与えられる a_t と R_t の式において，$m_{t-1}, C_{t-1}, f_{t-1}$ の表現を置き換えると，a_t は次の形式で書けることに注意する．

$$a_t = (G - A_{t-1}F)a_{t-1} + A_{t-1}y_{t-1}$$

ここで，状態予測における利得行列は $A_{t-1} = GK_{t-1} = GR_{t-1}F'[V + FR_{t-1}F']^{-1}$ で表され，

2.11 フィルタ安定性

さらに次式が得られる.

$$R_t = GR_{t-1}G' - A_{t-1}FR_{t-1}G' + W \tag{2.17}$$

この式は,未知の行列 R_t の方程式と考えられ,リカッチ方程式と呼ばれる.(2.17) 式において,$A_t = A_t(R_{t-1})$ である点に注意する.時不変の半正定値行列 R が存在する場合,次式が成立する.

$$R = GRG' - GRF'[V + FRF']^{-1}FRG' + W \tag{2.18}$$

(これは定常状態(もしくは代数)リカッチ方程式と呼ばれ).この場合,DLM は定常解を持つという.

定常状態では次の関係が成立する.

$$\theta_t | y_{1:t-1} \sim \mathcal{N}_p(a_t, R)$$

ここで

$$a_t = (G - AF)a_{t-1} + Ay_{t-1} \tag{2.19}$$

一方,$R = \mathrm{Var}(\theta_t | y_{1:t-1})$ は時不変である.このような意味で,R は状態予測で得られる情報の限界を表しており,その値はシステムに固有なものである.t が増加した場合に R_t が R へ近づくための十分条件は,行列 $G - AF$ の固有値の観点から与えることができる.すなわち,$G - AF$ の全ての固有値の絶対値が 1 未満であれば,カルマン・フィルタは漸近安定となる.

同様に,フィルタリング分布は次のようになる.

$$\theta_t | y_{1:t} \sim \mathcal{N}_p(m_t, C)$$

ここで,$m_t = a_t + K(y_t - Fa_t)$ は再帰的に更新される一方,$C = R - KFR$(ここで $K = RF'[V + FRF']^{-1}$)は時不変であり,フィルタリングで得られる情報の限界を与える.

(2.18) 式の解(すなわち,定常状態)は,常に存在するわけではないことに注意する.また,解の存在が既知である場合でさえ,それが一意であることや,半正定値行列であることを示すのは簡単ではない.しかしながら,DLM が可観測かつ可制御なら,次の事項が証明できる(Anderson and Moore (1979) を参照).

1. 任意の初期条件 m_0, C_0 に対して,$t \to \infty$ において $R_t \to R$ となり,R は代数リカッチ方程式 (2.18) 式を満たす.
2. $G - AF$ の全ての固有値の絶対値が 1 未満なら,カルマン・フィルタは漸近的に安定である.

演習問題

2.1 次の事項を証明せよ．

(i) w_t と $(Y_1,\ldots,Y_{t-1})$ は独立である．
(ii) w_t と $(\theta_1,\ldots,\theta_{t-1})$ は独立である．
(iii) v_t と $(Y_1,\ldots,Y_{t-1})$ は独立である．
(iv) v_t と $(\theta_1,\ldots,\theta_t)$ は独立である．

2.2 DLM が状態空間モデルにおける条件付き独立性の仮定 A.1 と A.2 を満たすことを証明せよ．

2.3 命題 2.2 に別の証明を与えよ．この際，次のように誤差系列の独立性の性質（問 2.1 を参照）を利用し，状態方程式を直接適用せよ．

$$\mathrm{E}(\theta_t|y_{1:t-1}) = \mathrm{E}(G_t\theta_{t-1} + w_t|y_{1:t-1}) = G_t m_{t-1}$$

$$\mathrm{Var}(\theta_t|y_{1:t-1}) = \mathrm{Var}(G_t\theta_{t-1} + w_t|y_{1:t-1}) = G_t C_{t-1} G_t' + W_t$$

(ii) も上記に類似して導出が可能である．

2.4 命題 2.6 に別の証明を与えよ．この際，次のように誤差系列の独立性の性質（問 2.1 を参照）を利用し，状態方程式を直接適用せよ．

$$a_t(k) = \mathrm{E}(\theta_{t+k}|y_{1:t}) = \mathrm{E}(G_{t+k}\theta_{t+k-1} + w_{t+k}|y_{1:t}) = G_{t+k} a_t(k-1)$$

$$R_t(k) = \mathrm{Var}(\theta_{t+k}|y_{1:t}) = \mathrm{Var}(G_{t+k}\theta_{t+k-1} + w_{t+k}|y_{1:t})$$

$$= G_{t+k} R_t(k-1) G_{t+k}' + W_{t+k}$$

(ii) も上記に類似して，導出が可能である（観測方程式から次の関係が成立する）．

$$f_t(k) = \mathrm{E}(Y_{t+k}|y_{1:t}) = \mathrm{E}(F_{t+k}\theta_{t+k} + v_{t+k}|y_{1:t}) = F_{t+k} a_t(k)$$

$$Q_t(k) = \mathrm{Var}(Y_{t+k}|y_{1:t}) = \mathrm{Var}(F_{t+k}\theta_{t+k} + v_{t+k}|y_{1:t})$$

$$= F_{t+k} R_t(k) F_{t+k}' + V_{t+k}$$

2.5 次のデータをプロットせよ．

$$(Y_t, t=1,\ldots,10) = (17, 16.6, 16.3, 16.1, 17.1, 16.9, 16.8, 17.4, 17.1, 17)$$

次のランダムウォーク・プラス・ノイズモデルを考える.

$$Y_t = \mu_t + v_t, \qquad v_t \sim \mathcal{N}(0, 0.25)$$
$$\mu_t = \mu_{t-1} + w_t, \qquad w_t \sim \mathcal{N}(0, 25)$$

ここで, $V = 0.25, W = 25$, および $\mu_0 \sim \mathcal{N}(17, 1)$ とする.

(a) 状態のフィルタリング推定値を計算せよ.
(b) 一期先予測値 $f_t, t = 1, \ldots, 10$ を計算し, 観測値と共にプロットせよ. また, これらに関して簡潔にコメントせよ.
(c) 観測分散 V とシステム分散 W は, 予測値に対してどのような効果を与えるか? V と W を異なった値に選び, この例題を繰り返してみよ.
(d) 初期分布の選択について説明せよ.
(e) 平滑化状態の推定値を計算し, プロットせよ.

2.6 この問では, 最尤推定値が必要となる (第4章を参照). 問2.5のデータとモデルにおいて, 分散 V と W の最尤推定値を計算せよ (これらは正の値なので, $V = \exp(u_1), W = \exp(u_2)$ として, パラメータ (u_1, u_2) の MLE を計算せよ). 次に, V と W の MLE を用いて, 問2.5を繰り返してみよ.

2.7 $h, k > 0$ において, $R_{t,h,k} = \mathrm{Cov}(\theta_{t+h}, \theta_{t+k} | y_{1:t})$, そして $Q_{t,h,k} = \mathrm{Cov}(Y_{t+h}, Y_{t+k} | y_{1:t})$ とすると, (2.10b)式と(2.10d)式の定義により, $R_{t,k,k} = R_t(k)$, かつ $Q_{t,k,k} = Q_t(k)$ となる.

(i) $R_{t,h,k}$ は次の式で再帰的に計算できることを証明せよ.

$$R_{t,h,k} = G_{t+h} R_{t,h-1,k}, \qquad h > k$$

(ii) $Q_{t,h,k}$ が $F_{t+h} R_{t,h,k} F'_{t+k}$ に等しいことを証明せよ.
(iii) ランダムウォーク・プラス・ノイズモデルにおいて, $R_{t,h,k}$ と $Q_{t,h,k}$ の明示的な式を導け.

2.8 定数項がある DLM に対するフィルタ公式を導け.

$$v_t \sim \mathcal{N}(\delta_t, V_t), \qquad w_t \sim \mathcal{N}(\lambda_t, W_t)$$

3
モデル特定化

　本章では，一変量もしくは多変量の時系列をモデル化するために，単独あるいは組み合わせてよく用いられる特定のクラスの DLM について述べる．DLM の加法構造から，観測系列が，例えば長期トレンドや季節成分のような異なる諸成分の和から構成され，これに観測誤差が加わる場合があることが容易に考えられる．本章で紹介する基本的なモデルは，モデル作成者の持つ基本的な構成部品といった側面を持ち，特定のデータセットを分析するためには，これらを適切な方法で組み合わせる必要がある．本章では，基本的なモデルとその特徴の説明に焦点をあわせ，未知パラメータの推定は次章で扱うことにする．完全を期すため，3.1 節では，時系列分析に用いられるいくつかの伝統的な手法を簡単に再確認する．後で分かるように，これらの手法は自然な方法で DLM の枠組みに加えることができる．

3.1　時系列分析の古典的なツール

3.1.1　経験的方法

　これから紹介するいくつかの予測手法は，元々確率的な解釈を伴わない経験的なツールとして提案されたが，かなり一般的で効果的な手法である．指数加重移動平均 (Exponentially Weighted Moving Average: EWMA) は，時系列を予測するために用いられる伝統的な手法である．この方法は，売上高や在庫レベルを予測するのによく用いられていた．観測値 $y_1, \ldots, y_t$ があり，y_{t+1} を予測することに関心があるとしよう．系列に季節変動がなく，系統的なトレンドも示していないなら，合理的な予測は次の形で過去の観測値の線型結合として得ることができる．

$$\hat{y}_{t+1|t} = \lambda \sum_{j=0}^{t-1}(1-\lambda)^j y_{t-j} \qquad (0 \leq \lambda < 1) \tag{3.1}$$

t が大きい場合，重み $(1-\lambda)^j \lambda$ の和はほぼ 1 となる．操作性の観点では，(3.1) 式は $\hat{y}_{2|1} = y_1$ から開始して，新しいデータ点 y_t が利用可能になった際，時点 $t-1$ における

予測が次のように更新されることを意味している.

$$\hat{y}_{t+1|t} = \lambda y_t + (1 - \lambda)\hat{y}_{t|t-1}$$

これは,指数平滑化,もしくは Holt 点予測としても知られている.この式は,「予測-誤差修正」構造が明確になるように書き直すことができる.

$$\hat{y}_{t+1|t} = \hat{y}_{t|t-1} + \lambda(y_t - \hat{y}_{t|t-1}) \tag{3.2}$$

すなわち,y_{t+1} の点予測は,直前の予測 $\hat{y}_{t|t-1}$ を y_t を観測した際に得られる予測誤差 $e_t = (y_t - \hat{y}_{t|t-1})$ で修正した値に等しい.(3.2) 式と,ローカルレベル・モデル (56 ページ参照) に対するカルマン・フィルタによって与えられる状態推定の漸化式更新との類似性に注意する.時点 t における将来の観測値の予測は,y_{t+1} の予測に等しいと考えられる.言い換えれば,$\hat{y}_{t+k|t} = \hat{y}_{t+1|t}$,$k = 1, 2, \ldots$ であり,予測関数は一定となる.

線型予測関数を許容する EWMA の拡張も存在する.例えば,よく知られた Holt 線型予測は,単純な指数平滑化をローカル線型トレンドを示す季節変動のない時系列に拡張し,y_t をローカルレベルとローカル成長率 (あるいは傾き) の和に分解して,$y_t = L_t + B_t$ となる.点予測値は,レベルと成長率の指数平滑化予測を組み合わせて次のように得られる.

$$\hat{y}_{t+k|t} = \hat{L}_{t+1|t} + \hat{B}_{t+1|t} k$$

ここで

$$\hat{L}_{t+1|t} = \lambda y_t + (1 - \lambda)\hat{y}_{t|t-1} = \lambda y_t + (1 - \lambda)(\hat{L}_{t|t-1} + \hat{B}_{t|t-1})$$
$$\hat{B}_{t+1|t} = \gamma(\hat{L}_{t+1|t} - \hat{L}_{t|t-1}) + (1 - \gamma)\hat{B}_{t|t-1}$$

上記の漸化式は次式に書き直すことができる.

$$\hat{L}_{t+1|t} = \hat{y}_{t|t-1} + \lambda e_t \tag{3.3a}$$
$$\hat{B}_{t+1|t} = \hat{B}_{t|t-1} + \lambda \gamma e_t \tag{3.3b}$$

ここで,$e_t = y_t - \hat{y}_{t|t-1}$ は予測誤差である.よく知られた Holt-Winters 予測法のように,季節成分を含むようにさらに拡張することも可能である (例えば,Hyndman et al. (2008) を参照).

実用性はあるものの,この項で説明した経験的方法は,観測系列に対する確率的もしくは統計的なモデルには基づいておらず,そのため信頼区間や確率区間のような標準的な手段を用いて,例えば予測値に関して,不確実性を評価することができない.しかしながら,これらの手法は依然有効であり,探索的なツールとして活用することができる.実際,これらの手法はその基礎をなす DLM から導くことも可能であり,DLM であれ

ばこれらの手法に対する理論的な正当性が与えられ，確率区間も導くことができる．この方向性に沿った詳細な取り扱いに関しては，Hyndman et al. (2008) を参照されたい．パッケージ forecast (Hyndman, 2008) には，その書籍に記載されている手法を実装した関数が含まれている．

3.1.2 ARIMA モデル

時系列分析において最も広く用いられているモデルの中に，自己回帰移動平均 (AutoRegressive Moving Average: ARMA) モデルというクラスが存在し，Box と Jenkins（Box et al. (2008) を参照）によってよく知られるようになった．非負の整数 p と q に対し，一変量定常 ARMA (p, q) モデルは次式の関係によって定義される．

$$Y_t = \mu + \sum_{j=1}^{p} \phi_j (Y_{t-j} - \mu) + \sum_{j=1}^{q} \psi_j \epsilon_{t-j} + \epsilon_t \tag{3.4}$$

ここで (ϵ_t) は分散 σ_ϵ^2 のガウス型ホワイト・ノイズであり，パラメータ $\phi_1, \ldots, \phi_p$ は定常条件を満たす．表記を簡単にするために，以降では $\mu = 0$ と仮定する．データが非定常であるように見える場合には，通常定常性が達成されるまで階差がとられ，次に階差をとったデータに対して ARMA モデルを当てはめる処理が続く．d 階階差をとった過程に対するモデルが ARMA (p, q) モデルに従う場合，これは次数 (p, d, q) の自己回帰和分移動平均過程，あるいは ARIMA (p, d, q) と呼ばれる．次数 p, q は，経験的な自己相関と偏自己相関を見ながら非公式に選ぶこともできるし，AIC や BIC のようなより正式なモデル選択基準を用いて選ぶこともできる．R では関数 arima を用いて，一変量 ARIMA モデルの当てはめを行うことができる（R における ARMA 分析の詳細は，Venables and Ripley (2002) を参照）．

m 次元のベクトル型観測値に対する ARMA モデルは，正式には (3.4) 式と同じ式で定義される．ここで，(ϵ_t) は分散 Σ_ϵ の m 次元のガウス型ホワイト・ノイズであり，パラメータ $\phi_1, \ldots, \phi_p$ と $\psi_1, \ldots, \psi_q$ は $m \times m$ の行列で，定常性の制約を適切に満たす．原理的には一変量の場合と同じで定義は単純だが，多変量 ARMA モデルは一変量の場合よりはるかに扱いが難しい．特に，識別可能性の問題や当てはめ手続きの部分はそうである．多変量 ARMA モデルの徹底した取り扱いに関して，興味のある読者は，Reinsel (1997) を参照されたい．多変量 ARMA モデルを分析するための R の関数は，パッケージ dse1 (Gilbert, 2008) に見つけることができる．

一変量あるいは多変量の ARIMA モデルは，後の 3.2.5 項や 3.3.7 項で示すように，DLM として表現することが可能である．これは，尤度関数の評価に役立てることができる．しかしながら，ARIMA モデルが正式には DLM とみなすことができるという事実にもかかわらず，2 種類のモデルの根底にある哲学はかなり異なる．ARIMA モデ

は，データの分析に対してブラックボックス的なアプローチを提供する．このアプローチでは，将来の観測値に対する予測が可能になるものの，当てはめたモデルの解釈は限定的となる．他方，DLM の枠組みでは，解釈を容易にする観点からトレンドや季節成分といった，観測不可能だが観測時系列を駆動する過程を検討することが，分析を行う者に奨励される．DLM の枠組みの中では，観測値に加えて過程に内在する個々の成分を予測することも可能であり，多くの応用で有益である．

3.2　時系列分析に対する一変量 DLM

第2章で説明したように，カルマン・フィルタによって，完全に特定化された DLM，すなわち行列 F_t と G_t，および共分散行列 V_t と W_t が既知の DLM に対して，推定と予測の式が与えられる．しかしながら，実際にはモデルの特定化は難しい作業になりうる．現実的にうまくいく一般的なアプローチは，時系列が単純な基本成分の組み合わせから得られると想定することであり，各々の成分は系列において異なる特徴を捉えた，トレンド，季節性，共変量への従属性（回帰）といったものになる．各成分は個々の DLM によって表されるが，異なる成分を組み合わせて一意な DLM にする．このようにして，与えられた時系列に対してモデルを作成する．正確には，成分は加法的な方法で組み合わされる．乗法的な分解の方がふさわしい系列では，対数変換後に加法的な分解を適用することでモデル化が可能である．以下では，一変量の場合における加法的な分解方法を詳しく述べる．多変量時系列でも，明らかな修正を施せば同じアプローチを繰り返すことができる．

一変量の系列 (Y_t) を考えよう．系列が次のように独立な成分の和として書くことができると仮定しよう．

$$Y_t = Y_{1,t} + \cdots + Y_{h,t} \tag{3.5}$$

ここで，$Y_{1,t}$ はトレンド成分を，$Y_{2,t}$ は季節成分等々を表すかもしれない．i 番目の成分 $Y_{i,t}$, $i = 1, \ldots, h$ は，DLM によって次のように書ける．

$$Y_{i,t} = F_{i,t}\theta_{i,t} + v_{i,t}, \qquad v_{i,t} \sim \mathcal{N}(0, V_{i,t})$$
$$\theta_{i,t} = G_{i,t}\theta_{i,t-1} + w_{i,t}, \qquad w_{i,t} \sim \mathcal{N}(0, W_{i,t})$$

ここで，p_i 次元の状態ベクトル $\theta_{i,t}$ は他の状態ベクトルとは全く異なっており，系列 $(Y_{i,t}, \theta_{i,t})$ と $(Y_{j,t}, \theta_{j,t})$ は，全ての $i \neq j$ に対して互いに独立である．DLM の成分を組み合わせると，(Y_t) に対する DLM が得られる．成分の独立性の仮定から，$Y_t = \sum_{i=1}^{h} Y_{i,t}$ が次のような DLM によって記述されることが容易に示せる．

$$Y_t = F_t\theta_t + v_t, \qquad\qquad v_t \sim \mathcal{N}(0, V_t)$$

$$\theta_t = G_t\theta_{t-1} + w_t, \qquad\qquad w_t \sim \mathcal{N}(0, W_t)$$

ここで

$$\theta_t = \begin{bmatrix} \theta_{1,t} \\ \vdots \\ \theta_{h,t} \end{bmatrix}, \qquad\qquad F_t = [F_{1,t}|\cdots|F_{h,t}]$$

G_t と W_t はブロック対角行列となり

$$G_t = \begin{bmatrix} G_{1,t} & & \\ & \ddots & \\ & & G_{h,t} \end{bmatrix}, \qquad W_t = \begin{bmatrix} W_{1,t} & & \\ & \ddots & \\ & & W_{h,t} \end{bmatrix}$$

そして，$V_t = \sum_{i=1}^{j} V_{i,t}$ である．本章では，3.2.6 項を除き，DLM を定義する全ての行列は既知であると仮定する．未知パラメータを伴う DLM への拡張した分析は第 4 章と第 5 章で行う．

R では，dlm オブジェクトは dlmMod*関数族，あるいは一般的な関数 dlm によって生成される．観測ベクトルの次元が共通していれば，それらの DLM を合わせて，もう 1 つ別の DLM を作ることができる．例えば，dlmModPoly(2)+dlmModSeas(4) は，線型トレンド成分と四半期の季節成分を一緒に加えたものである．以降では，特定の DLM 族を紹介することから説明を始める．これらは，(3.5)式の表現における基本的な構成部品として一般に用いられる．特に 3.2.1 項と 3.2.2 項では，各々トレンドモデルと季節モデルについて触れる．これら 2 つの成分からなるモデルを用いると，時系列の古典的な分解「トレンド+季節成分+雑音」の設定を DLM に組み込むことができる．

3.2.1　トレンドモデル

多項式 DLM は，時系列のトレンドを記述する最も一般的に使用されるモデルであり，ここでトレンドとは，系列のなだらかな時間的発展と見なす．時点 t において予想される時系列のトレンドは，時点 t までの情報が与えられた下で予想される Y_{t+k} ($k \geq 1$) の動きとして考えることができる．言い換えれば，予想されるトレンドは，予測関数 $f_t(k) = \mathrm{E}(Y_{t+k}|y_{1:t})$ である．次数 n の多項式モデルは，固定の行列 $F_t = F$ と $G_t = G$ を持つ DLM であり，予測関数は次式の形となる．

$$f_t(k) = \mathrm{E}(Y_{t+k}|y_{1:t}) = a_{t,0} + a_{t,1}k + \cdots + a_{t,n-1}k^{n-1}, \qquad k \geq 0 \qquad (3.6)$$

ここで，$a_{t,0}, \ldots, a_{t,n-1}$ は $m_t = \mathrm{E}(\theta_t|y_{1:t})$ の線型関数であり，k とは独立である．したがって，予測関数は k に関して $n-1$ 次の多項式となっている（後で分かるが，n は状

態ベクトルの次元であり，多項式の次数ではないことに注意する)．大ざっぱにいえば，合理的な形の予測関数であれば，どんなものでも n を十分大きく選べば，多項式で記述が可能もしくはよい近似が可能である．しかしながら，トレンドは通常，極めてなだらかな時間の関数として考えられるので，実際には小さな値の n が用いられる．最も一般的な多項式モデルは，ランダムウォーク・プラス・ノイズモデル（次数 $n = 1$ の多項式モデル）と，線型成長モデル（次数 $n = 2$ の多項式モデル）である．

ローカルレベル・モデル

ランダムウォーク・プラス・ノイズモデル，もしくはローカルレベルモデルは，前章の 2 つの方程式 (2.5) 式で定義される．そこで注意したように，過程 (Y_t) の振る舞いは，信号対雑音比 $r = W/V$（2 つの誤差分散の比）によって大きく影響される．図 3.1 は，比 r の値をいくつか変えて (Y_t) と (μ_t) をシミュレートした軌跡を示している（問 3.1 を参照）．

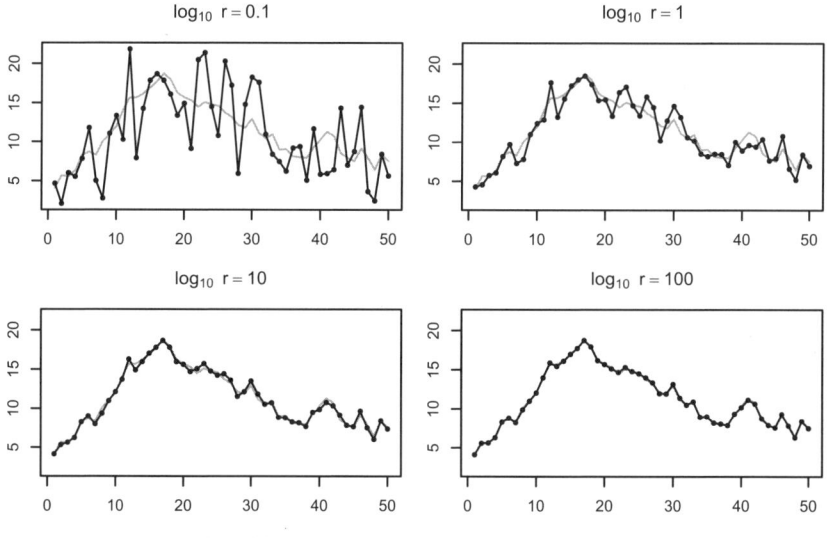

図 3.1 信号対雑音比の値を変えた場合のランダムウォーク・プラス・ノイズの軌跡．状態 μ_t の軌跡は灰色で示され，4 つのプロットで同じ値になっている．

この単純なモデルの k 期先予測分布は

$$Y_{t+k}|y_{1:t} \sim N(m_t, Q_t(k)), \qquad k \geq 1 \tag{3.7}$$

ここで，$Q_t(k) = C_t + \sum_{j=1}^{k} W_{t+j} + V_{t+k} = C_t + kW + V$ である．予測関数 $f_t(k) = E(Y_{t,k}|y_{1:t}) = m_t$ は，(k の関数として）一定になることが分かる．この理由から，このモデルは定常モデ

ルとも呼ばれる．将来の観測値の不確実性は，分散 $Q_t(k) = C_t + kW + V$ に要約される．この値が，時間軸 $t+k$ が進むにつれ増加することは明らかに分かる．

このモデルの可制御行列と可観測行列は

$$C = [W^{1/2}]$$
$$O = F = [1]$$

であり，$W > 0$ である限りこれらがフルランクとなることは自明である．2.11 節の結果から，このモデルのカルマン・フィルタは漸近的に安定となり，R_t, C_t および利得行列 K_t は，各々極限値 R, C および K に収束する．ここで，次式が証明できる（West and Harrison (1997) の定理 2.3 を参照）．

$$K = \frac{r}{2}\left(\sqrt{1 + \frac{4}{r}} - 1\right) \tag{3.8}$$

したがって，$C = KV$ となる．これは，μ_t の現在の値を推定する際に達成可能な精度の上界を与える．さらに，一期先予測の極限形を得る．(3.7) 式から

$$f_{t+1} = \mathrm{E}(Y_{t+1}|y_{1:t}) = m_t = m_{t-1} + K_t(Y_t - m_{t-1}) = m_{t-1} + K_t e_t$$

であり，t が大きければ $K_t \approx K$ となるので，漸近的に一期先予測は次式で与えられる．

$$f_{t+1} = m_{t-1} + K e_t \tag{3.9}$$

(3.9) 式の類の予測関数は，時系列の多くの一般的なモデルにおいて使用される．この式は Holt 点予測に対応している（(3.2) 式を参照）．

(Y_t) が ARIMA $(0,1,1)$ 過程の場合，Holt 点予測が最適であることが証明できる．実際，定常モデルは，一般的な ARIMA $(0,1,1)$ モデルと関連がある．Y_t がランダムウォーク・プラス・ノイズであれば，1 階階差 $Z_t = Y_t - Y_{t-1}$ は定常であり，MA (1) モデルと同じ自己相関関数を持つことが証明できる（問 3.3）．さらに，$e_t = Y_t - m_{t-1}, m_t = m_{t-1} + K_t e_t$ であるので，次の関係が成立する．

$$\begin{aligned}Y_t - Y_{t-1} &= e_t + m_{t-1} - e_{t-1} - m_{t-2} \\ &= e_t + m_{t-1} - e_{t-1} - m_{t-1} + K_{t-1} e_{t-1} \\ &= e_t - (1 - K_{t-1}) e_{t-1}\end{aligned}$$

t が大きければ $K_{t-1} \approx K$ となるので，

$$Y_t - Y_{t-1} \approx e_t - (1 - K) e_{t-1}$$

予測誤差はホワイト・ノイズ系列（第 2 章 74 ページ参照）なので，(Y_t) は漸近的に ARIMA

$(0, 1, 1)$ 過程となる.

例 — Superior 湖における年間降水量

図 3.2 は,Superior 湖における 1900 年から 1986 年までのインチの単位での年間降水量[1]を示している.この系列は,トレンドに目立った振る舞いはないが,レベルの時間変化に関してランダムな変動を示している.したがって,ランダムウォーク・プラス・ノイズモデルを仮に設定することができる.ここで,遷移分散 W と観測分散 V が既知であり,$W (= 0.121)$ は $V (= 9.465)$ よりはるかに小さい(したがって $r = 0.0128$)と仮定する.R では,ローカルレベル・モデルは関数 `dlmModPoly` で最初の引数を `order=1` として設定することができる.

図 3.2 Superior 湖における年間降水量

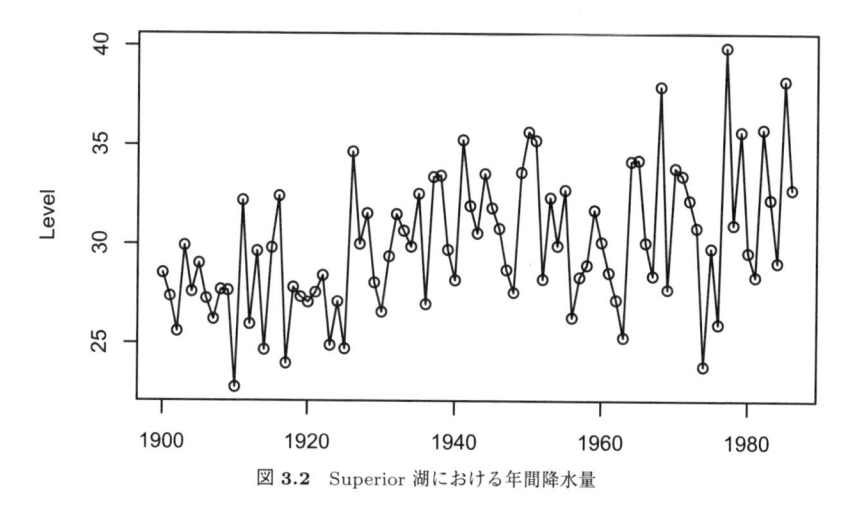

図 3.3(a) は,系列に内在するレベルのフィルタリング推定値 m_t を示しており,図 3.3(b) は,その分散 C_t の平方根を示している.ローカルレベル・モデルにおいて,t が無限大に近づくと,C_t が極限値を持つことを思い出そう.図 3.3(c) と図 3.3(d) には,平滑化状態 s_t とその分散 S_t の平方根がプロットされている.分散 S_t の系列の U 字型の振る舞いは直感的な事実を反映しており,データが存在する期間の中央付近の方が,より正確に状態を推定することができる.

ローカルレベル・モデルに対する,一期先予測は $f_t = m_{t-1}$ となる.標準化された一期先予測誤差,すなわち標準化イノベーションは,R では `residuals` 関数を呼び出すことによって計算でき,この関数は dlmFiltered オブジェクトに対するメソッドを持つ.残差はグラフィカルに検査することが可能であり(図 3.4(a)),異常に大きな値や予期せぬ

---

[1] 出典:Hyndman(年代なし)

パターンをチェックすることができる．標準化イノベーション過程は，ガウス型ホワイト・ノイズの分布に従うことを思い出して欲しい．非常に有益なグラフィカルツールがさらに2つ存在する．これらは，標準化イノベーションの経験自己相関関数 (ACF) のプロット（図 3.4(b)）と，正規 Q-Q プロット（図 3.4(c)）であり，これらによってモデルが仮定からどれだけ乖離しているかが検出できる．これらは，標準的な R 関数 *acf* と

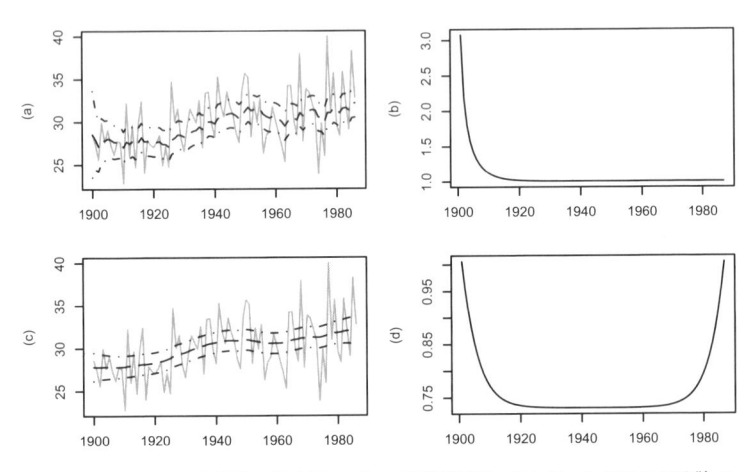

図 3.3　(a) フィルタ化状態の推定値 m_t と 90%信頼区間，(b) フィルタリング分散 C_t の平方根，(c) 平滑化状態の推定値 s_t と 90%信頼区間，(d) 平滑化分散 S_t の平方根

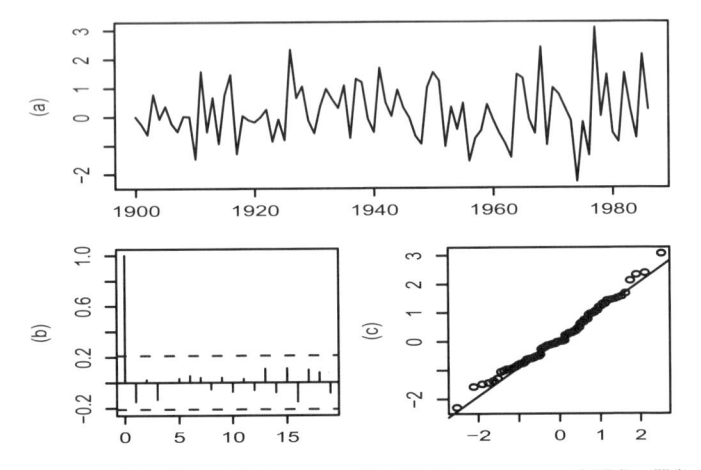

図 3.4　(a):標準化一期先予測誤差，(b):一期先予測誤差の ACF，(c):標準化一期先予測誤差の正規確率プロット

qqnorm を用いて描くことができる．これらのプロットを見ると，モデルの仮定からのいかなる有意な乖離も存在していないように思える．

また，イノベーションが示唆する性質を通じて，モデルの仮定を評価することに，正式な統計的検定も採用できる．例えば，Shapiro-Wilk 検定を使用して，標準化イノベーションの正規性を検定することができる．この検定は，R では shapiro.test で利用することができる．Superior 湖の降水量データから得られた標準化イノベーションに対して，p 値は 0.403 であるから，正規分布に従う標準化イノベーションの帰無仮説は棄却できない．Shapiro-Wilk の正規性検定は一般的に Kolmogorov-Smirnov 検定（R では ks.test として利用できる）より好まれる．これは，広範囲な対立仮説に対して検出力が強力なためである．他の正規性検定を行う R の関数は，パッケージ fBasics (Wuertz, 2008) や nortest (Gross, 年代なし) で利用可能である．正規性検定の徹底した取り扱いに関しては，D'Agostino and Stephens (1986) を参照されたい．系列相関がないことを検定するためには，Ljung-Box 検定 (Ljung and Box, 1978) が利用でき，これは，事前に決めた k の値に対する最初の k 個分の標本自己相関に基づいている．この検定の統計量は

$$Q(k) = n(n+2)\sum_{j=1}^{k} \hat{\rho}^2(j)/(n-j)$$

ここで，n は標本サイズ，$\hat{\rho}(j)$ はラグ j での標本自己相関で，次のように定義される．

$$\hat{\rho}(j) = \sum_{t=1}^{n-j}(\tilde{e}_t - \bar{\tilde{e}})(\tilde{e}_{t+j} - \bar{\tilde{e}}) \bigg/ \sum_{t=1}^{n}(\tilde{e}_t - \bar{\tilde{e}})^2, \qquad j = 1, 2, \ldots$$

Ljung-Box 検定は，実質的に相関の存在をラグ k まで順次検定していることになる．$k = 20$ を適用すると，この例では標準化イノベーションに対する Ljung-Box 検定の p 値が 0.813 となり，標準化イノベーションは無相関であることが確認できる．また，k の最大値（10 や 20 等）に至るまでの全ての値に対して，Ljung-Box 検定の p 値を計算することも一般的である．とりわけ関数 tsdiag は，当てはめた ARMA モデルの残差に対してこの計算を行い，結果の p 値を k に対してプロットする．もちろん，この場合の p 値の計算結果は単なる 1 つの指針と認識されるべきで，正式な方法で結論を導きたいと望む場合には，任意の固定された k に対する検定統計量の分布の漸近近似に加え，多重検定の問題に取り組むべきであろう．以下の表示には，R で標準化イノベーションを得て，Shapiro-Wilk 検定と Ljung-Box 検定を実行する方法が示されている．

_____ **R code** _____

```
> # http://definetti.uark.edu/~gpetris/dlm/Datasets/lakeSuperior.dat
> lakeSup <- ts(read.table("Datasets/lakeSuperior.dat", skip = 3,
+                          colClasses = "numeric")[, 2],
+               start = 1900)
> modLSup <- dlmModPoly(1, dV = 9.465, dW = 0.121)
```

```
 6  > lSupFilt <- dlmFilter(lakeSup, modLSup)
    > res <- residuals(lSupFilt, sd=FALSE)
 8  > shapiro.test(res)

10          Shapiro-Wilk normality test

12  data:  res
    W = 0.9848, p-value = 0.4033
14
    > Box.test(res, lag=20, type="Ljung")
16
            Box-Ljung test
18
    data:  res
20  X-squared = 14.3379, df = 20, p-value = 0.813

22  > sapply(1 : 20, function(i)
    +     Box.test(res, lag = i, type = "Ljung-Box")$p.value)
24   [1] 0.1552078 0.3565713 0.2980295 0.4508888 0.5829209 0.6718375
     [7] 0.7590090 0.8148123 0.8682010 0.8838797 0.9215812 0.9367660
26  [13] 0.9143456 0.9185912 0.8924318 0.7983241 0.7855680 0.7971489
    [19] 0.8010898 0.8129607
```

関数 HoltWinters を用いると，指数平滑化一期先予測を得ることができる．Superior 湖の年間降水量の結果が図 3.5 にプロットされている．(ここで，平滑化パラメータは $\lambda = 0.09721$ と推定されている)．大きな t の場合，定常モデルは実質的に単純な指数平滑化と同じ予測関数を持つことが分かる．

──────────── **R code** ────────────
```
   > HWout <- HoltWinters(lakeSup, gamma = FALSE, beta = FALSE)
 2 > plot(dropFirst(lSupFilt$f), lty = "dashed",
   +      xlab = "", ylab = "")
 4 > lines(HWout$fitted[, "level"])
   > leg <- c("Holt-Winters", "Local level DLM")
 6 > legend("topleft", legend = leg, bty = "n",
   +        lty = c("solid", "dashed"))
```

線型成長モデル

　線型成長モデル，もしくはローカル線型トレンドモデルは，(2.6) 式によって定義される．状態ベクトルは $\theta_t = (\mu_t, \beta_t)'$ であり，ここで通常，μ_t はローカルレベル，β_t はローカル成長率と解釈される．このモデルでは，現在のレベル μ_t が時間を通じて直線的に変化し，さらに成長率も変化する可能性があると仮定される．したがって，このモデルは

図 3.5 一期先予測

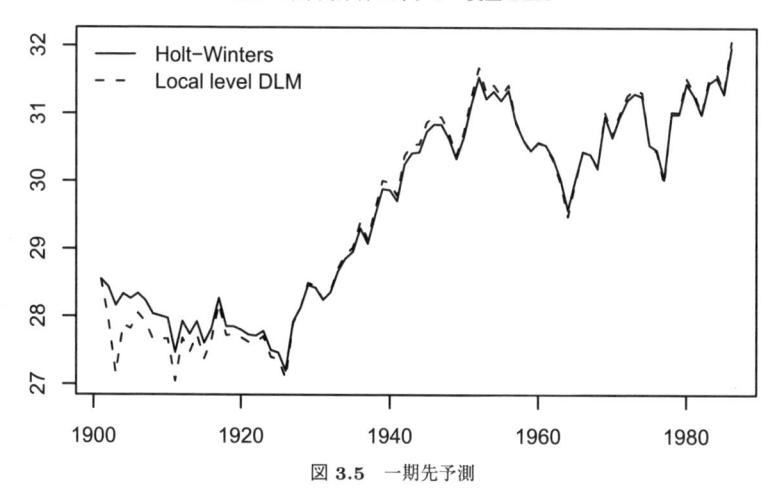

グローバルな線型トレンドモデルより柔軟である．このモデルでも，V と W の値を変えて $(Y_t, t = 1, \ldots, T)$ の軌跡をシミュレートすることは，よい演習となる（問 3.4）．

$m_{t-1} = (\hat{\mu}_{t-1}, \hat{\beta}_{t-1})'$ と表すと，一期先点予測値，およびフィルタリング状態推定値は，次式で与えられる．

$$a_t = Gm_{t-1} = \begin{bmatrix} \hat{\mu}_{t-1} + \hat{\beta}_{t-1} \\ \hat{\beta}_{t-1} \end{bmatrix} \tag{3.10a}$$

$$f_t = F_t a_t = \hat{\mu}_{t-1} + \hat{\beta}_{t-1} \tag{3.10b}$$

$$m_t = \begin{bmatrix} \hat{\mu}_t \\ \hat{\beta}_t \end{bmatrix} = a_t + K_t e_t = \begin{bmatrix} \hat{\mu}_{t-1} + \hat{\beta}_{t-1} + k_{t1} e_t \\ \hat{\beta}_{t-1} + k_{t2} e_t \end{bmatrix} \tag{3.10c}$$

この予測関数は，次のようになる（問 3.6 を参照）．

$$f_t(k) = \hat{\mu}_t + k\hat{\beta}_t$$

これは k の 1 次関数であるので，線型成長モデルは次数 2 の多項式 DLM となる．

線型成長モデルの可制御行列は次のようになる．

$$C = \begin{bmatrix} \sigma_\mu & \sigma_\beta & \sigma_\mu & 0 \\ 0 & \sigma_\beta & 0 & \sigma_\beta \end{bmatrix}$$

C のランクは 2 であり，$\sigma_\beta > 0$ の場合，かつその場合に限り，このモデルは可制御となる．また次の可観測行列は常にフルランクであるため，このモデルは常に可観測である．

$$O = \begin{bmatrix} 1 & 0 \\ 1 & 1 \end{bmatrix}$$

98   3. モデル特定化

したがって，$\sigma_\beta > 0$ を仮定すると，R_t，C_t および K_t に対する極限値が存在する．特にカルマン利得 K_t は，定数行列 $K = [k_1\ k_2]$ へ収束する（West and Harrison (1997) の定理 7.2 を参照）．したがって，状態ベクトルを推定する漸近的な更新式は，次式で与えられる．

$$\hat{\mu}_t = \hat{\mu}_{t-1} + \hat{\beta}_{t-1} + k_1 e_t \tag{3.11}$$
$$\hat{\beta}_t = \hat{\beta}_{t-1} + k_2 e_t$$

Holt 線型予測（(3.3) 式と比較）や Box-Jenkins の ARIMA $(0,2,2)$ モデルに基づく予測のような，いくつかの一般的な点予測法では，(3.11) 式の形の表現が使用される（この説明に関しては，West and Harrison (1997) の 221 ページを参照）．実際，線型成長モデルは ARIMA $(0,2,2)$ 過程と関連がある．(Y_t) の 2 階差分は定常となり，MA (2) モデルと同じ自己相関関数を持つことが証明できる（問 3.5）．さらに，2 階差分 $z_t = Y_t - 2Y_{t-1} + Y_{t-2}$ は，次式のように書くことができる（問 3.7 を参照）．

$$z_t = e_t + (-2 + k_{1,t-1} + k_{2,t-1})e_{t-1} + (1 - k_{1,t-2})e_{t-2} \tag{3.12}$$

t が大きい場合，$k_{1,t} \approx k_1, k_{2,t} \approx k_2$ なので，上式は次のように整理される．

$$Y_t - 2Y_{t-1} + Y_{t-2} \approx e_t + \psi_1 e_{t-1} + \psi_2 e_{t-2}$$

ここで $\psi_1 = -2 + k_1 + k_2, \psi_2 = 1 - k_1$ であり，これは MA (2) モデルとなっている．したがって，漸近的には，系列 (Y_t) は ARIMA $(0,2,2)$ 過程となる．

例 ── スペインの年間投資額

図 3.6 にプロットされた，1960 年から 2000 年までのスペインの年間投資額[*2] について考えよう．この時系列は，レベルに関して概ね直線的に増加もしくは減少する様相を示しているが，その際の傾きは数年ごとに変化している．近い将来において，線型外挿によって，すなわち線型予測関数を用いて系列のレベルを予測しても問題ないであろう．したがって，線型成長モデルはこのデータに適している可能性がある．分散は既知であり（実際には推定された値だが），次の通りであると仮定しよう．

$$W = \mathrm{diag}(102236, 321803), \qquad V = 10$$

引数が `order=2`（デフォルト値）の関数 `dlmModPoly` を使って，R でこのモデルを設定することができる（以下の表示を参照）．（図は省略したが）標準化イノベーションの Q-Q プロットと ACF を目視で検査した限りでは，モデルの適切さに関して特段の懸念は全く想起されなかった．線型成長モデルにおいて，V は同じだが W のパラメータが次のように 1 つ少ない代替モデル（実際には和分ランダムウォーク・モデル，101 ページを参

[*2] 出典：http://www.fgn.unisg.ch/eumacro/macrodata

3.2 時系列分析に対する一変量 DLM

図 3.6 スペインの投資額

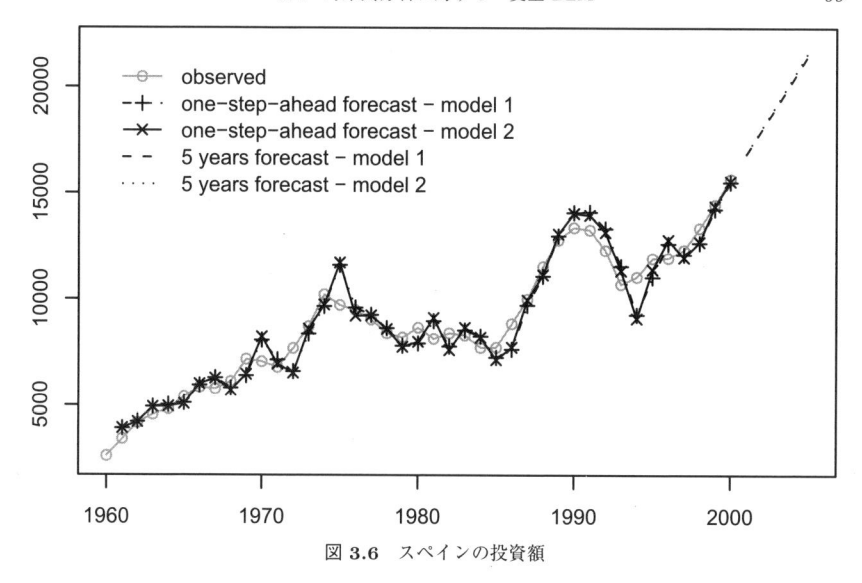

照）でも，ほぼ同様にデータの説明が適切に行える．

$$W = \text{diag}(0, 515939)$$

R code

```
> mod1 <- dlmModPoly(dV = 10, dW = c(102236, 321803))
> mod1Filt <- dlmFilter(invSpain, mod1)
> fut1 <- dlmForecast(mod1Filt, n=5)
> mod2 <- dlmModPoly(dV = 10, dW = c(0, 515939))
> mod2Filt <- dlmFilter(invSpain, mod2)
> fut2 <- dlmForecast(mod2Filt, n=5)
```

図 3.6 には，データと共に検討中の 2 つのモデルにおける，一期先予測と 5 年先までの予測が示されている．標本内と標本外の両方において，2 つのモデルによって生成された予測値が非常に接近していることが明らかである．一期先予測の標準偏差は *residuals(mod1Filt)$sd* で得られるが，この値もまた非常に接近している．例えば，時点 $t = 41$（2000 年）において，最初のモデルでは 711 となるのに対して，2 番目のモデルでは 718 となる．将来に向けた予測ステップ数が増えると，予測の分散 (*fut1$Q* と *fut2$Q*) に関する差も広がってゆくことは，読者にも確かめられよう．予測の正確性に関していくつかの尺度を用いると，2 つのモデルをより正式に比較することができる．一般的に使用される基準は，平均絶対偏差 (Mean Absolute Deviation: MAD)，平均 2 乗誤差 (Mean Square Error: MSE)，および平均絶対誤差率 (Mean Absolute Percentage Error:

MAPE) であり，各々次の式で定義される．

$$\text{MAD} = \frac{1}{n}\sum_{t=1}^{n} |e_t|$$

$$\text{MSE} = \frac{1}{n}\sum_{t=1}^{n} e_t^2$$

$$\text{MAPE} = \frac{1}{n}\sum_{t=1}^{n} \frac{|e_t|}{y_t}$$

以下の表示が示すように，スペインの投資額のデータに関しては，検討中の2つのモデルのいずれか一方が，明らかに優れて際だっているという訳ではない．

```
────────────── R code ──────────────
> mean(abs(mod1Filt$f - invSpain))
[1] 623.5682
> mean(abs(mod2Filt$f - invSpain))
[1] 610.2621
> mean((mod1Filt$f - invSpain)^2)
[1] 655480.6
> mean((mod2Filt$f - invSpain)^2)
[1] 665296.7
> mean(abs(mod1Filt$f - invSpain) / invSpain)
[1] 0.08894788
> mean(abs(mod2Filt$f - invSpain) / invSpain)
[1] 0.08810524
```

特定のモデルの予測性能を評価するために，さらなる統計量として Theil の U (Theil, 1966) を使うこともできる．この方法では，モデルの MSE と，自明な「変化のない」モデル（次の観測値が現在の観測値と同じであると予測する）の MSE を比較する．正式な定義は以下の通りである．

$$U = \sqrt{\frac{\sum_{t=2}^{n}(y_t - f_t)^2}{\sum_{t=2}^{n}(y_t - y_{t-1})^2}}$$

U の値が1未満であれば，検討中のモデルは，変化のないモデルより平均的によい予測を与えることになる．スペインの投資額のデータの結果は，以下の通りである．

```
────────────── R code ──────────────
> sqrt(sum((mod1Filt$f - invSpain)[-(1:5)]^2) /
+      sum(diff(invSpain[-(1:4)])^2))
[1] 0.9245
> sqrt(sum((mod2Filt$f - invSpain)[-(1:5)]^2) /
+      sum(diff(invSpain[-(1:4)])^2))
[1] 0.9346
```

最初の観測値を 5 つ分除外することで，カルマン・フィルタがデータに適応する猶予が与えられている — 事前分散 C_0 が非常に大きいことを思い出して欲しい．この例では両モデル共変化のないモデルより性能がよく，MSE の平方根は 1 に比べ 7%程減少している．

n 階の多項式モデル

ローカルレベル・モデルと線型成長モデルは，n 階の多項式モデルの特別な場合である．一般的な n 階の多項式モデルは，n 次元の状態空間を持ち，次式の行列で記述される．

$$F = (1, 0, \ldots, 0) \tag{3.13a}$$

$$G = \begin{bmatrix} 1 & 1 & 0 & & \cdots & 0 \\ 0 & 1 & 1 & 0 & \cdots & 0 \\ \vdots & & & & \ddots & \vdots \\ 0 & & \cdots & & 0 & 1 & 1 \\ 0 & & \cdots & & & 0 & 1 \end{bmatrix} \tag{3.13b}$$

$$W = \mathrm{diag}(W_1, \ldots, W_n) \tag{3.13c}$$

このモデルは，成分の状態の観点から，次式の形で書くことができる．

$$\begin{cases} Y_t = \theta_{t,1} + v_t \\ \theta_{t,j} = \theta_{t-1,j} + \theta_{t-1,j+1} + w_{t,j}, & j = 1, \ldots, n-1 \\ \theta_{t,n} = \theta_{t-1,n} + w_{t,n} \end{cases} \tag{3.14}$$

したがって，時点 t における状態ベクトルの j 番目の成分は，確率的な誤差を除くと，$(j-1)$ 番目の成分の時点 t と次の時点 $t+1$ との間の増分を表すことになる（ここで，$j = 2, \ldots, n$）．一方，状態ベクトルの 1 番目の成分は，系列の平均応答もしくはレベルを表す．予測関数 $f_t(k)$ は，k に関して $n-1$ 階の多項式となる（問 3.6）．

$W_1 = \cdots = W_{n-1} = 0$ と設定して得られる特別な場合は，和分ランダムウォーク・モデルと呼ばれる．このモデルに対する平均応答関数は，あるホワイト・ノイズ系列 (ϵ_t) に関して，$\Delta^n \mu_t = \epsilon_t$ という関係を満たす．繰り返しになるが，予測関数の形は多項式となる．n 階の多項式モデルに関して，和分ランダムウォーク・モデルであればパラメータは $n-1$ 個も減るので，未知パラメータを推定する際に達成可能な精度が改善される可能性がある．他方，和分ランダムウォーク・モデルのシステム雑音には自由度が 1 しかないので，状態ベクトルのランダム・ショックへの適応が遅れる可能性もあり，このことが反映して予測の正確性が低下するかもしれない．

3.2.2 季節要素モデル

本項と次項では,周期的な振る舞いもしくは「季節性」を示す時系列をモデル化する方法を,2つ提示する.以下では季節要素モデルについて触れ,次項ではフーリエ形式の季節モデルを扱う.店の売上のような四半期ごとのデータ (Y_t, $t = 1, 2, \ldots$) があり,毎年周期的な振る舞いを示しているとしよう.簡単のために,系列の平均は0と仮定する.トレンドのような平均が0でない成分は別にモデル化が可能なので,さしあたり系列は純粋に季節的であるとみなす.平均からの季節的な変動(異なる四半期 $i = 1, \ldots, 4$ に対して,異なる係数 α_i で表現される)を導入することで,系列の記述が可能となる.ここで,Y_{t-1} がある年の第1四半期,Y_t が第2四半期 … を参照しているとすると,次式が仮定できる.

$$Y_{t-1} = \alpha_1 + v_{t-1} \tag{3.15}$$
$$Y_t = \alpha_2 + v_t$$

このモデルは,次のように DLM として記述することができる.まず,$\theta_{t-1} = (\alpha_1, \alpha_4, \alpha_3, \alpha_2)'$, $F_t = F = (1, 0, 0, 0)$ とする.そうすると,DLM の観測方程式は次の式で与えられる.

$$Y_{t-1} = F\theta_{t-1} + v_{t-1}$$

これは,(3.15) 式に対応している.状態方程式では,θ_{t-1} の成分が「循環」してベクトル $\theta_t = (\alpha_2, \alpha_1, \alpha_4, \alpha_3)'$ となる必要があり,$Y_t = F\theta_t + v_t = \alpha_2 + v_t$ となる.状態ベクトルに必要となるこのような置換は,次に定義される置換行列 G から得ることができる.

$$G = \begin{bmatrix} 0 & 0 & 0 & 1 \\ 1 & 0 & 0 & 0 \\ 0 & 1 & 0 & 0 \\ 0 & 0 & 1 & 0 \end{bmatrix}$$

この際,状態方程式は次のように記述できる.

$$\theta_t = G\theta_{t-1} + w_t = (\alpha_2, \alpha_1, \alpha_4, \alpha_3)' + w_t$$

静的な季節モデルの場合,w_t は零ベクトルに退化する(すなわち $W_t = 0$)が,より一般的には,季節効果は時間的に変化する可能性があり,この場合 W_t は非零であり注意深く特定化される必要がある.

一般に,周期 s を持つ季節的な時系列は,季節変動という s 次元の状態ベクトル θ_t を通じてモデル化が可能であり,$F = (1, 0, \ldots, 0)$ と $s \times s$ の置換行列 G を伴う DLM で特定化される.ここで,季節要素 $\alpha_1, \ldots, \alpha_s$ には,識別可能性の制約条件が課されなければならない.一般的には,これらの和が 0(すなわち $\sum_{j=1}^{s} \alpha_j = 0$)となる条件を

課すことが選択される．季節要素のこの線型制約条件は，実質的には自由に選べる季節要素が $s-1$ 個だけであることを示している．このことから，$(s-1)$ 次元の状態ベクトルを用いた，より倹約的な代替表現が示唆される．四半期ごとのデータの前の例では，$\theta_{t-1} = (\alpha_1, \alpha_4, \alpha_3)'$, $\theta_t = (\alpha_2, \alpha_1, \alpha_4)'$ とすることができ，ここで $F = (1, 0, 0)$ となる．さしあたりシステム遷移誤差のない静的なモデルを仮定して制約条件 $\sum_{i=1}^{4} \alpha_i = 0$ を用いると，θ_{t-1} から θ_t への遷移には，次の行列で与えられる線型変換が適用される．

$$G = \begin{bmatrix} -1 & -1 & -1 \\ 1 & 0 & 0 \\ 0 & 1 & 0 \end{bmatrix}$$

一般に周期 s の季節モデルに関して $(s-1)$ 次元の状態空間を考えることができ，そこでは，$F = (1, 0, \ldots, 0)$ となり，G は次の値を持つ．

$$G = \begin{bmatrix} -1 & -1 & \cdots & -1 & -1 \\ 1 & 0 & & 0 & 0 \\ 0 & 1 & & 0 & 0 \\ & & \ddots & & \\ 0 & 0 & & 1 & 0 \end{bmatrix}$$

季節要素の動的な変動は，分散 $W = \mathrm{diag}(\sigma_w^2, 0, \ldots, 0)$ のシステム遷移誤差を通じて導入することができる．

R では，関数 `dlmModSeas` を用いて季節要素 DLM が特定化できる．例えば，四半期ごとのデータの季節要素モデルにおいて，$\sigma_w^2 = 4.2$ かつ，観測分散 $V = 3.5$ であるような場合は，次のように特定化ができる．

―――――――――――――― **R code** ――――――――――――――
```
> mod <- dlmModSeas(frequency = 4, dV = 3.5, dW = c(4.2, 0, 0))
```

3.2.3 フーリエ形式の季節モデル

任意の離散時間周期関数（周期 s）の時点 $t = 1, 2, \ldots, s$ における値には，次のような特徴がある．今この関数を $g_t = \alpha_t$, $t = 1, \ldots, s$ とすると，時間 s が経過した後の値は単なる繰り返しとなり，$g_{s+1} = \alpha_1$, $g_{s+2} = \alpha_2$ 等となる．したがって，周期関数 g_t を，s 次元のベクトル $\alpha = (\alpha_1, \ldots, \alpha_s)'$ と関連づけることができる．α は次のように，基底ベクトルの線型結合として考えることができる．

$$\alpha = \sum_{j=1}^{s} \alpha_j u_j$$

ここで，u_j は s 次元のベクトルであり，j 番目の要素が 1 で残りの要素は全て 0 である．集合 $\{u_1, \ldots, u_s\}$ は通例，$\mathbb{R}^s$ の標準基底と呼ばれる．明らかに，$\mathbb{R}^s$ 上の任意のベクトルは，基底ベクトルの線型結合として一意な表現を持つ．しかしながら，この表現は我々の目的にとってあまり有益ではない．というのも，滑らかな関数，より滑らかではない関数，あまり滑らかではない関数の間の区別ができないためである．幸い，代わりとなる $\mathbb{R}^s$ の基底が存在し，このような区別をよりよく行うことができる．まず，s が偶数であると仮定しよう．実際，これは最もよく出会うケースである（四半期ごとのデータや月ごとのデータを考えてみて欲しい）．フーリエ周波数を次のように定義する．

$$\omega_j = \frac{2\pi j}{s}, \qquad j = 0, 1, \ldots, \frac{s}{2}$$

そして，次式のような s 次元のベクトルを考える．

$$\begin{aligned}
e_0 &= (1, 1, \ldots, 1)' \\
c_1 &= (\cos\omega_1, \cos 2\omega_1, \ldots, \cos s\omega_1)' \\
s_1 &= (\sin\omega_1, \sin 2\omega_1, \ldots, \sin s\omega_1)' \\
&\vdots \\
c_j &= (\cos\omega_j, \cos 2\omega_j, \ldots, \cos s\omega_j)' \\
s_j &= (\sin\omega_j, \sin 2\omega_j, \ldots, \sin s\omega_j)' \\
&\vdots \\
c_{s/2} &= (\cos\omega_{s/2}, \cos 2\omega_{s/2}, \ldots, \cos s\omega_{s/2})'
\end{aligned} \tag{3.16}$$

ここで，$c_{s/2} = (-1, 1, -1, \ldots, -1, 1)'$ であり，$s_{s/2}$ はゼロ・ベクトルとなるので考慮しないことに注意する．(3.16) 式で定義されたベクトルの数は $1 + 2(\frac{s}{2} - 1) + 1 = s$ であり，標準的な三角恒等式を用いるとこれらのベクトルは直交していることが示せる．このことは，$\mathbb{R}^s$ 上の任意のベクトルが，$e_0, \ldots, c_{s/2}$ の線型結合として一意な表現を持つことを示しており，この表現は次式のように書ける．

$$\alpha = a_0 e_0 + \sum_{j=1}^{s/2-1} (a_j c_j + b_j s_j) + a_{s/2} c_{s/2} \tag{3.17}$$

このような $\mathbb{R}^s$ の基底を用いた場合には，標準基底を上回る異なる 2 つの利点が存在する．1 点目は，基底ベクトルを拡張して周期関数を得るのが，定義に含まれる三角関数の観点から自然に行える点である．例えば s_j を考えると，任意の $1 \leq t \leq s$ において，その t 番目の要素は $s_j(t) = \sin(2\pi t j/s)$ となる．s_j を拡張して周期関数にするには，$s_j(t + ks) = s_j(t)$ と定義する必要がある．しかし

3.2 時系列分析に対する一変量 DLM

$$\sin\frac{2\pi(t+ks)j}{s} = \sin\left(\frac{2\pi tj}{s} + 2\pi kj\right) = \sin\frac{2\pi tj}{s}$$

であるので,任意の整数 t に対する拡張となる $s_j(t)$ を得るには,単純に s_j を定義する三角関数式に引数 t を組み入れることで達成される. 2 点目の,そして三角関数で構成されるこの新しい基底を用いるもっと重要な利点は,この基底ベクトルが今度は最も滑らかな関数から最も荒い関数にまで対応していることである.すなわち両極端な場合では,定数ベクトル e_0 は一定の周期関数に対応し,最大の振動 $c_{s/2}$ は -1 と 1 の間を行き来する周期関数に対応している.これらの 2 つの極端な場合の中間で起きていることを理解するために,c_j に焦点を合わせよう.似たようなことは s_j に関しても考察が可能である.固定された j に対しては,t が 1 から s に進むに従い,$2\pi tj/s$ は $2\pi j/s$ から $2\pi j$ に単調に増加する.さらに,三角関数サインとコサインは周期的であり,周期は 2π である.したがって,$j=1$ を考えると,$2\pi t/s$, $t=1,\ldots,s$ という値は,区間 $(0, 2\pi]$ において s 個の等間隔の点から構成される.$j=2$ の場合,$2\pi tj/s$ は 4π までの値をとり,その周期はコサイン関数の基本周期 2π の 2 倍に及び,振動が 2 倍小刻みになる.一般に,任意の j において,偏角 $2\pi tj/s$ は区間 $(0, 2\pi]$ に及び,対応するコサイン関数 c_j は t が 1 から s まで変化すると,完了周期 2π のちょうど j 倍を経過する.したがって,より高い値の j は,関数がより頻繁な振動を示すという意味でより荒い c_j に対応している.この特徴を $s=12$ に対して説明するために,図 3.7 は上から下へ $c_1, s_1, \ldots, c_5, s_5, c_6$ のグラフを示している.

(3.17) 式の表現で,同じ周波数で振動する関数である c_j と s_j を含む項を一緒にまとめておくと便利である.

$j=1,\ldots,s/2$ において,g_t の j 番目の調和項を次式で定義する.

$$S_j(t) = a_j \cos(t\omega_j) + b_j \sin(t\omega_j) \tag{3.18}$$

ここで,$b_{s/2}=0$ である.さらに $a_0=0$ と仮定しよう.これは,DLM の枠組みでは,古典的な時系列の分解と同じように,平均は通常季節成分とは別にモデル化されるためである.基底ベクトルの直交性の観点から,周期全体にわたる全調和項の和は 0 となることに注意する.このような仮定をおくと,g_t は次式のように書ける.

$$g_t = \sum_{j=1}^{s/2} S_j(t) \tag{3.19}$$

最後の段階として,上記で説明した調和項の観点から季節性を表現して DLM で利用するために,j を固定した場合の $S_j(t)$ の時間的な動的特性を検討する.時点 t から時点 $t+1$ までの S_j の遷移は,次のように与えられる.

$$S_j(t) \mapsto S_j(t+1) = a_j \cos((t+1)\omega_j) + b_j \sin((t+1)\omega_j)$$

図 3.7 三角基底関数

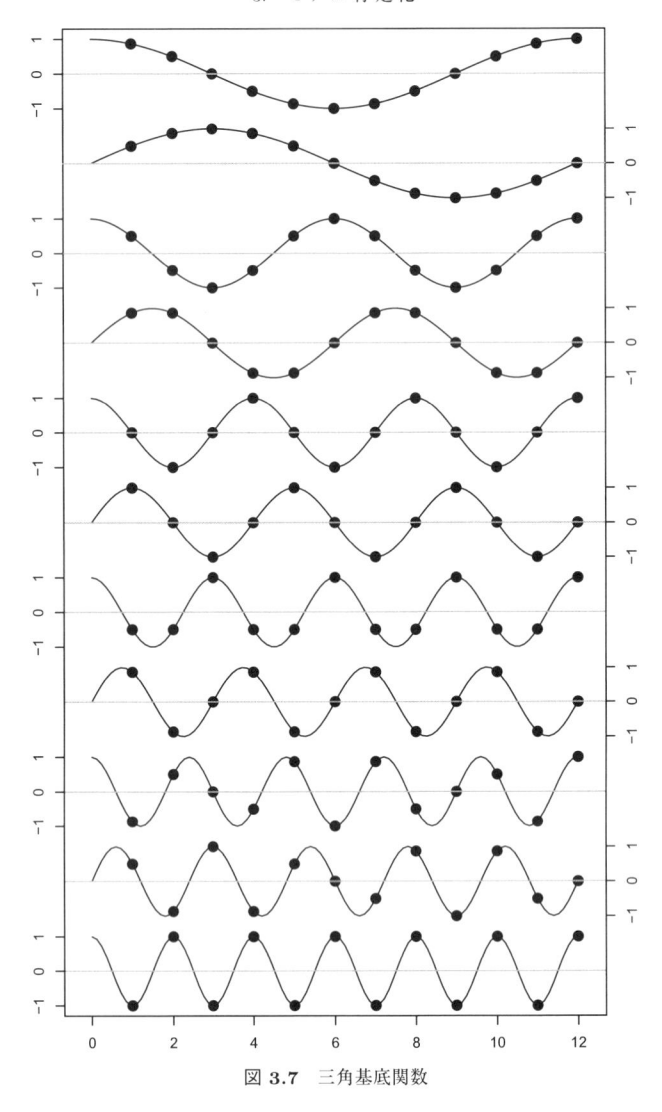

$j < s/2$ の場合,$S_j(t)$ の知識だけから,すなわち a_j と b_j を個別に知ることなしに,$S_j(t+1)$ の値を決めるのは不可能であることが容易に分かる.しかしながら,$S_j(t)$ に加えて,$S_j(t)$ の共役調和項が次のようになることも分かっている.

$$S_j^*(t) = -a_j \sin(t\omega_j) + b_j \cos(t\omega_j)$$

したがって,$S_j(t+1)$ と $S_j^*(t+1)$ は明示的に計算が可能となる.実際

3.2 時系列分析に対する一変量 DLM

$$S_j(t+1) = a_j \cos((t+1)\omega_j) + b_j \sin((t+1)\omega_j)$$
$$= a_j \cos(t\omega_j + \omega_j) + b_j \sin(t\omega_j + \omega_j)$$
$$= a_j(\cos(t\omega_j)\cos\omega_j - \sin(t\omega_j)\sin\omega_j)$$
$$+ b_j(\sin(t\omega_j)\cos\omega_j + \cos(t\omega_j)\sin\omega_j) \quad (3.20\text{a})$$
$$= (a_j \cos(t\omega_j) + b_j \sin(t\omega_j))\cos\omega_j$$
$$+ (-a_j \sin(t\omega_j) + b_j \cos(t\omega_j))\sin\omega_j$$
$$= S_j(t)\cos\omega_j + S_j^*(t)\sin\omega_j$$

および

$$S_j^*(t+1) = -a_j \sin((t+1)\omega_j) + b_j \cos((t+1)\omega_j)$$
$$= -a_j(\sin(t\omega_j)\cos\omega_j + \cos(t\omega_j)\sin\omega_j)$$
$$+ b_j(\cos(t\omega_j)\cos\omega_j - \sin(t\omega_j)\sin\omega_j) \quad (3.20\text{b})$$
$$= (-a_j \sin(t\omega_j) + b_j \cos(t\omega_j))\cos\omega_j$$
$$- (a_j \cos(t\omega_j) + b_j \sin(t\omega_j))\sin\omega_j$$
$$= -S_j(t)\sin\omega_j + S_j^*(t)\cos\omega_j$$

が得られる. (3.20) 式における 2 式は，組み合わせて次のような行列方程式にできる.

$$\begin{bmatrix} S_j(t+1) \\ S_j^*(t+1) \end{bmatrix} = \begin{bmatrix} \cos\omega_j & \sin\omega_j \\ -\sin\omega_j & \cos\omega_j \end{bmatrix} = \begin{bmatrix} S_j(t) \\ S_j^*(t) \end{bmatrix}$$

この形式で，$(S_j(t), S_j^*(t))'$ を 2 変量の状態ベクトルと考えると，j 番目の調和項が DLM の枠組みに自然に適合する. ここで，遷移行列は

$$H_j = \begin{bmatrix} \cos\omega_j & \sin\omega_j \\ -\sin\omega_j & \cos\omega_j \end{bmatrix}$$

であり，観測行列は $F = [1\ 0]$ となる. $j = s/2$ の場合は，次の関係が成立するのでより簡単である.

$$S_{s/2}(t+1) = \cos((t+1)\pi) = -\cos(t\pi) = -S_{s/2}(t)$$

すなわち，$S_{s/2}$ は，単位時間が経過するたびに符合だけが変わる. これは，遷移行列 $H_{s/2} = [-1]$ と観測行列 $F = [1]$ を持つ DLM における，一変量の状態ベクトルに対応していると考えることができる.

異なる調和項の DLM 表現を組み合わせると，前出の (3.19) 式を得ることができる. この目的のため，次のような状態ベクトルを考える.

$$\theta_t = (S_1(t), S_1^*(t), \ldots, S_{\frac{s}{2}-1}(t), S_{\frac{s}{2}-1}^*(t), S_{\frac{s}{2}}(t))', \qquad t = 0, 1, \ldots$$

一緒に遷移行列
$$G = \text{blockdiag}(H_1, \ldots, H_{\frac{s}{2}})$$
と次の観測行列を考える．
$$F = [1\ 0\ 1\ 0 \ldots 0\ 1]$$
遷移分散と観測分散を全て 0 に設定すると，上記の定義は周期的な季節成分の DLM 表現を与える．非零の遷移分散により，確率的に遷移する季節成分を考慮して含めることができる．この場合，厳密にいうと，季節成分はもはや周期的ではなくなる．しかしながら，予測関数は周期的となる（問 3.9 を参照）．いずれの場合でも，次のようになる．

$$\theta_0 = (a_1, b_1, \ldots, a_{\frac{s}{2}-1}, b_{\frac{s}{2}-1}, a_{\frac{s}{2}})'$$

θ_0 を適当に選択すると，この表現により平均 0 で周期 s の任意の周期関数を与えることができる．しかしながら多くの応用では，かなり滑らかな季節成分をモデル化することが求められる．これは，高周波調和項を多数捨てて，よりゆっくりと振動する低周波調和項を少しだけ残すことで達成できる（図 3.7 を参照）．この方法によれば，3.2.2 項に記載した季節要素を用いた場合には不可能であった，倹約的な周期成分の表現が可能となる．

R においてフーリエ形式の季節 DLM の表現を生成するためには，関数 *dlmModTrig* が使用可能であり，引数 *s* を通じて周期を指定する．さらに，引数 *q* を通じて，DLM において調和項を残す数を指定することができる．フーリエ形式の季節成分を用いてより倹約的なモデルを得る方法を説明するために，ノッティンガムにおける月平均気温のデータセット *nottem* を考えよう．最初に使用するモデルとして，ローカルレベル・モデルに対して，全 12 カ月にわたる静的な季節成分を加える．最尤法によって推定された観測分散は非零となった．図 3.8 は，12 カ月で完了する一周期にわたって，季節成分の 6 つの調和項を示している．

---------------------------- **R code** ----------------------------
```
> mod1 <- dlmModTrig(s = 12, dV = 5.1118, dW = 0) +
+       dlmModPoly(1, dV = 0, dW = 81307e-3)
> smoothTem1 <- dlmSmooth(nottem, mod1)
> plot(ts(smoothTem1$s[2 : 13, c(1, 3, 5, 7, 9, 11)],
+       names = paste("S", 1 : 6, sep = "_")),
+       oma.multi = c(2, 0, 1, 0), pch = 16, nc = 1,
+       yax.flip = TRUE, type = 'o', xlab = "", main = "")
```

このプロットから，2 番目以降の調和項は相対的に振幅が小さいことが分かる．この観点から，最初の 2 つの調和項だけを，過程平均を表すローカルレベルに加えたモデルを試してみる．以下のコードが示すように，この縮小モデルの MAPE はフルモデルよりわ

3.2 時系列分析に対する一変量 DLM

図 3.8 ノッティンガムにおける月平均気温の調和項

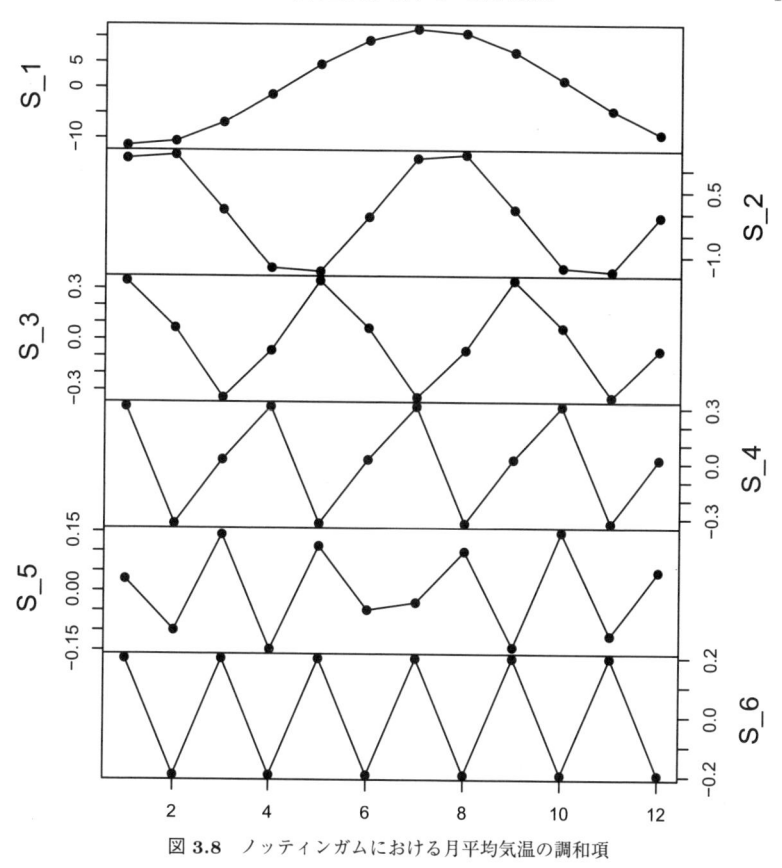

ずかに低くなっている．つまり状態ベクトルから要素を 7 つ外しても，モデルの予測能力にはあまり影響を与えず，実際には予測能力を改善するのに役立っている．

```
R code
> mod2 <- dlmModTrig(s = 12, q = 2, dV = 5.1420, dW = 0) +
+         dlmModPoly(1, dV = 0, dW = 81942e-3)
> mean(abs(residuals(dlmFilter(nottem, mod1),
+                   type = "raw", sd = FALSE)) / nottem)
[1] 0.08586188
> mean(abs(residuals(dlmFilter(nottem, mod2),
+                   type = "raw", sd = FALSE)) / nottem)
[1] 0.05789139
```

縮小モデルの MAPE が減少するのは，高次調和項が基本的にデータにおける雑音に適合

するために用いられるためであり，標本外の予測，特に一期先予測を行う場合，このような雑音への適合にはあまり汎用性がない．

今までの周期関数の議論では，偶数周期を検討してきた．本質的には同じ方法で，奇数周期の場合を扱うことができる．調和項の最後が，コサイン関数のみであった代わりに，サイン関数の成分も存在する点が（偶数周期と奇数周期の）唯一の差であるため，奇数周期も偶数周期と同じ形式を持つことになる．より詳細には，奇数周期 s を持つ平均 0 の周期関数は，次のように表される．

$$\alpha(t) = \sum_{j=1}^{(s-1)/2} S_j(t)$$

ここで，S_j は (3.18) 式で定義される．最後の調和項を含む各調和項は，自由度が 2 であり，係数 a_j と b_j によって表される．この DLM 表現は，上記で概要を述べた偶数周期の場合に似ているが，遷移行列 G の最後の対角ブロックが次のような 2×2 の行列であるという差がある．

$$H_{\frac{s-1}{2}} = \begin{bmatrix} \cos \omega_{\frac{s-1}{2}} & \sin \omega_{\frac{s-1}{2}} \\ -\sin \omega_{\frac{s-1}{2}} & \cos \omega_{\frac{s-1}{2}} \end{bmatrix}$$

なお，観測行列は次のようになる．

$$F = [1\ 0\ 1\ 0\ \ldots\ 0\ 1\ 0]$$

3.2.4 一般周期成分

観測値に内在する過程の周期が，連続する観測時点間の整数倍である場合，前項で与えられた季節成分の扱いで全く申し分ない．しかしながら，自然現象の多くは，そのような場合に当てはまらない．例えば，R で利用可能な月ごとの太陽黒点のデータセット *sunspots* を考えよう．このデータのプロットは，約 11 年というある種の周期性を非常に明確に示しているが，この周期が月の整数倍からなると考えるのは単純すぎるだろう．所詮一カ月という期間は，太陽で発生している事象を計測する目的としては勝手な時間尺度に過ぎない．このような場合，連続時間の周期過程 $g(t)$ が内在し，それが離散的な時間間隔で観測されていると考えることが有益である．実数直線上で定義される周期関数は，(3.17) 式や (3.19) 式と同じように調和項の和として表すことができる．実際に，連続時間の周期関数 $g(t)$ は，次式のような表現を持つことが示せる．

$$g(t) = a_0 + \sum_{j=1}^{\infty} (a_j \cos(t\omega_j) + b_j \sin(t\omega_j)) \tag{3.21}$$

ここで，$\omega_j = j\omega$ であり，ω はいわゆる**基本周波数**である．この基本周波数は，$\tau\omega = 2\pi$ という関係を通じて，$g(t)$ の周期 τ に関係している．実際，ある整数 k に関して $t_2 = t_1 + k\tau$

3.2 時系列分析に対する一変量 DLM

ならば，容易に次の関係が理解できる．

$$t_2\omega_j = t_2 j\omega = (t_1 + k\tau)j\omega = t_1 j\omega + kj\tau\omega = t_1\omega_j + kj \cdot 2\pi$$

したがって，$g(t_2) = g(t_1)$ となる．3.2.3 項のように $a_0 = 0$，すなわち $g(t)$ の平均を 0 と仮定すると，$g(t)$ の j 番目の調和項は次のように定義される．

$$S_j(t) = a_j \cos(t\omega_j) + b_j \sin(t\omega_j)$$

このため，(3.21) 式は次式のように書き直すことができる．

$$g(t) = \sum_{j=1}^{\infty} S_j(t) \tag{3.22}$$

この j 番目の調和項の時点 t から時点 $t+1$ までの離散時間遷移は，3.2.3 項と同じ方法で DLM に当てはめることができる．後は，2 変量の状態ベクトル $(S_j(t), S_j^*(t))'$ を考えるだけである．ここで $S_j^*(t)$ は共役調和項であり，次のように定義される．

$$S_j^*(t) = -a_j \sin(t\omega_j) + b_j \cos(t\omega_j)$$

また，遷移行列は次のようになる．

$$H_j = \begin{bmatrix} \cos\omega_j & \sin\omega_j \\ -\sin\omega_j & \cos\omega_j \end{bmatrix}$$

したがって次の関係を得る．

$$\begin{bmatrix} S_j(t+1) \\ S_j^*(t+1) \end{bmatrix} = H_j \begin{bmatrix} S_j(t) \\ S_j^*(t) \end{bmatrix}$$

確率的に変化する調和項を考える場合には，この遷移方程式に非零の遷移誤差を追加してもよい．

DLM では明らかに，(3.22) 式の表現において調和項を無限に考慮し続けることができない．そこで右辺の無限級数は，q 個の項の有限和で打ち切る必要がある．既に前項で確認したように，調和項の次数が高いほど振動はより激しくなる．したがって，(3.22) 式において無限和を打ち切る決定は，関数 $g(t)$ の滑らかさの程度の主観的な判断と解釈できる．実際には，1 つか 2 つの調和項のみを用いて周期関数 $g(t)$ をモデル化することも珍しくはない．

R において DLM の一般周期成分を設定するために，3.2.3 項で説明した関数 `dlmModTrig` が利用可能である．利用者は，引数 `tau`（周期）と q（調和項の数）によって周期を指定する必要がある．もしくは，周期 τ の代わりに引数 `om` によって，基本周波数 ω を指定することもできる．以下の表示には，平方根スケールの `sunspots` の

データに関して，ローカルレベルに加えて，確率的な周期成分（調和項2つ分）を指定する方法が示されている．非零の分散と周期 $\tau = 130.51$ は，最尤法で推定された．

―――――――――――――――― **R code** ――――――――――――――――
```
> mod <- dlmModTrig(q = 2, tau = 130.51, dV = 0,
+                   dW = rep(c(1765e-2, 3102e-4), each = 2)) +
+        dlmModPoly(1, dV = 0.7452, dW = 0.1606)
```

このモデルは，例えば，データを平滑化し，データからレベル（「シグナル」）を抽出するために使用することができる．図3.9は以下のコードで得られたものであるが，データ，レベル，および一般的な確率周期成分を示している．ここでのレベルは，状態ベクトルの最後（5番目）の要素になっており，一方，周期成分は，このモデルの2つの調和項（1番目と3番目の要素）を加えることによって得られる．

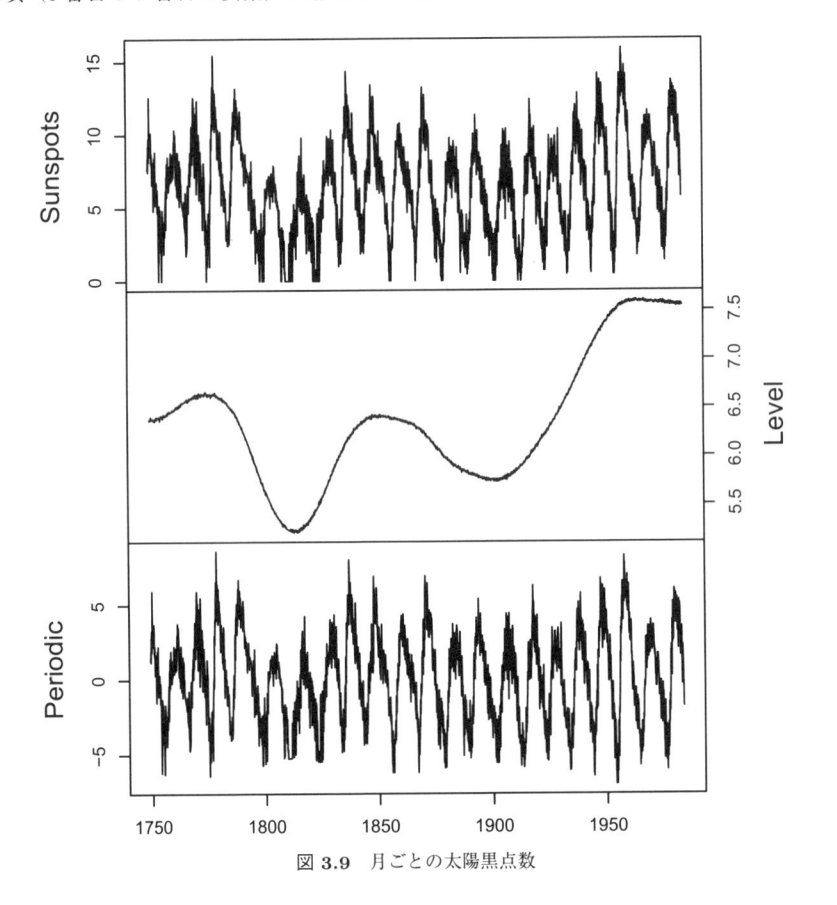

図 3.9 月ごとの太陽黒点数

3.2 時系列分析に対する一変量 DLM　　113

────────────────────── **R code** ──────────────────────
```
> sspots <- sqrt(sunspots)
> sspots.smooth <- dlmSmooth(sspots, mod)
> y <- cbind(sspots,
+            tcrossprod(dropFirst(sspots.smooth$s[, c(1, 3, 5)]),
+                       matrix(c(0, 0, 1, 1, 1, 0), nr = 2,
+                              byrow = TRUE)))
> colnames(y) <- c("Sunspots", "Level", "Periodic")
> plot(y, yax.flip = TRUE, oma.multi = c(2, 0, 1, 0))
```
──

3.2.5 ARIMA モデルの DLM 表現

任意の ARIMA モデルは DLM として表現可能である．より正確には，任意の ARIMA 過程に関して与えられた ARIMA と同じ分布に従う測定過程 (Y_t) を持つ DLM を見つけることが可能である．このような動的特性を持つ状態空間は，一意には決定されない．これは，様々な文献の中で複数の表現が提案され，使用されているためである．ここでは，それらの中で，おそらく最も広く使用されているものを 1 つだけ紹介しよう．代替表現に関しては，Gourieroux and Monfort (1997) を参考とすることができる．

まず定常な場合から説明を始めよう．(3.4) 式によって定義される ARMA (p, q) 過程を考え，簡単のために μ が 0 であると仮定しよう．定義された関係は次のように書ける．

$$Y_t = \sum_{j=1}^{r} \phi_j Y_{t-j} + \sum_{j=1}^{r-1} \psi_j \epsilon_{t-j} + \epsilon_t$$

ここで，$r = \max\{p, q+1\}$ であり，$\phi_j = 0\,(j > p)$ および $\psi_j = 0\,(j > q)$ である．ここで，次式の行列を定義する．

$$F = [1\ 0 \ldots 0]$$

$$G = \begin{bmatrix} \phi_1 & 1 & 0 & \cdots & 0 \\ \phi_2 & 0 & 1 & \cdots & 0 \\ \vdots & \vdots & & \ddots & \\ \phi_{r-1} & 0 & \cdots & 0 & 1 \\ \phi_r & 0 & \cdots & 0 & 0 \end{bmatrix} \quad (3.23)$$

$$R = [1\ \psi_1 \ldots \psi_{r-2}\ \psi_{r-1}]'$$

r 次元の状態ベクトル $\theta_t = (\theta_{1,t}, \ldots, \theta_{r,t})'$ を導入すると，与えられた ARMA モデルは次式の DLM 表現を持つことになる．

$$\begin{cases} Y_t = F\theta_t \\ \theta_{t+1} = G\theta_t + R\epsilon_t \end{cases} \quad (3.24)$$

この DLM において, $V = 0$, $W = RR'\sigma^2$ であり, σ^2 は誤差系列 (ϵ_t) の分散である. この等価性を確認するためには, 観測方程式が $y_t = \theta_{1,t}$ を与え, 状態方程式が次式のようになることに注意する.

$$\theta_{1,t} = \phi_1 \theta_{1,t-1} + \theta_{2,t-1} + \epsilon_t$$
$$\theta_{2,t} = \phi_2 \theta_{1,t-1} + \theta_{3,t-1} + \psi_1 \epsilon_t$$
$$\vdots \tag{3.25}$$
$$\theta_{r-1,t} = \phi_{r-1} \theta_{1,t-1} + \theta_{r,t-1} + \psi_{r-2} \epsilon_t$$
$$\theta_{r,t} = \phi_r \theta_{1,t-1} + \psi_{r-1} \epsilon_t$$

1番目の式における $\theta_{2,t-1}$ の表現に, 2番目の式から得られる値を代入すると次を得る.

$$\theta_{1,t} = \phi_1 \theta_{1,t-1} + \phi_2 \theta_{1,t-2} + \theta_{3,t-2} + \psi_1 \epsilon_{t-1} + \epsilon_t$$

このように, 相次いで代入を続けると, 最終的に次を得る.

$$\theta_{1,t} = \phi_1 \theta_{1,t-1} + \cdots + \phi_r \theta_{1,t-r} + \psi_1 \epsilon_{t-1} + \cdots + \psi_{r-1} \epsilon_{t-r+1} + \epsilon_t$$

ここで $r = \max\{p, q+1\}$ と $y_t = \theta_{1,t}$ であることを思い出せば, これは ARMA モデル (3.4) 式となっていることが分かる.

(3.24) 式の DLM 表現は, かなり人為的に見えるかもしれない. さらに理解を深めるために, より単純な場合として, 例えば次式で表される AR (2) モデルのような純粋な自己回帰モデルを考えよう.

$$Y_t = \phi_1 Y_{t-1} + \phi_2 Y_{t-2} + \epsilon_t, \qquad \epsilon_t \overset{i.i.d.}{\sim} \mathcal{N}(0, \sigma^2) \tag{3.26}$$

AR (2) に関しては, より単純な DLM 表現を考えることができる. その DLM では, 観測方程式で $F_t = [Y_{t-1}, Y_{t-2}]$ とし, $\theta_t = [\phi_{1,t}, \phi_{2,t}]'$ とする(したがって状態方程式に AR パラメータの時間遷移を含めることができるが, その必要がなければ $W = 0$ とする). しかしながら, DLM の行列 F_t は, 過去の観測値に従属することができない. この場合, 上記のように F_t を選択することは次の関係を示している.

$$Y_t | y_{t-1}, y_{t-2}, \theta_t \sim \mathcal{N}(\phi_1 y_{t-1} + \phi_2 y_{t-2}, \sigma^2)$$

すなわち, θ_t が与えられた下において, Y_t は過去の値 y_{t-1} と y_{t-2} から独立しておらず, その結果状態空間モデルの定義 (40 ページ) における仮定 (A.2) に違反してしまう. このようなモデルを考えるためには, 定義を拡張して**条件付きガウス型状態空間モデル**を含むようにする必要がある (Lipster and Shiryayev, 1972). 本書で用いられる標準的な定義の範囲内に説明をとどめるため, (3.4) 式の DLM 表現で用いる最初の技巧(トリック)

は，AR (2) の従属性を Y_t から状態ベクトルに「移し」，$Y_t = \theta_{1,t}$ とすることである．しかしながら，状態空間モデルにおけるもう 1 つの基本的な仮定は，状態過程がマルコフ性を持つことである．したがって，2 次の従属性を表現するための 2 番目の技巧（トリック）が必要となる．そこで，状態ベクトルを 2 番目の要素 $\theta_{2,t}$ で拡張して，次のように G と W を選択する．

$$\begin{bmatrix} \theta_{1,t} \\ \theta_{2,t} \end{bmatrix} = \begin{bmatrix} \phi_1 & 1 \\ \phi_2 & 0 \end{bmatrix} \begin{bmatrix} \theta_{1,t-1} \\ \theta_{2,t-1} \end{bmatrix} + \begin{bmatrix} \epsilon_t \\ 0 \end{bmatrix}$$

これから

$$\theta_{1,t} = \phi_1 \theta_{1,t-1} + \phi_2 \theta_{1,t-2} + \epsilon_t$$

このようにして，2.3 節の仮定 (A.1) と (A.2) によって定義された状態空間モデルの枠組みで，AR (p) モデルの DLM 表現を得る．MA (q) 成分の表現には，さらなるステップが必要となる．例えば，ARMA (1, 1) モデルに対しては

$$Y_t = \phi_1 Y_{t-1} + \epsilon_t + \psi_1 \epsilon_{t-1}, \qquad \epsilon_t \sim \mathcal{N}(0, \sigma^2) \tag{3.27}$$

であって，ここで $r = q + 1 = 2$ であり，対応する DLM の各種行列は次式のようになる．

$$F = \begin{bmatrix} 1 & 0 \end{bmatrix}, \quad V = 0$$
$$G = \begin{bmatrix} \phi_1 & 1 \\ 0 & 0 \end{bmatrix}, \quad W = \begin{bmatrix} 1 & \psi_1 \\ \psi_1 & \psi_1^2 \end{bmatrix} \sigma^2 \tag{3.28}$$

ARMA モデルを DLM として表現することは，主に 2 つの理由で有益である．最初の理由は，DLM における ARMA 成分によって，トレンドや季節といった他の構成成分では考慮されない残差の自己相関を説明できることである．2 番目の理由は技術的なもので，ARMA モデルの尤度関数の評価が DLM の尤度を計算するのに用いられる一般的な漸化式を適用することで，効率的に実行できるという事実である．

ARIMA (p, d, q) モデルで $d > 0$ の時の DLM 表現は，定常な場合の拡張として導くことができる．事実，$Y_t^* = \Delta^d Y_t$ を考えると，Y_t^* は定常な ARMA モデルに従うこととなり，そのモデルに対する DLM 表現は上記で与えたものが適用される．このように原系列 (Y_t) をモデル化する際には，Y_t が Y_t^* や場合によっては状態ベクトルの他の要素から復元できるようにしておく必要がある．例えば，$d = 1$ で $Y_t^* = Y_t - Y_{t-1}$ ならば，それゆえ $Y_t = Y_t^* + Y_{t-1}$ となる．Y_t^* が AR (2) モデル (3.26) 式を満たすと仮定しよう．この時，Y_t の DLM 表現は，次のシステムで与えられる．

$$\begin{cases} Y_t = \begin{bmatrix} 1 & 1 & 0 \end{bmatrix} \theta_{t-1} \\ \theta_t = \begin{bmatrix} 1 & 1 & 0 \\ 0 & \phi_1 & 1 \\ 0 & \phi_2 & 0 \end{bmatrix} \theta_{t-1} + w_t, \quad w_t \sim \mathcal{N}(0, W) \end{cases} \quad (3.29)$$

ここで,

$$\theta_t = \begin{bmatrix} Y_{t-1} \\ Y_t^* \\ \phi_2 Y_{t-1}^* \end{bmatrix} \quad (3.30)$$

であり, $W = \mathrm{diag}(0, \sigma^2, 0)$ である. 一般の d に関しては, $Y_t^* = \Delta^d Y_t$ と設定する. この場合, 次式の関係が成立することが証明できる.

$$\Delta^{d-j} Y_t = Y_t^* + \sum_{i=1}^{j} \Delta^{d-i} Y_{t-1}, \quad j = 1, \ldots, d \quad (3.31)$$

また, 状態ベクトルは次式のように定義する.

$$\theta_t = \begin{bmatrix} Y_{t-1} \\ \Delta Y_{t-1} \\ \vdots \\ \Delta^{d-1} Y_{t-1} \\ Y_t^* \\ \phi_2 Y_{t-1}^* + \cdots + \phi_r Y_{t-r+1}^* + \psi_1 \epsilon_t = \cdots = \psi_{r-1} \epsilon_{t-r+2} \\ \phi_3 Y_{t-1}^* + \cdots + \phi_r Y_{t-r+2}^* + \psi_2 \epsilon_t = \cdots = \psi_{r-1} \epsilon_{t-r+3} \\ \vdots \\ \phi_r Y_{t-1}^* + \psi_{r-1} \epsilon_t \end{bmatrix} \quad (3.32)$$

θ_t における後半の要素の定義は, 方程式 (3.25) 式から得られることに注意する. ここで, 観測行列とシステム行列は, システム分散と共に, 次式で定義される.

3.2 時系列分析に対する一変量 DLM

$$F = [1\ 1 \dots 1\ 0 \dots 0]$$

$$G = \begin{bmatrix} 1 & 1 & \dots & 1 & 0 & \dots\dots & 0 \\ 1 & 1 & \dots & 1 & 0 & \dots\dots & 0 \\ \multicolumn{7}{c}{\dotfill} \\ \dotfill & 1 & 1 & 0 & \dots\dots & 0 \\ 0 & \dots & 0 & \phi_1 & 1 & 0 & \dots & 0 \\ \multicolumn{4}{c}{\dotfill} & \phi_2 & 0 & 1 & \dots & 0 \\ & & & \vdots & \vdots & \vdots & & \ddots & \\ \multicolumn{4}{c}{\dotfill} & \phi_{r-1} & 0 & \dots & 0 & 1 \\ 0 & \dots & 0 & \phi_r & 0 & \dots & 0 & 0 \end{bmatrix} \quad (3.33)$$

$$R = [0 \dots 0\ 1\ \psi_1 \dots \psi_{r-2}\ \psi_{r-1}]'$$

$$W = RR'\sigma^2$$

上記の定義により，(Y_t) の ARIMA モデルは，次式の DLM 表現を持つことになる.

$$\begin{cases} Y_t = F\theta_t \\ \theta_t = G\theta_{t-1} + w_t, \quad w_t \sim \mathcal{N}(0,\ W) \end{cases} \quad (3.34)$$

DLM のモデリングでは，観測値の非定常な振る舞いは，例えば多項式トレンドや季節成分の適用を通じて，通常直接考慮されるため，非定常 ARIMA 成分を含めることは定常 ARMA 成分を含めることに比べ一般的ではなく，既に言及したように ARMA 成分は，典型的にはデータにおいて相関を持つ雑音を捉えるために用いられる.

3.2.6 例：GDP ギャップの推定

いわゆる **GDP** ギャップの計測は，金融政策では重要な課題である．GDP ギャップとは，観測された一国の国内総生産（GDP，または生産高）と経済全体の潜在 **GDP** の差である．この違いは，インフレ傾向を決定するのに妥当であると考えられている．この 2 つの成分は観測不可能なので分離できることは重要であり，これらを DLM で潜在状態として扱うことは，特に魅力的である．

計量経済学の文献では，季節成分を除いた GDP に関して，次のモデルの変形が検討されてきた．例えば，Kuttner (1994) を参照して欲しい．

$$\begin{aligned} Y_t &= Y_t^{(p)} + Y_t^{(g)} \\ Y_t^{(p)} &= Y_{t-1}^{(p)} + \delta_{t-1} + \epsilon_t, & \epsilon_t &\sim \mathcal{N}(0,\ \sigma_\epsilon^2) \\ \delta_t &= \delta_{t-1} + z_t, & z_t &\sim \mathcal{N}(0,\ \sigma_z^2) \\ Y_t^{(g)} &= \phi_1 Y_{t-1}^{(g)} + \phi_2 Y_{t-2}^{(g)} + u_t, & u_t &\sim \mathcal{N}(0,\ \sigma_u^2) \end{aligned} \quad (3.35)$$

ここで，Y_t は生産高 (GDP) の対数であり，$Y_t^{(p)}$ は潜在生産高の対数を表し，$Y_t^{(g)}$ は GDP ギャップの対数である．上記のモデルは DLM として考えることができ，このモデルを得るためには，潜在生産高に対する確率的なトレンド成分と，GDP ギャップに対する定常 AR (2) の残差成分を，3.2 節において説明した意味で加える．より詳しく述べると次のようになる．

- $Y_t^{(p)}$ は観測時の誤差がない線型成長モデルに従う．状態ベクトルは $\theta_t^{(p)} = (Y_t^{(p)}, \delta_t)'$ であり，イノベーションベクトルは $w_t^{(p)} = (\epsilon_t, z_t)'$ となる．観測行列と観測分散は次のようになる．

$$F^{(p)} = [1\ 0], \qquad V^{(p)} = [0]$$

一方，システムの遷移行列とイノベーションの分散は次のようになる．

$$G^{(p)} = \begin{bmatrix} 1 & 1 \\ 0 & 1 \end{bmatrix}, \qquad W^{(p)} = \mathrm{diag}(\sigma_\epsilon^2, \sigma_z^2)$$

誤差項 ϵ_t と z_t は，それぞれ生産高のレベルと成長率に対するショックと解釈される．$\sigma_\epsilon^2 = \sigma_z^2 = 0$ の場合はグローバルトレンドモデル $y_t^{(p)} = \mu_0 + t\delta_0$ に対応する一方，$\sigma_\epsilon^2 = 0$ の場合は和分ランダムウォーク・モデルが与えられることに注意する．

- GDP ギャップ $Y_t^{(g)}$ は AR (2) モデルによって記述されるが，このモデルは DLM として書くことができ，その場合，$\theta_t^{(g)} = (Y_t^{(g)}, \theta_{t,2}^{(g)})'$ とすると，以下のようになる．

$$F^{(g)} = \begin{bmatrix} 1 & 0 \end{bmatrix}, \qquad V^{(g)} = \begin{bmatrix} 0 \end{bmatrix}$$

$$G^{(g)} = \begin{bmatrix} \phi_1 & 1 \\ \phi_2 & 0 \end{bmatrix}, \qquad W^{(g)} = \mathrm{diag}(\sigma_u^2, 0)$$

この次数の AR 過程により，残差成分，すなわちトレンドからの乖離に，経済時系列ではよく観測される減衰する周期自己相関関数を持つことが許容される．Y_t に対する (3.35) 式のモデルの DLM 表現は，以上の 2 つの成分を 3.2 節で記載したように加えることで次のように得られる．

$$F = [1\ 0\ 1\ 0]$$

$$G = \begin{bmatrix} 1 & 1 & 0 & 0 \\ 0 & 1 & 0 & 0 \\ 0 & 0 & \phi_1 & 1 \\ 0 & 0 & \phi_2 & 0 \end{bmatrix} \qquad (3.36)$$

$$V = [0]$$

$$W = \mathrm{diag}(\sigma_\epsilon^2, \sigma_z^2, \sigma_u^2, 0)$$

結果的に得られた DLM には，5つの未知パラメータが存在する．トレンド成分に対する σ_ϵ^2 と σ_z^2，AR (2) 成分に対する $\phi_1, \phi_2, \sigma_u^2$ である．ここで，最尤法（第 4 章参照）により未知パラメータを推定し，その結果得られた MLE を用いて，カルマン・フィルタと平滑化を適用する．4.6.1 項ではベイズアプローチを説明するが，そこでのアプローチでは，モデルの未知パラメータと観測されない状態の両方を同時に推定する．

実際的な応用例として，米国経済の四半期ごとの季節成分を除く GDP を考えよう（出典:米国商務省経済分析局）．このデータの単位は十億米ドル（2000 年連鎖）で，期間は 1950 年の第 1 四半期から 2004 年の第 4 四半期までとなっている．対数変換が適用され，結果として得られた対数 GDP は図 3.10 にプロットされている．

```
R code
> gdp <- read.table("Datasets/gdp5004.dat")
> gdp <- ts(gdp, frequency = 4, start = 1950)
> Lgdp <- log(gdp)
> plot(Lgdp, xlab = "", ylab = "log US GDP", main="")
```

最初に，未知パラメータ $\psi_1 = \log(\sigma_\epsilon^2), \psi_2 = \log(\sigma_z^2), \psi_3 = \log(\sigma_u^2), \psi_4 = \phi_1, \psi_5 = \phi_2$ の MLE を計算する．さしあたり，AR (2) のパラメータ ϕ_1, ϕ_2 に定常性の制約を課さない．この点に関しては，後で再び説明する．状態のトレンド成分に関しては，初期平均 $m_0^{(p)}$ には適当な値，分散 $C_0^{(p)}$ にはかなり大きめの値を選択し，AR (2) 成分に関しては，R の関数 `dlmModArma` のデフォルトの初期値を使用する．`dlmFilter` だけでなく MLE の当てはめ関数でも特異な観測分散は許容されないため，V には，あらゆる実用的な目的に

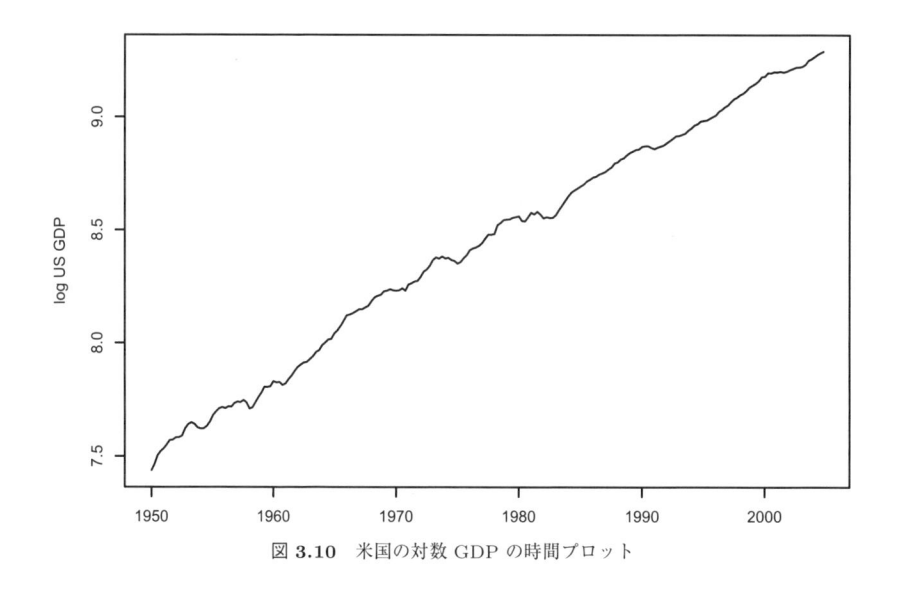

図 **3.10** 米国の対数 GDP の時間プロット

3. モデル特定化

対して 0 と考えられる位に非常に小さな値を設定する．

```
─────────────────── R code ───────────────────
> level0 <- Lgdp[1]
> slope0 <- mean(diff(Lgdp))
> buildGap <- function(u) {
+     trend <- dlmModPoly(dV = 1e-7, dW = exp(u[1:2]),
+                         m0 = c(level0, slope0),
+                         C0 = 2 * diag(2))
+     gap <- dlmModARMA(ar = u[4:5], sigma2 = exp(u[3]))
+     return(trend + gap)}
> init <- c(-3, -1, -3, .4, .4)
> outMLE <- dlmMLE(Lgdp, init, buildGap)
> dlmGap <- buildGap(outMLE$par)
> sqrt(diag(W(dlmGap))[1:3])
[1] 5.781779e-03 7.637467e-05 6.145364e-03
> GG(dlmGap)[3:4, 3]
[1] 1.4806264 -0.5468111
```

この結果，最尤推定値は，$\hat{\sigma}_\epsilon = 0.00578$, $\hat{\sigma}_z = 0.00008$, $\hat{\sigma}_u = 0.00615$, $\hat{\phi}_1 = 1.481$, $\hat{\phi}_2 = -0.547$ となる．推定された AR (2) のパラメータは，定常性の制約を満たしている．

```
─────────────────── R code ───────────────────
> Mod(polyroot(c(1, -GG(dlmGap)[3:4, 3])))
[1] 1.289152 1.418595
> plot(ARMAacf(ar = GG(dlmGap)[3:4, 3], lag.max = 20),
+      ylim = c(0, 1), ylab = "acf", type = "h")
```

注意をひとつ加えておこう．確率的トレンドと AR (2) 残差成分を分離するときには明らかに同定可能性問題が存在し，さらに MLE も安定ではない．最低限の確認として，初期値の組み合わせを変えて，当てはめ手続きを繰り返してみるべきであろう．

MLE の値を組み込むと，最終的にモデルの平滑化推定値が計算される．観測された生産高，並びに潜在生産高の平滑化推定値が図 3.11 にプロットされている．図 3.12 には，潜在生産高の平滑化推定値が GDP ギャップと共に示されている（スケールが異なっていることに注意）．

```
─────────────────── R code ───────────────────
> gdpSmooth <- dlmSmooth(Lgdp, dlmGap)
> plot(cbind(Lgdp, dropFirst(gdpSmooth$s[, 1])), plot.type = "single",
+      xlab = "", ylab = "Log GDP", lty = c("longdash", "solid"),
+      col = c("darkgrey", "black"))
> plot(dropFirst(gdpSmooth$s[, c(1, 3)]), ann = FALSE, yax.flip = TRUE)
```

最後に，R の関数 *ARtransPars* を用いると，MLE に定常性の制約を導入できる方法

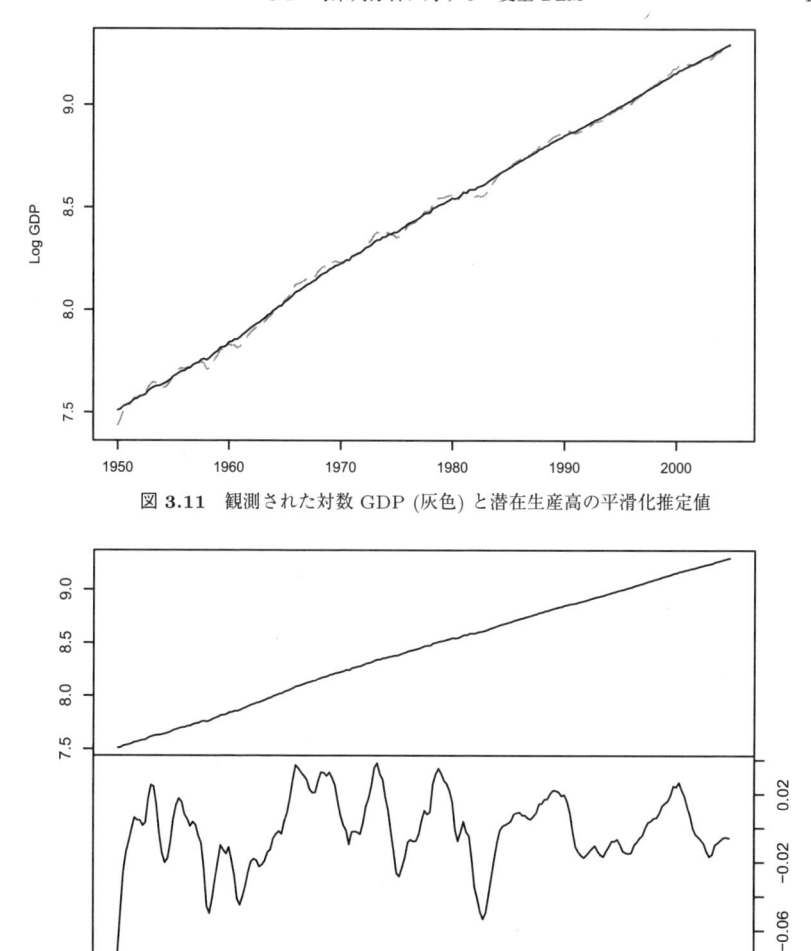

3.2 時系列分析に対する一変量 DLM

図 3.11 観測された対数 GDP (灰色) と潜在生産高の平滑化推定値

図 3.12 潜在生産高の平滑化推定値 (上) と GDP ギャップの平滑化推定値 (下)

が分かる.

---------------------------------- **R code** ----------------------------------
```
> buildgapr <- function(u)
+ {
+     trend <- dlmModPoly(dV = 0.000001,
+                         dW = c(exp(u[1]), exp(u[2])),
+                         m0 = c(Lgdp[1], mean(diff(Lgdp))),
+                         C0 = 2*diag(2))
```

```
+      gap <- dlmModARMA(ar = ARtransPars(u[4 : 5]),
+                        sigma2 = exp(u[3]))
+      return(trend + gap)
+ }
> init <- c(-3, -1, -3, .4, .4)
> outMLEr <- dlmMLE(Lgdp, init, buildgapr)
> outMLEr$value
[1] -896.5235
> parMLEr <- c(exp(outMLEr$par[1 : 3])^.5,
+              ARtransPars(outMLEr$par[4 : 5]))
> round(parMLEr, 4)
[1]  0.0051  0.0000  0.0069  1.4972 -0.4972
```

こうすると，尤度のわずかによい値が得られる．しかし今度は，AR (2) パラメータの推定値が非定常領域に近づきすぎる．いずれにしても，この場合のように，潜在 GDP と GDP ギャップの平滑化推定値を確認することはよい演習となる．AR (2) 残差成分が非定常な場合，GDP ギャップの推定パターンは非現実的なものになる（図は非掲載）．

─────────────── **R code** ───────────────
```
> Mod(polyroot(c(1,-ARtransPars(outMLEr$par[4:5]))))
[1] 1.000000 2.011460
> plot(ARMAacf(ar=ARtransPars(outMLEr$par[4:5]),
+              lag.max=10),
+      ylim=c(0,1), ylab="acf")
> modr <- buildgapr(outMLEr$par)
> outFr <- dlmFilter(Lgdp,modr)
> outSr <- dlmSmooth(outFr)
> ts.plot(cbind(Lgdp,outSr$s[-1,1]),col=1:2)
> plot.ts(outSr$s[-1,c(1,3)],main="",ann=F,yax.flip=TRUE)
```

第 4 章では再びこの例に戻り，その時ベイズアプローチでは AR パラメータの事前分布を通じて，定常性の制約を課すことができる方法を示す．

3.2.7 回帰モデル

回帰成分は，極めて容易に DLM に組み込むことができる．時系列 (Y_t) に対して説明変数の効果を含めることは，多くの応用で関心が持たれる．例えば，臨床試験では，薬剤投与量 x_t を時間的に変えて，その反応 Y_t を研究することに関心が持たれるかもしれない．ここでの説明変数 x_t は非確率的であることに注意する．確率的な回帰の場合には，2 変量の時系列 (X_t, Y_t), $t \geq 1$ に対する同時モデルが必要であり，後で説明する．

Y の x への標準線型回帰モデルは，次のように定義される．

$$Y_t = \beta_1 + \beta_2 x_t + \epsilon_t, \qquad \epsilon_t \stackrel{i.i.d.}{\sim} \mathcal{N}(0, \sigma^2)$$

3.2 時系列分析に対する一変量 DLM

しかしながら，観測が時間と共に行われる場合，誤差が i.i.d. であるという仮定はあまり現実的ではない．考え得る解決策の1つは，残差に対して時間的な従属性を導入することであり，例えば $(\epsilon_t : t \geq 1)$ を自己回帰過程として記述する．もう1つ別の選択は，実際多くの問題で大きな関心が持たれている方法であり，y と x の関係が時間的に遷移すると考える．つまり，次のような形式の**動的線型回帰モデル**を考え，

$$Y_t = \beta_{1,t} + \beta_{2,t} x_t + \epsilon_t, \quad \epsilon_t \stackrel{i.i.d.}{\sim} \mathcal{N}(0, \sigma^2)$$

$(\beta_{1,t}, \beta_{2,t})$ の時間的な遷移をモデル化する．例えば $\beta_{j,t} = \beta_{j,t-1} + w_{j,t}$, $j = 1, 2$ とし，ここで $w_{1,t}$ と $w_{2,t}$ は独立とする．こうすると，$F_t = [1 \; x_t]$, $\theta_t = [\beta_{1,t} \; \beta_{2,t}]'$, $V = \sigma^2$ とした，θ_t の状態方程式を持つ DLM になる．

より一般的には，動的線型回帰モデルは次のように記述される．

$$Y_t = x_t'\theta_t + v_t, \quad\quad v_t \sim \mathcal{N}(0, \sigma_t^2)$$
$$\theta_t = G_t \theta_{t-1} + w_t, \quad\quad w_t \sim \mathcal{N}_p(0, W_t)$$

ここで，$x_t' = [x_{1,t} \cdots x_{p,t}]$ は，時点 t における p 個の説明変数の値である．繰り返しになるが，x_t は確率的でないことに注意して欲しい．他の言い方をすれば，これは $Y_t|x_t$ の条件付きモデルになっている．状態方程式に対してよくとられる既定の選択では，遷移行列 G_t を単位行列として，W を対角行列とする．これは，回帰係数を独立なランダムウォークとしてモデル化することに相当する．

G と W に関して上述の仮定をおいた回帰 DLM は，R では関数 `dlmModReg` によって生成できる．静的線型回帰モデルは，任意の t において $W_t = 0$ とした場合に対応しており，この場合，θ_t は時間的に一定なので，事前密度を $\theta \sim \mathcal{N}(m_0, C_0)$ とすると，$\theta_t = \theta$ となる．このため，関数 `dlmModReg` は，線型回帰におけるベイズ推定にも使用できる．つまり，フィルタリング密度は $\theta|y_{1:t}$ の事後密度を与え，$m_t = \mathrm{E}(\theta|y_{1:t})$ は回帰係数の二次損失関数の下でベイズ推定値になる．このことは，（静的な）回帰モデルのパラメータの推定値を，新しい観測値が利用可能になった場合に逐次更新する際，DLM の手法が利用できることも示している．

例 ── 資本資産価格モデル

資本資産価格モデル (Capital Asset Pricing Model: CAPM) は，金融計量経済学における一般的な資産価格のモデルである．例えば Campbell et al. (1996) を参照されたい．最も単純な一変量のバージョンでは，CAPM モデルはある資産の収益は市場全体の収益と線型従属であることを仮定しており，その結果全体としての市場と比較した個々の資産のリスクと期待収益に関する動きを研究することが可能になる．ここで，標準的な静的 CAPM モデルの動的なバージョンを考える．なお 3.3.3 項では，これを m 個の資産の小

規模なポートフォリオを扱う多変量 CAPM に拡張する.

r_t, $r_t^{(M)}$, $r_t^{(f)}$ を，時点 t での検討対象の資産，市場資産および無リスク資産に対するそれぞれの収益としよう．資産の**超過収益**を $y_t = r_t - r_t^{(f)}$，市場の超過収益を $x_t = r_t^{(M)} - r_t^{(f)}$ と定義しよう．一変量 CAPM では次式を仮定する．

$$y_t = \alpha + \beta x_t + v_t, \qquad v_t \stackrel{i.i.d.}{\sim} N(0, \sigma^2) \tag{3.37}$$

パラメータ β は，市場の変化に対する資産の超過収益に関する感度を測っている．β の値が 1 より大きいと，その資産は市場収益の変化を増幅する傾向があることを示し，それゆえ積極的な投資と考えられる．一方，β が 1 より小さいと，その資産は保守的な投資として考えられる．

この例におけるデータの構成は，1978 年 1 月から 1987 年 12 月までの 4 社の株 (Mobil, IBM, Weyer と Citicorp) の月次収益[*3]，および 30 日物財務省短期証券（無リスク資産の代わり），およびニューヨーク証券取引所とアメリカ証券取引所に示された全ての株の出来高加重平均収益（市場の総収益を代表）からなる．図 3.13 にはデータがプロットされている．ここでは IBM 株のデータを考えよう．多変量 CAPM に関しては，後に説明する．

静的 CAPM の最小 2 乗推定値は，R では関数 `lm` によって得られる．関数 `dlmModReg` で diag$(W) = (0,0)$ とすれば，このような回帰係数のベイズ推定値も計算可能である（観測分散は簡単のために既知であると仮定する）．

```
───────────────── R code ─────────────────
> capm <- read.table("Datasets/P.dat",
+          header = TRUE) # http://shazam.econ.ubc.ca/intro/P.txt
> capm.ts <- ts(capm, start = c(1978, 1), frequency = 12)
> colnames(capm)
[1] "MOBIL"   "IBM"    "WEYER"    "CITCRP"   "MARKET"   "RKFREE"
> plot(capm.ts)
> IBM <- capm.ts[, "IBM"] - capm.ts[, "RKFREE"]
> x <- capm.ts[, "MARKET"] - capm.ts[, "RKFREE"]
> outLM <- lm(IBM ~ x)
> outLM$coef
 (Intercept)              x
-0.0004895937   0.4568207721
> acf(outLM$res)
> qqnorm(outLM$res)
```

データが時間と共に取得されているにもかかわらず，残差は適切な時間従属性を示さ

[*3] このデータは元々 Berndt (1991) からのものであるが，本書執筆時点では次のサイトから入手可能である．
http://shazam.econ.ubc.ca/intro/P.txt

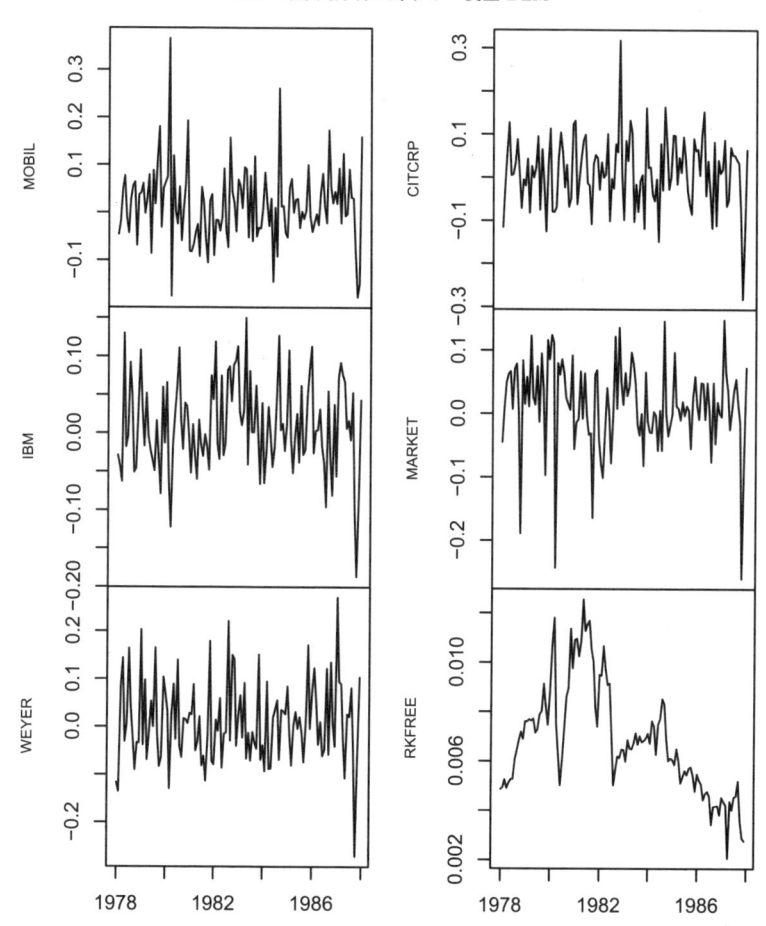

3.2 時系列分析に対する一変量 DLM   125

図 3.13 Mobil, IBM, Weyer, Citicorp の株の月次収益, 市場指数, 30 日物財務省短期証券 (1978 年 1 月から 1987 年 12 月まで)

ない (プロットは省略). 回帰係数のベイズ推定値は, 次のようにして得られる. 簡単のために, $V = \hat{\sigma}^2 = 0.00254$ とする. α と β の値の事前情報は, 事前分布 $\mathcal{N}(m_0, C_0)$ を通じて導入することができる. 以下では, α に関しては散漫事前情報を仮定し, 一方 β に関しては事前の予想値を 1.5 (積極的な投資) と仮定し, 分散はかなり小さい値にする.

―――――― **R code** ――――――
```
> mod <- dlmModReg(x, dV = 0.00254, m0 = c(0, 1.5),
+                  C0 = diag(c(1e+07, 1)))
> outF <- dlmFilter(IBM, mod)
> outF$m[1 + length(IBM), ]
```

[1] -0.0005232801 0.4615301204

観測期間の最終時点でのフィルタリング推定値は，二次損失関数の下での回帰係数のベイズ推定値である．なお，ここでの結果は，OLS 推定値に非常に近い値になっている．実際には，CAPM の係数 α と β が時間で変化することを認めた方がより自然であろう．例えば，ある株が「保守的」から「積極的」に変化するかもしれない．古典的な CAPM の動的なバージョンは，次のようになる．

$$y_t = \alpha_t + \beta_t x_t + v_t, \qquad v_t \stackrel{i.i.d.}{\sim} \mathcal{N}(0, \sigma^2)$$

ここで，状態方程式は α_t と β_t の動的特性をモデル化する．前述したように，関数 `dlmModReg` では，回帰係数は独立なランダムウォークに従うと仮定される．以下では，観測分散と状態遷移分散が，最尤法によって推定されている．図 3.14 には，平滑化推定値が示されている．この結果は，3.3.3 項で得られる結果と比較が可能であり，そこでのモデルでは 4 つの株に対して同時に推定が行われる．

R code
```
> buildCapm <- function(u) {
+     dlmModReg(x, dV = exp(u[1]), dW = exp(u[2 : 3]))
+ }
```

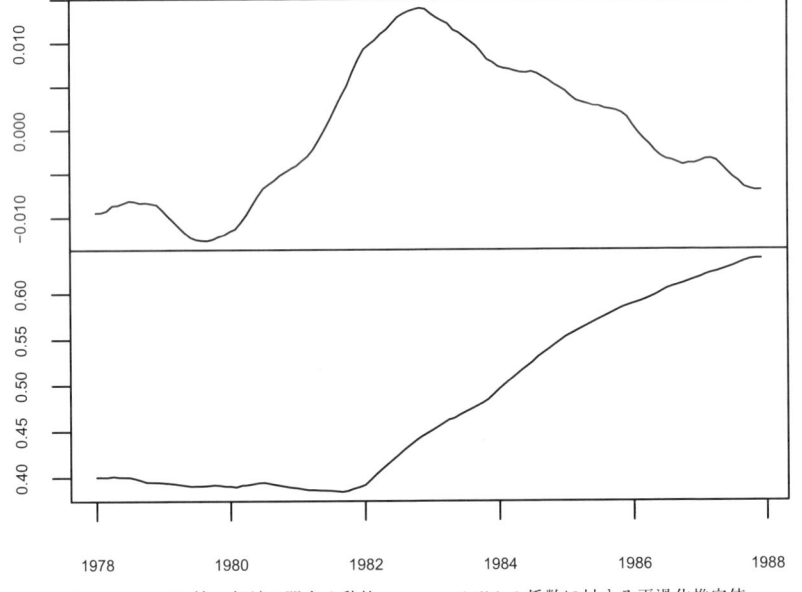

図 **3.14** IBM 株の収益に関する動的 CAPM モデルの係数に対する平滑化推定値

3.3 多変量時系列に対するモデル

```
 4  > outMLE <- dlmMLE(IBM, parm = rep(0, 3), buildCapm)
    > exp(outMLE$par)
 6  [1] 2.328395e-03 1.100206e-05 6.496240e-04
    > outMLE$value
 8  [1] -276.7014
    > mod <- buildCapm(outMLE$par)
10  > outS <- dlmSmooth(IBM, mod)
    > plot(dropFirst(outS$s))
```

DLM を用いた動的回帰のさらなる例は,経時データのような $(x_{i,t}, Y_{i,t})$, $t \geq 1$, $i = 1, \ldots, m$, もしくはより単純に (x_t, Y_t) といった類のより一般的な多変量の設定が行われる次節で説明する.例えば,患者 i, $i = 1, \ldots, m$ に対する時点 t における薬剤投与量 $x_{i,t}$ とその反応 $Y_{i,t}$ や,市場収益 x_t と資産 i の超過収益 $Y_{i,t}$ といった具合であり,詳細は 3.3.3 項を参照して欲しい.なお,前述したように m 個の統計単位に関して x と Y が観測されているが,通常 m が大きいクロス・セクションデータの時系列に関しては,3.3.5 項を参照して欲しい.

3.3 多変量時系列に対するモデル

多変量時系列のモデリングは,一変量モデルの研究より当然興味深く,それだけやりがいがある.しかし,この場合にも,DLM は分析のために非常に柔軟な枠組みを提供する.本節では,多変量データに対する非常に広範な DLM の応用例の内,いくつかを提示するにとどめる.これらにより,読者が自身の問題やモデルの分析に関するツールやアイデアを発見できることを願っている.

多変量時系列分析では,基本的な種類のデータや問題を 2 つ想定することができる.多くの応用では,異なる単位に対して観測された 1 つ以上の変数に関して,データ $Y_t = (Y_{1,t}, \ldots, Y_{m,t})'$ が存在する.例えば,Y_t は m 国に対して時間的に観測された GDP かもしれないし,m 世帯分をまとめた収入と支出であるかもしれないし,$Y_{i,t}$ は株 i, $i = 1, \ldots, m$, の過去の収益,等々であるかもしれない.このような場合,関心の的は通常時系列間の相関構造を把握し,恐らくクラスタの存在を調査することにあろう.このような観点は,それ自体関心のあることかもしれないし,モデルの予測性能を改善するためかもしれない.もう 1 つ別の文脈では,関心のある 1 つ以上の変数 Y と,いくつかの説明変数 $X_1, \ldots, X_k$ の観測値がデータとなる.例えば,Y はインフレ率で,$X_1, \ldots, X_k$ はある国における適当なマクロ経済変数かもしれない.再び多変量時系列 $(Y_t, X_{1,t}, \ldots, X_{k,t})$ を扱うが,今度は説明変数 $X_{j,t}$ を用いて関心のある変数 Y_t を説明したり予測を行うことに力点がおかれ,もっと回帰の枠組みが強調される.3.2.7 項で説明した回帰 DLM では共変量が確定的であったが,ここでは $X_{1,t}, \ldots, X_{k,t}$ は確率変数となることに注意する.

もちろん $(Y_t, X_{1,t}, \ldots, X_{k,t})$ に対する同時モデルによって，全変数間のフィードバック効果や因果関係を検討することもできる．

3.3.1 経時データに対する DLM

数量 y の値が m 個の統計単位に対して時間と共に観測されると，$Y_t = (Y_{1,t}, \ldots, Y_{m,t})'$ とした多変量時系列 $(Y_t)_{t\geq1}$ が得られる．事実，最も単純なアプローチは m 個の系列を独立に検討し，その各々に一変量のモデルを特定化することだろう．このアプローチでも結構よい予測が得られるかもしれないが，よく「説得力の借用 (borrowing strength)」と呼ばれる効果が考慮されていない．すなわち，個別の i に関して Y を予測する際に，類似する時系列 $(Y_{j,t})$ $(j \neq i)$ から提供される情報が活用されない．利用可能な情報を全て利用するためには，時系列を通じた従属性を導入すること，すなわち，m 変量の過程が連携したモデル $((Y_{1,t}, \ldots, Y_{m,t}) : t = 1, 2, \ldots)$ が望まれる．

時系列 $(Y_{1,t}), \ldots, (Y_{m,t})$ を通じた従属性を導入する方法の 1 つは次の通りである．m 個の時系列が全て同じ種類の DLM を用いて，おそらく分散は異なるが同じ時不変の行列 G や F で正しくモデル化できると仮定しよう．

$$Y_{i,t} = F\theta_t^{(i)} + v_{i,t}, \quad v_{i,t} \sim \mathcal{N}(0, V_i)$$
$$\theta_t^{(i)} = G\theta_{t-1}^{(i)} + w_{i,t}, \quad w_{i,t} \sim \mathcal{N}_p(0, W_i) \tag{3.38}$$

ここで，$i = 1, \ldots, m$ である．これは，全ての系列が同じ種類の動的特性に従うという定性的な仮定に対応している．これはまた，状態ベクトルの要素は異なる DLM を通じて似たような解釈ができるが，それらは各時系列 $(Y_{i,t})$ に対して異なる値を持つことができると仮定している．さらに第 4 章でより広く検討するが，(3.38) 式における個々の DLM の分散行列は完全に既知というわけではなく，いくつかの未知パラメータ ψ_i に依存している．例えば，3.2.7 項で検討した類の回帰 DLM では，次の関係が成立する．

$$Y_{i,t} = \alpha_{i,t} + \beta_{i,t}x_t + v_{i,t}, \qquad v_{i,t} \overset{i.i.d.}{\sim} \mathcal{N}(0, \sigma_i^2)$$
$$\alpha_{i,t} = \alpha_{i,t-1} + w_{1t,i}, \qquad w_{1t,i} \overset{i.i.d.}{\sim} \mathcal{N}(0, \sigma_{w_1,i}^2)$$
$$\beta_{i,t} = \beta_{i,t-1} + w_{2t,i}, \qquad w_{2t,i} \overset{i.i.d.}{\sim} \mathcal{N}(0, \sigma_{w_2,i}^2)$$

つまり $Y_{i,t}$ のモデルの特徴は，それ自体の状態ベクトル $\theta_t^{(i)} = (\alpha_{i,t}, \beta_{i,t})$ とそのパラメータ $\psi_i = (\sigma_i^2, \sigma_{w_1,i}^2, \sigma_{w_2,i}^2)$ によって決定される．この枠組みにおいて，時系列 $(Y_{1,t}), \ldots, (Y_{m,t})$ は，状態過程 $(\theta_t^{(1)}), \ldots, (\theta_t^{(m)})$ とパラメータ $(\psi_1, \ldots, \psi_m)$ が与えられた下で，条件付き独立であると仮定できる．ここで，$(Y_{i,t})$ はその状態 $(\theta_t^{(i)})$ とパラメータ ψ_i だけに依存し，特に次のように書ける．

$$(Y_{1,t}, \ldots, Y_{m,t}) | \theta_t^{(1)}, \ldots, \theta_t^{(m)}, \psi_1, \ldots, \psi_m \sim \prod_{i=1}^{m} \mathcal{N}(y_{i,t}; F\theta_t^{(i)}, V_i(\psi_i))$$

この枠組みは，1.3節の検討と類似していることに注意して欲しい．$Y_{1,t}, \ldots, Y_{m,t}$ の間の従属性は，$(\theta_t^{(1)}, \ldots, \theta_t^{(m)})$ の同時確率分布やパラメータ $(\psi_1, \ldots, \psi_m)$ の同時確率分布の両方もしくは一方を通じて導入できる．もし個々の状態やパラメータの間の関係が独立なら，時系列 $(Y_{1,t}), \ldots, (Y_{m,t})$ は独立となり，説得力の借用は存在しないことになる．これに反して，個々の状態やパラメータの間の関係が従属しているなら，m 個の時系列を通じた従属性が示される．次項では例をいくつか提示するが，そこでは簡単のためにパラメータ，すなわち行列 F, G, V_i, W_i は既知とする．これらパラメータの推定（MLEやベイズアプローチ）については，第4章で議論する．DLMの混合の最近の参考文献としては，Frühwirth-Schnatter and Kaufmann (2008) があげられる．また，関連する文献としては，Caron et al. (2008) や Lau and So (2008) があげられる．

3.3.2 一見無関係な時系列方程式

一見無関係な時系列方程式 (Seemingly Unrelated Time Series Equations: SUTSE) は，状態ベクトル $\theta_t^{(1)}, \ldots, \theta_t^{(m)}$ の間の従属構造を次のように特定化する種類のモデルである．既に述べたように，(3.38) 式のモデルは全ての系列が同じ種類の動的特性に従い，状態ベクトルの要素に関しても異なるDLMを通じて同じ解釈を持つような，定性的な仮定をおいていることに対応している．例えば，各系列が線型成長モデルを用いてモデル化された場合，各系列の状態ベクトルはレベルと傾きの成分を持ち，厳密に要求される訳ではないが一般には簡単のために，システム誤差の分散行列は対角行列であると仮定される．これは，独立した確率的な入力によって，レベルと傾きの遷移が決定されることを意味する．個々のDLMを組み合わせれば，観測値が多変量の場合のDLMが得られるのは明らかであろう．この組み合わせを実現する簡単な方法は，系列におけるレベルの遷移が，相関を持つ入力によって駆動されると仮定することである（傾きに関しても同様）．言い換えると，ある任意の時点において，異なる系列のレベルに対応するシステム誤差の要素は相関を持つ可能性があり，同様に異なる系列の傾きに対応するシステム誤差の要素も相関を持つ可能性がある．モデルを簡単にしておくために，レベルと傾きの遷移の仕方には相関がないとする仮定はそのままにしておく．ここから状態ベクトルの連携遷移の記述が示唆され，レベルを全てまとめ，続いて傾きを全てまとめると全体的な状態ベクトル $\theta_t = (\mu_{1,t}, \ldots, \mu_{m,t}, \beta_{1,t}, \ldots, \beta_{m,t})'$ が得られる．そして，このような共用の状態ベクトルの動的特性に関して，システム誤差の特徴はブロック対角分散行列によって決定される．このブロック対角分散行列には，レベルの間の相関を説明する $m \times m$ のブロックが最初にあり，次に傾きの間の相関を説明する $m \times m$ のブロックがある．具体的に，$m = 2$ の系列があるとしよう．この時 $\theta_t = (\mu_{1,t}, \mu_{2,t}, \beta_{1,t}, \beta_{2,t})'$ であり，システム方程式は次式のようになる．

3. モデル特定化

$$\begin{bmatrix} \mu_{1,t} \\ \mu_{2,t} \\ \beta_{1,t} \\ \beta_{2,t} \end{bmatrix} = \begin{bmatrix} 1 & 0 & 1 & 0 \\ 0 & 1 & 0 & 1 \\ 0 & 0 & 1 & 0 \\ 0 & 0 & 0 & 1 \end{bmatrix} \begin{bmatrix} \mu_{1,t-1} \\ \mu_{2,t-1} \\ \beta_{1,t-1} \\ \beta_{2,t-1} \end{bmatrix} + \begin{bmatrix} w_{1,t} \\ w_{2,t} \\ w_{3,t} \\ w_{4,t} \end{bmatrix} \quad (3.39a)$$

ここで，$(w_{1,t}, w_{2,t}, w_{3,t}, w_{4,t})' \sim \mathcal{N}(0, W)$ であり

$$W = \begin{bmatrix} W_\mu & 0 & 0 \\ & 0 & 0 \\ 0 & 0 & \\ 0 & 0 & W_\beta \end{bmatrix} \quad (3.39b)$$

2変量の時系列 $((Y_{1,t}, Y_{2,t})' : t = 1, 2, \ldots)$ の観測方程式は，次式の通りであり，

$$\begin{bmatrix} Y_{1,t} \\ Y_{2,t} \end{bmatrix} = \begin{bmatrix} 1 & 0 & 0 & 0 \\ 0 & 1 & 0 & 0 \end{bmatrix} \theta_t + \begin{bmatrix} v_{1,t} \\ v_{2,t} \end{bmatrix} \quad (3.39c)$$

ここで，$(v_{1,t}, v_{2,t})' \sim \mathcal{N}(0, V)$ である．系列間にさらなる相関を導入する際には，観測誤差の分散 V が非対角成分を持ってもよい．

上記の例は，一般的な m 個の一変量時系列の場合に拡張できる．時点 t における多変量の観測値を Y_t で表し，Y_t の i 番目の要素が (3.38) 式のような時不変の DLM に従うとしよう．ここで，$\theta_t^{(i)} = (\theta_{1,t}^{(i)}, \ldots, \theta_{p,t}^{(i)})'$ $(i = 1, \ldots, m)$ である．このとき，(Y_t) の SUTSE モデルは，次式の形式を持つ[*4]．

$$\begin{cases} Y_t = (F \otimes I_m)\theta_t + v_t, & v_t \sim \mathcal{N}(0, V) \\ \theta_t = (G \otimes I_m)\theta_{t-1} + w_t, & w_t \sim \mathcal{N}(0, W) \end{cases} \quad (3.40)$$

ここで，$\theta_t = (\theta_{1,t}^{(1)}, \theta_{1,t}^{(2)}, \ldots, \theta_{p,t}^{(m-1)}, \theta_{p,t}^{(m)})'$ である．$w_t^{(i)}$ の分散が対角行列である場合には，W に対してサイズが m の p 個のブロックからなるブロック対角構造を仮定するのが一般的である．このモデルの構造から，時点 t における $\theta_{t+k}^{(i)}$ や $Y_{i,t+k}$ の予測は，全観測値 $y_{1:t}$ が与えられた下での $\theta_t^{(i)}$ の分布に基づくことが直ちに示される．

例 — デンマークとスペインの年間投資額

図 3.15 は 1960 年から 2000 年までの，デンマークとスペインの年間投資額[*5] を示し

[*4] 2つの行列 A と B が与えられた場合（各々の次元は，$m \times n$ と $p \times q$），クロネッカー積 $A \otimes B$ は次のような $mp \times nq$ の行列で定義される．

$$\begin{bmatrix} a_{1,1}B & \cdots & a_{1,n}B \\ \vdots & \vdots & \vdots \\ a_{m,1}B & \cdots & a_{m,n}B \end{bmatrix}$$

[*5] 出典：http://www.fgn.unisg.ch/eumacro/macrodata

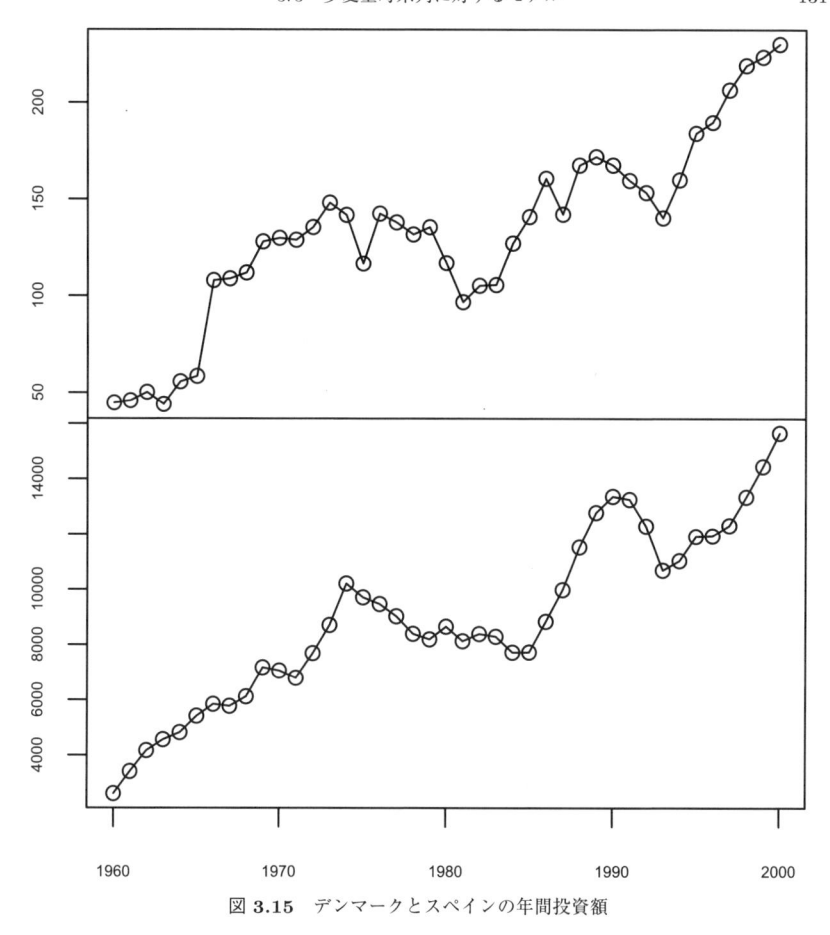

3.3 多変量時系列に対するモデル　　　　　　　　　　　　131

図 3.15　デンマークとスペインの年間投資額

ている．目視で確認すると，2 つの系列は同じ種類の定性的な振る舞いを示しているように見え，線型成長 DLM でモデル化できる．これは，スペインの投資額の系列だけに対して，98 ページで用いたモデルである．この 2 つの系列に対する多変量モデルを設定するために，線型成長モデルを 2 つ組み合わせると，包括的な SUTSE モデルを得ることができる．このようにすると，まさに (3.39) 式によって記述された形式になることが分かる．このモデルには分散が 6 つ，共分散が 3 つ存在するので，合計 9 つのパラメータが設定される必要がある．あるいは，次章で確認するようにデータから推定される必要がある．わずかでもモデルを簡素化し，全体のパラメータ数を減らしておくと便利である．そこでこの例において，2 つの個々の線型成長モデルが実際には和分ランダムウォークであると仮定しよう．これは (3.39b) 式において，$W_\mu = 0$ であることを意味

する．残りのパラメータの MLE 推定値は次の通りである．

$$W_\beta = \begin{bmatrix} 49 & 155 \\ 155 & 437266 \end{bmatrix}, \quad V = \begin{bmatrix} 72 & 1018 \\ 1018 & 14353 \end{bmatrix}$$

以下の表示は，R においてこのモデルを設定する方法を示している．この中では，始めに（一変量）線型成長モデルを作成し，次に (3.40) 式に従いクロネッカー積を用いて行列 F と G を再定義している（2 行目と 3 行目）．このアプローチであれば，F と G の個別の要素を手入力するより打ち間違いを減らしやすい．分散 V と W を定義するコードの部分は，見たままである．

———————————— **R code** ————————————

```
> mod <- dlmModPoly(2)
> mod$FF <- mod$FF %x% diag(2)
> mod$GG <- mod$GG %x% diag(2)
> W1 <- matrix(0, 2, 2)
> W2 <- diag(c(49, 437266))
> W2[1, 2] <- W2[2, 1] <- 155
> mod$W <- bdiag(W1, W2)
> V <- diag(c(72, 14353))
> V[1, 2] <- V[2, 1] <- 1018
> mod$V <- V
> mod$m0 <- rep(0, 4)
> mod$C0 <- diag(4) * 1e7
> investFilt <- dlmFilter(invest, mod)
> sdev <- residuals(investFilt)$sd
> lwr <- investFilt$f + qnorm(0.25) * sdev
> upr <- investFilt$f - qnorm(0.25) * sdev
```

このコードは，図 3.16 と図 3.17 に表わされている．一期先予測に対する確率区間を計算する方法も示している．$y_{1:t-1}$ の条件の下では，Y_t と e_t は同じ分散を持つことに注意する（2.9 節参照）．これによって，14 行目で観測値の一期先予測の分散の代わりに，イノベーションの分散を使用することが正当化される．

3.3.3 一見無関係な回帰モデル

SUTSE の考え方は，基本的な構造モデルと比べてより一般的な DLM にも適用が可能であり，その例として，以下では動的な多変量回帰モデルを紹介する．

123～127 ページで説明した，動的な CAPM の多変量バージョンを考えよう．改めて，$x_t = r_t^{(M)} - r_t^{(f)}$ を市場の超過収益とするが，今度は，超過収益のベクトルは m 個の資産に関して $y_{i,t} = r_{i,t} - r_t^{(f)}$, $i = 1, \ldots, m$ となる．各資産に関して回帰 DLM を

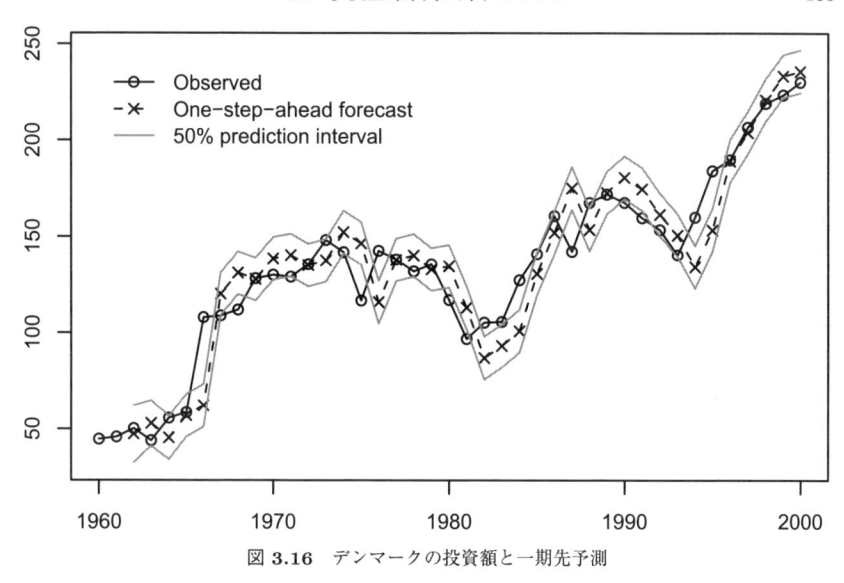

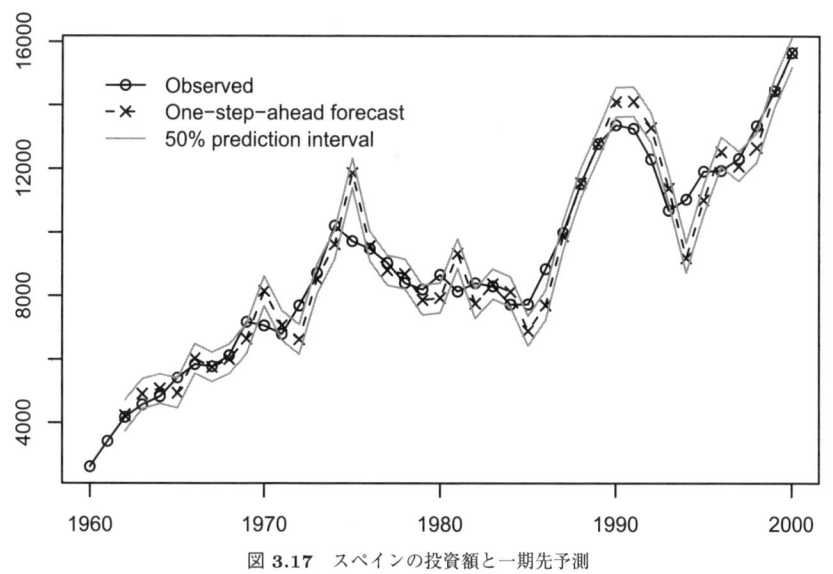

3.3 多変量時系列に対するモデル 133

図 3.16 デンマークの投資額と一期先予測

図 3.17 スペインの投資額と一期先予測

$$y_{i,t} = \alpha_{i,t} + \beta_{i,t} x_t + v_{i,t}$$

$$\alpha_{i,t} = \alpha_{i,t-1} + w_{1i,t}$$

$$\beta_{i,t} = \beta_{i,t-1} + w_{2i,t}$$

と定義でき，ここで，切片と傾きは m 個の株を通じて相関を持つと仮定することが実際的である．一見無関係な回帰 (Seemingly Unrelated Regression: SUR) モデルは

$$y_t = (F_t \otimes I_m)\theta_t + v_t, \qquad v_t \stackrel{i.i.d.}{\sim} \mathcal{N}(0, V)$$

$$\theta_t = (G \otimes I_m)\theta_{t-1} + w_t, \qquad w_t \stackrel{i.i.d.}{\sim} \mathcal{N}(0, W)$$

と定義される．ここで

$$y_t = \begin{bmatrix} y_{1,t} \\ \vdots \\ y_{m,t} \end{bmatrix}, \quad \theta_t = \begin{bmatrix} \alpha_{1,t} \\ \vdots \\ \alpha_{m,t} \\ \beta_{1,t} \\ \vdots \\ \beta_{m,t} \end{bmatrix}, \quad v_t = \begin{bmatrix} v_{1,t} \\ \vdots \\ v_{m,t} \end{bmatrix}, \quad w_t = \begin{bmatrix} w_{1,t} \\ \vdots \\ w_{2m,t} \end{bmatrix}$$

であり，$F_t = [1\ x_t]$, $G = I_2$, $W = \text{blockdiag}(W_\alpha, W_\beta)$ である．

分析するデータは，124 ページに記載された，1978 年 1 月から 1987 年 12 月における Mobil, IBM, Weyer, および Citicorp 株の月次収益である．簡単のために，$\alpha_{i,t}$ が時不変であると仮定し，これは $W_\alpha = 0$ と仮定することに相当する．異なる超過収益の間の相関は，非対角分散行列 V と W_β で説明され，次のようにデータから推定される．

$$V = \begin{bmatrix} 41.06 & 0.01571 & -0.9504 & -2.328 \\ 0.01571 & 24.23 & 5.783 & 3.376 \\ -0.9504 & 5.783 & 39.2 & 8.145 \\ -2.328 & 3.376 & 8.145 & 39.29 \end{bmatrix}$$

$$W_\beta = \begin{bmatrix} 8.153 \cdot 10^{-7} & -3.172 \cdot 10^{-5} & -4.267 \cdot 10^{-5} & -6.649 \cdot 10^{-5} \\ -3.172 \cdot 10^{-5} & 0.001377 & 0.001852 & 0.002884 \\ -4.267 \cdot 10^{-5} & 0.001852 & 0.002498 & 0.003884 \\ -6.649 \cdot 10^{-5} & 0.002884 & 0.003884 & 0.006057 \end{bmatrix}$$

図 3.18 に示されている $\beta_{i,t}$ の平滑化推定値は，以下のコードを用いて得ることができる．

───────────────── **R code** ─────────────────
```
> tmp <- ts(read.table("Datasets/P.dat",
+           header = TRUE), # http://shazam.econ.ubc.ca/intro/P.txt
+           start = c(1978, 1), frequency = 12) * 100
> y <- tmp[, 1 : 4] - tmp[, "RKFREE"]
> colnames(y) <- colnames(tmp)[1 : 4]
> market <- tmp[, "MARKET"] - tmp[, "RKFREE"]
```

3.3 多変量時系列に対するモデル   135

```
   > rm("tmp")
 8 > m <- NCOL(y)
   > ### Set up the model
10 > CAPM <- dlmModReg(market)
   > CAPM$FF <- CAPM$FF %x% diag(m)
12 > CAPM$GG <- CAPM$GG %x% diag(m)
   > CAPM$JFF <- CAPM$JFF %x% diag(m)
14 > CAPM$W <- CAPM$W %x% matrix(0, m, m)
   > CAPM$W[-(1 : m), -(1 : m)] <-
16 +     c(8.153e-07,  -3.172e-05, -4.267e-05, -6.649e-05,
   +      -3.172e-05,   0.001377,   0.001852,   0.002884,
18 +      -4.267e-05,   0.001852,   0.002498,   0.003884,
   +      -6.649e-05,   0.002884,   0.003884,   0.006057)
20 > CAPM$V <- CAPM$V %x% matrix(0, m, m)
   > CAPM$V[] <- c(41.06,      0.01571, -0.9504, -2.328,
22 +                0.01571,   24.23,    5.783,   3.376,
   +               -0.9504,    5.783,   39.2,    8.145,
24 +               -2.328,     3.376,    8.145,  39.29)
   > CAPM$m0 <- rep(0, 2 * m)
26 > CAPM$C0 <- diag(1e7, nr = 2 * m)
   > ### Smooth
28 > CAPMsmooth <- dlmSmooth(y, CAPM)
   > ### plots
30 > plot(dropFirst(CAPMsmooth$s[, m + 1 : m]),
   +      lty = c("13", "6413", "431313", "B4"),
32 +      plot.type = "s", xlab = "", ylab = "Beta")
   > abline(h = 1, col = "darkgrey")
34 > legend("bottomright", legend = colnames(y), bty = "n",
   +        lty = c("13", "6413", "431313", "B4"), inset = 0.05)
```

明らかに，Mobil のベータ値は検討期間中実質一定のままであるが，残りの3つの株は 1980 年頃からだんだん保守的ではなくなり，Weyer と Citicorp は 1984 年頃に積極的な投資の状態に到達している．図 3.18 において，異なる株のベータ推定値が，いかに明確な相関を持つ形で変動しているかに注意して欲しい（ただし，全く変動しない Mobil は除く）．これは，行列 W_β において共分散が正に設定されている結果である．

3.3.4 階　層　DLM

パネルデータやパネル分析に関するもう1つ別の種類の一般的なモデルは，動的階層モデル (dynamic hierarchical model) と呼ばれる（Gamerman and Migon (1993) とその中の参考文献を参照）．これは，階層線型モデルを動的システムに拡張したものであり，Lindley and Smith (1972) によって導入された．

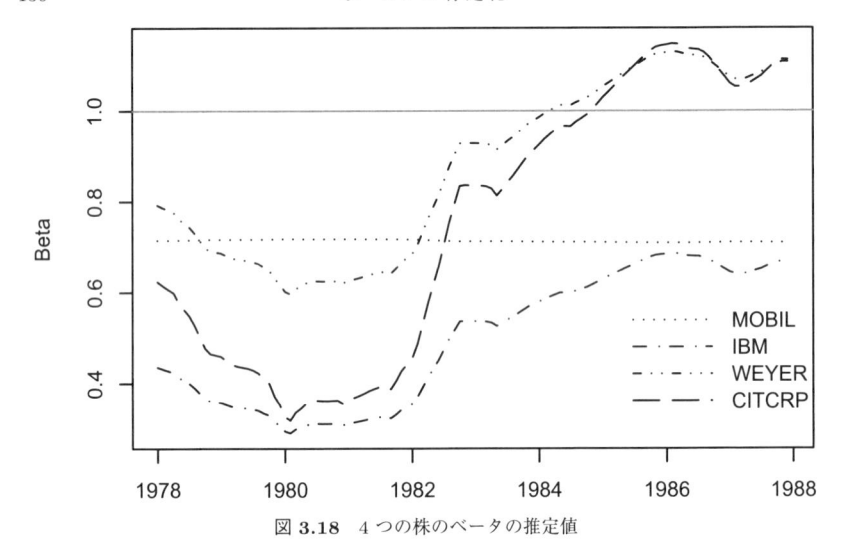

図 3.18 4つの株のベータの推定値

2段階階層 DLM は,次のように特定化される.

$$Y_t = F_{y,t}\theta_t + v_t, \quad v_t \sim \mathcal{N}_m(0, V_{y,t})$$
$$\theta_t = F_{\theta,t}\lambda_t + \epsilon_t, \quad \epsilon_t \sim \mathcal{N}_P(0, V_{\theta,t}) \quad (3.41)$$
$$\lambda_t = G_t\lambda_{t-1} + w_t, \quad w_t \sim \mathcal{N}_k(0, W_t)$$

ここで,攪乱項系列 (v_t), (ϵ_t), (w_t) は独立で,行列 $F_{y,t}$ と $F_{\theta,t}$ はフルランクである.したがって,2段階 DLM では,状態ベクトル θ_t は,それ自体が DLM によってモデル化される.重要なのは,レベルが高くなるにつれ状態パラメータの次元が逓減する点にあり,すなわち $P > k$ となる.

階層 DLM の応用の1つは,多変量時系列において変量効果をモデル化することにある.$Y_t = (Y_{1,t}, \ldots, Y_{m,t})'$ は,時点 t における m 個の単位に対する変数 Y の観測値であるとし,$Y_{i,t}$ が次式のようにモデル化されるとしよう.

$$Y_{i,t} = F_{1,t}\theta_{i,t} + v_{i,t}, \quad v_{i,t} \sim \mathcal{N}(0, \sigma_{i,t}^2) \quad (3.42a)$$

ここで,$i = 1, \ldots, m$ であり,$v_{1,t}, \ldots, v_{m,t}$ は任意の t において独立とする.以前の項では,個々の時系列 $(Y_{i,t})$ を通じた従属性を導入するために,SUTSE モデルを説明した.しかしながら,このモデルでは,共分散行列 W において $m \times m$ の行列のブロックを複数特定化,もしくは推定する必要があり,m が大きいと計算が複雑になる可能性がある.多くの応用では,実際にはより単純な従属性をモデル化するだけで十分であり,特に個別の変量効果を許容する位でも十分である.ここでいうより単純な形式とは,次式のよ

うな仮定をおくことを意味する.

$$\theta_{i,t} = \lambda_t + \epsilon_{i,t}, \qquad \epsilon_{i,t} \sim \mathcal{N}_p(0, \Sigma_t) \qquad (3.42\text{b})$$

$$\lambda_t = G\lambda_{t-1} + w_t, \qquad w_t \sim \mathcal{N}_p(0, W_t) \qquad (3.42\text{c})$$

ここで, $\epsilon_{1,t}, \ldots, \epsilon_{m,t}$ は独立である. 言い換えると, 任意の t において, クロス・セクションの状態ベクトル $\theta_{1,t}, \ldots, \theta_{m,t}$ は, 共通する分布 $\mathcal{N}_p(\lambda_t, \Sigma_t)$ からの無作為標本となる (すなわち, これらの状態ベクトルは λ_t が与えられた下で条件付き i.i.d. となる). したがって, 個々の時系列 $Y_{i,t}$ に対して同じ観測方程式を仮定するものの, 状態の過程において変量効果を許容することで, 個々の時系列を通じた異質性をモデル化する.

(3.42) 式は, (3.41) 式の形の階層 DLM として表現することが可能であり, そのためには, $\theta_t = (\theta'_{1,t}, \ldots, \theta'_{m,t})'$, $v_t = (v_{1,t}, \ldots, v_{m,t})'$, $\epsilon_t = (\epsilon'_{1,t}, \ldots, \epsilon'_{m,t})'$, $V_{y,t} =$ diag$(\sigma^2_{1,t}, \ldots, \sigma^2_{m,t})$, $V_{\theta,t} =$ diag$(\Sigma_t, \ldots, \Sigma_t)$ とし, $F_{y,t}$ は $F_{1,t}$ で与えられるブロックを m 個持つブロック対角行列として, さらに次のようにおく.

$$F_{\theta,t} = \begin{bmatrix} I_p | \cdots | I_p \end{bmatrix}'$$

mp 次元のベクトル θ_t から, p 次元の共通する平均 λ_t に移行することで, 次元が削減される.

変量効果のある動的な回帰モデルの一例を示す. 次の関係を考えよう.

$$Y_{i,t} = x'_{i,t}\theta_{i,t} + v_{i,t}$$

ここで, $Y_{i,t}$ は個々の応答変数であり, 同じ回帰独立変数 $X_1, \ldots, X_p$ によって説明される. この回帰独立変数は時点 t において i 番目の単位に関して, 既知の値 $x_{i,t} = (x_{1,it}, \ldots, x_{p,it})'$ を持つ. 改めて述べると, 回帰係数における変量効果は, ある決まった t において, 同じ回帰独立変数の係数が交換可能であると仮定することによりモデル化できる. より正確には, 次のように仮定する.

$$\theta_{1,t}, \ldots, \theta_{m,t} | \lambda_t \overset{i.i.d.}{\sim} \mathcal{N}_p(\lambda_t, \Sigma_t)$$

次に, (λ_t) に対して動的特性を特定化する. つまり, $\lambda_t = \lambda_{t-1} + w_t$ とし, ここで $w_t \sim \mathcal{N}_p(0, W_t)$ とする.

階層 DLM におけるフィルタリング推定値や平滑化推定値を得る方法の1つは, 観測方程式 (3.41) 式において θ_t を置き換えて, 次のような式とすることである.

$$Y_t = F_{y,t}F_{\theta,t}\lambda_t + v^*_t, \qquad v^*_t \sim \mathcal{N}_m(0, F_{y,t}V_{\theta,t}F'_{y,t} + V_{y,t})$$

$$\lambda_t = G_t\lambda_{t-1} + w_t, \qquad w_t \sim \mathcal{N}(0, W_t)$$

これは DLM の形式であり, 通常の手続きで推定が可能となる. 特に (3.42) 式のモデル

に関して，観測方程式は次のように整理される．

$$Y_t = F_{y,t}F_{\theta,t}\lambda_t + v_t^*$$
$$v_t^* \sim \mathcal{N}\left(0, \text{diag}(F_{1,t}\Sigma_t F_{1,t}' + \sigma_y^2, \ldots, F_{1,t}V_{\epsilon,t}F_{1,t}' + \sigma_y^2)\right)$$

階層 DLM のフィルタリングと予測のための漸化式については，Gamerman and Migon (1993) でさらに検討が行われている．また，Landim and Gamerman (2000) では，多変量時系列に対する拡張が提示されている．

3.3.5 動 的 回 帰

多くの応用では，1 つ以上の説明変数 x に対する変数 Y の時間的な従属性の検討が望まれることがある．各時点 t において，x の異なる値に対して Y を観測し，$((Y_{i,t}, x_i), i = 1, \ldots, m, t \geq 1)$ といった類のクロス・セクションデータの時系列が得られる場合を想定しよう（$x_1, \ldots, x_m$ の値は確定的であり，簡単のためにこれらが時間的に固定とする）．例えば金融における応用では，$Y_{i,t}$ は満期 x_i で 1 ユーロを与えるゼロクーポン債の時点 t での利回りかもしれない．この種のデータが図 3.19 にプロットされている．ここでのデータ[*6)] は 1985 年 1 月から 2000 年 12 月までの毎月の利回りであり，満期は，3，6，9，12，15，18，21，24，30，36，48，60，72，84，96，108，および 120 カ月である．

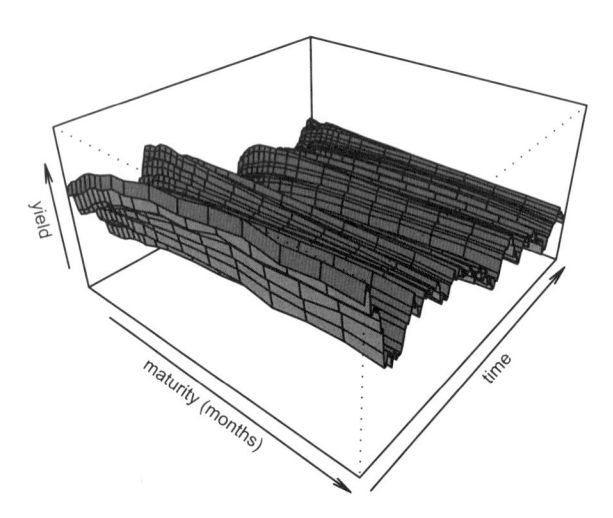

図 **3.19** 1985 年 1 月から 2000 年 12 月までの毎月の利回り (満期は 3，6，9，12，15，18，21，24，30，36，48，60，72，84，96，108，および 120 カ月)

[*6)] 出典: http://www.ssc.upenn.edu/~fdiebold/papers/paper49/FBFITTED.txt

この種のデータに関しては，いくつかの問題が生じる．まず，時点 t において利用可能なクロス・セクションの観測値から，Y_t の x への回帰関数，すなわち $m_t(x) = \mathrm{E}(Y_t | x)$ を推定することができ，これは例えば，新しい値 x_0 において y を補間する目的に使われる．他方，検討対象が m 本の時系列 ($Y_{i,t} : t \geq 1$) の時間的な遷移にある場合も明らかだろう．また，一変量時系列モデルによって，データ ($Y_{i,1}, \ldots, Y_{i,t}$) に基づいて $Y_{i,t+1}$ を予測したいかもしれない．あるいは，m 変量時系列 ($Y_{1,t}, \ldots, Y_{m,t}$), $t \geq 1$ に対して多変量のモデルを特定化することが求められるかもしれない．しかしながら，このアプローチでは共変量 x に対する Y_i の従属性が無視されるため，利用可能な全ての情報が十分に活用されない．実際には，回帰曲線の動的特性を推定することが分析の主目的となることもしばしばある．

この問題における両方の観点，すなわち，データのクロス・セクション的性質と時間的性質を考慮するため，本節で示す提案は，DLM の形で書かれた（セミパラメトリックな）動的回帰モデルである．

簡単のために，x が一変量であるとしよう．柔軟なクロス・セクション回帰モデルは，次のような時点 t における回帰関数の基底関数展開を考えることで得られる．

$$m_t(x) = \mathrm{E}(Y_t | x) = \sum_{j=1}^{k} \beta_{j,t} h_j(x) \tag{3.43}$$

ここで，$h_j(x)$ は既知の基底関数であり（例えば，x のべき乗であれば $m_t(x) = \sum_{j=1}^{\infty} \beta_{j,t} x^j$ であったり，三角関数やスプラインであったりする），$\beta_t = (\beta_{1,t}, \ldots, \beta_{k,t})'$ は展開係数のベクトルである．この考え方では，k が十分大きい場合（原理的には $k \to \infty$），(3.43) 式によって関心のある任意の形の回帰関数 $m_t(x)$ が近似できる．例えば，閉区間上の任意の連続関数は多項式で近似できる．それにもかかわらず，(3.43) 式の類のモデルは単純である．というのも，このモデルはパラメータ $\beta_{j,t}$ に関して線型なためである．時点 t が与えられると，次のような回帰モデルが得られる．

$$Y_{i,t} = \sum_{j=1}^{k} \beta_{j,t} h_j(x_i) + \epsilon_{i,t}, \qquad i = 1, \ldots, m$$

ここで，$\epsilon_{i,t} \overset{i.i.d.}{\sim} \mathcal{N}(0, \sigma^2)$ であり，行列表記では

$$Y_t = F\beta_t + \epsilon_t, \qquad \epsilon_t \sim \mathcal{N}(0, \sigma^2 I_m) \tag{3.44}$$

ここで

$$Y_t = \begin{bmatrix} Y_{1,t} \\ \vdots \\ Y_{m,t} \end{bmatrix}, \quad F = \begin{bmatrix} h_1(x_1) & \cdots & h_k(x_1) \\ \vdots & & \vdots \\ h_1(x_m) & \cdots & h_k(x_m) \end{bmatrix}, \quad \beta_t = \begin{bmatrix} \beta_{1,t} \\ \vdots \\ \beta_{k,t} \end{bmatrix}, \quad \epsilon_t = \begin{bmatrix} \epsilon_{1,t} \\ \vdots \\ \epsilon_{m,t} \end{bmatrix}$$

したがって，β_t は，例えば最小 2 乗法によって簡単に推定できる．

しかしながら，回帰曲線は時間的に遷移する．明らかに，毎日毎日クロス・セクション推定を行っても，問題の全体像は得られない．曲線の動的特性の情報があれば，分析に含めるべきである．ただし，まず最初に曲線 $m_t(x)$ の動的特性をモデリングすることは簡単ではない．これは曲線の次元が無限なためである．しかしながら，$m_t(x)$ は (3.43) 式のように表現されるので，有限次元ベクトルの係数 ($\beta_{1,t}, \ldots, \beta_{k,t}$) の動的特性によって，時間遷移の記述が可能である．系列 (β_t) が次のマルコフ性を持つと仮定しよう．

$$\beta_t = G\beta_{t-1} + w_t, \qquad w_t \sim \mathcal{N}_k(0, W_t)$$

すると，(3.44) 式の観測方程式と上述の状態方程式を持つ DLM が得られる．この状態方程式は，回帰関数の時間遷移をモデル化している．簡単な特定化では，$(\beta_{j,t})_{t \geq 1}$ が独立なランダムウォークであるか，AR (1) 過程であると仮定する．あるいは，ベクトル β_t に対して同時モデルを使用することもできる．しかしながら，注意事項を書いておくのが適切だろう．状態方程式により付加情報が導入されるが，これにより曲線の動的特性にも制約が課される．これはデリケートな問題である．動的特性の特定化が不十分であると，データの当てはめが満足のいく結果とはならない可能性がある．

3.3.6　共 通 因 子

多数の観測系列が少数の共通因子によって変動すると考えることは，時として概念的に有益である．これは，例えば経済の現状を反映する多数の観測可能な系列が，より次元の少ない観測不可能な時系列として表現できると仮定される経済学では一般的なアプローチである．例えば，m 個の観測系列が，p 個 ($p < m$) の相関を持つランダムウォークに線型従属している場合を想定しよう．このモデルは次式のように書くことができる．

$$\begin{aligned} Y_t &= A\mu_t + v_t, & v_t &\sim \mathcal{N}(0, V) \\ \mu_t &= \mu_{t-1} + w_t, & w_t &\sim \mathcal{N}(0, W) \end{aligned} \qquad (3.45)$$

ここで，A は $m \times p$ の固定の因子負荷行列である．このモデルは，因子分析の動的な一般化と見なすことができる．ここで，共通因子 μ_t は時間と共に遷移する．(3.45) 式は $\theta_t = \mu_t$, $F_t = A$ とした DLM に他ならないことに注意する．ただし，本章で確認してきた他の DLM と異なる重要な点が 1 つあり，それは $p < m$ となっている点である．すなわち，状態の次元が観測値の次元より少なくなっている．さらに，システム行列 A は，何ら特定の構造を持たない．標準的な因子分析と同じように，未知パラメータの識別可能性を達成するためには，いくつかの制約条件を課す必要がある．実際，H が $p \times p$ の可逆行列なら，$\tilde{\mu}_t = H\mu_t$, $\tilde{A} = AH^{-1}$ と定義し，(3.45) 式の 2 番目の式に左から H をかけると，次のような等価なモデルが得られる．

3.3 多変量時系列に対するモデル

$$Y_t = \tilde{A}\tilde{\mu}_t + v_t, \qquad v_t \sim \mathcal{N}(0, V)$$

$$\tilde{\mu}_t = \tilde{\mu}_{t-1} + \tilde{w}_t, \qquad \tilde{w}_t \sim \mathcal{N}(0, HWH')$$

A と W は,それぞれ mp 個と $\frac{1}{2}p(p+1)$ 個のパラメータを含んでいるが,各パラメータの組合せは等価なモデルの次元 p^2 (H の要素数) の多様体に属することになるので,(V を除く) 自由パラメータの有効数は, $mp - \frac{1}{2}p(p-1)$ となる.このモデルをパラメータ化して識別可能性を達成する方法の1つは, W を単位行列に設定し, A の (i, j) 要素 $A_{i,j}$ が $j > i$ において 0 となる制約を課すことである. A が $m \times p$ であり $p < m$ であるという事実は, A は分割形式で次のように書けることを示している.

$$A = \begin{bmatrix} T \\ B \end{bmatrix}$$

ここで T は $p \times p$ の下三角行列であり, B は $(m-p) \times p$ の矩形行列である.この結果このパラメータ化によって,パラメータ数が $\frac{1}{2}p(p+1) + p(m-p) = mp - \frac{1}{2}p(p-1)$ だけになることが示されるのは明らかであり,この数は制約のないモデルの自由パラメータの数にちょうど一致している.上記の代わりに W に対角行列を設定し, $A_{i,i} = 1$ かつ $A_{i,j} = 0$ ($j > i$) と仮定するパラメータ化でも,識別可能性が達成される.

(3.45) 式で表されたモデルは, Granger (1981) によって導入された共和分系列の概念に関連している (Engle and Granger (1987) も参照).もし (i) x_t の全ての要素が次数 d で和分されていて (すなわち任意の i において $\Delta^d x_t^{(i)}$ が定常である),(ii) $\alpha' x_t$ が次数 $d - b < d$ で和分されているような非零ベクトル α が存在するならば,ベクトル時系列 x_t の要素は,次数 d, b で共和分されているといわれ, $x_t \sim \text{CI}(d, b)$ と記述される.(3.45) 式における Y_t の要素は,独立なランダムウォーク (簡単のために,要素 μ_0 は独立であると仮定する) の線型結合であるので,次数 1 で和分される. A の列は $\mathbb{R}^m$ 上の p 個のベクトルであるので, $\mathbb{R}^m$ 上で A の列に対して直交する線型独立なベクトルは,少なくとも他に $m - p$ 個存在する. $\alpha' A = 0$ (したがって $\alpha' Y_t = \alpha' v_t$) となる任意の α に関して, $\alpha' Y_t$ は定常,実際にはホワイト・ノイズとなる.このことから, $Y_t \sim \text{CI}(1, 1)$ が示される.共通因子がランダムウォークの代わりに確率的な線型トレンドであるようなモデルでは,観測可能な系列は $\text{CI}(2, 2)$ になることが分かる.

共通因子として一般的に用いられる DLM の他の成分としては,特に経済での応用では季節成分や周期が含まれる.動的因子モデルに関するさらに詳細な内容は, Harvey (1989) に見られる.より最近の検討に関しては, Forni et al. (2000) も参照されたい.

3.3.7 多変量 ARMA モデル

m 次元の多変量の観測値に対する ARMA モデルは,一変量の場合と同様に正式には次の漸化式によって定義される.

$$Y_t = \sum_{j=1}^{p} \Phi_j Y_{t-j} + \epsilon_t + \sum_{j=1}^{q} \Psi_j \epsilon_{t-j} \tag{3.46}$$

ここで (ϵ_t) は，分散が Σ の m 変量ガウス型ホワイト・ノイズ系列であり，Φ_j と Ψ_j は $m \times m$ の行列である．ここで，一般性を失うことなしに過程の平均を 0 とした．(3.46) 式を定常過程として定義するためには，次の複素多項式の根が全て単位円板の外にある必要がある．

$$\det(I - \Phi_1 z - \cdots - \Phi_p z^p) \tag{3.47}$$

多変量 ARMA 過程の DLM 表現は，正式には，本章の初めの方（3.2.5 項）で一変量 ARMA 過程に対して与えた表現を，単に一般化することで得ることができる．すなわち，行列 G において，各 ϕ_j は行列 Φ_j を含むブロックで置き換える必要がある．同様に，行列 R における ψ_j に関しては Ψ_j のブロックで置き換える必要がある．最後に，F, G, R に現れる要素に関して，「1」は全て m 次の単位行列で置き換える必要があり，「0」は全て $m \times m$ の 0 のブロックで置き換える必要がある．例えば，次式のような 2 変量の ARMA $(2,1)$ 過程を考えよう．

$$Y_t = \Phi_1 Y_{t-1} + \Phi_2 Y_{t-2} + \epsilon_t + \Psi_1 \epsilon_{t-1}, \qquad \epsilon_t \sim \mathcal{N}(0, \Sigma) \tag{3.48}$$

ここで，

$$\Psi_1 = \begin{bmatrix} \Psi_{11} & \Psi_{12} \\ \Psi_{21} & \Psi_{22} \end{bmatrix}, \qquad \Phi_i = \begin{bmatrix} \Phi_{11,i} & \Phi_{12,i} \\ \Phi_{21,i} & \Phi_{22,i} \end{bmatrix}, \qquad i = 1, 2 \tag{3.49}$$

この時，(3.48) 式の DLM 表現を定義するために必要なシステム行列と観測行列は，次式の通りとなる．

$$\begin{aligned} F &= \begin{bmatrix} 1 & 0 & 0 & 0 \\ 0 & 1 & 0 & 0 \end{bmatrix} \\ G &= \begin{bmatrix} \Phi_{11,1} & \Phi_{12,1} & 1 & 0 \\ \Phi_{21,1} & \Phi_{22,1} & 0 & 1 \\ \Phi_{11,2} & \Phi_{12,2} & 0 & 0 \\ \Phi_{21,2} & \Phi_{22,2} & 0 & 0 \end{bmatrix} \\ R &= \begin{bmatrix} 1 & 0 \\ 0 & 1 \\ \Psi_{11} & \Psi_{12} \\ \Psi_{21} & \Psi_{22} \end{bmatrix}, \qquad W = R\Sigma R' \end{aligned} \tag{3.50}$$

R では，多変量の場合でも関数 **dlmModARMA** を使用して，ARMA モデルの DLM 表現を生成することができる．また，パッケージ **dse1** も，多変量 ARMA モデルの分析のためのツールを提供する．

多変量 ARMA モデルの詳細な取り扱いに関して，Reinsel (1997) や Lütkepohl (2005) を参照されたい．

多くの応用，特に計量経済学において，移動平均部分のない ARMA モデルは解釈がより容易になるため，しばしば検討される．多変量 AR モデルは，一般的にはベクトル自己回帰 (Vector AutoRegressive: VAR) モデルと呼ばれる．計量経済学では，VAR モデルは予測のためや，マクロ経済変数間もしくは変数のグループ間の関係を検出するために広く使用されている．Y_t を k 個の変数のグループ X_t と $m-k$ 個の変数のグループ Z_t に分割し，$Y_t' = (X_t', Z_t')$ としよう．(X_t) と (Z_t) の間の因果関係を検討することは，しばしば関心の対象となる．この問題を厳密に定義する方法がいくつか存在する．1 つの可能性としては，グランジャー因果性の概念に訴えることである．この因果性は，予測の元になる情報集合にある変数を含めた場合，その他の変数の予測が改善されるかどうかを評価することに基づいている．より正確には，任意の t において，ある $h \geq 1$ に関して次の関係が成立する場合，(X_t) は (Z_t) に対してグランジャー因果的であるという．

$$\mathrm{Var}(\mathrm{E}(Z_{t+h}|z_{1:t})) > \mathrm{Var}(\mathrm{E}(Z_{t+h}|z_{1:t}, x_{1:t}))$$

瞬時的因果性は，2 つの変数グループの間の因果関係に関するもう 1 つ別の概念であり，マクロ経済分析でしばしば用いられる．任意の t において次の関係が成立する場合，(X_t) と (Z_t) の間に瞬時的因果性が存在するという．

$$\mathrm{Var}(\mathrm{E}(Z_{t+1}|y_{1:t})) > \mathrm{Var}(\mathrm{E}(Z_{t+1}|y_{1:t}, x_{t+1}))$$

変数間の関係を検討するさらに別の方法は，インパルス応答分析に基づくアプローチである．詳細に踏み込まずに大まかにいえば，この種の分析では同じように他の変数を含むシステムにおいて，ある変数のショックに対して別の変数がどのように応答するかを理解することが試みられる．

結局，この類の VAR モデルのクラスが大きすぎると，特定のモデルの解釈は容易でなくなる可能性がある．特に，インパルス応答は一般に一意ではない．この問題を克服するため VAR モデルに構造的な制約を課すことができ，これはいわゆる**構造VAR** につながる．構造 VAR に関しては，例えば Amisano and Giannini (1997) を参照されたい．VAR や構造 VAR はまた，共和分（141 ページを参照）の概念を適用するための適切な環境を提供するため，ここ 20 年間で計量経済学者から多くの注目を集めてきた．

ただし，本書では VAR モデルや共和分をこれ以上取り扱わない．興味のある読者は，Lütkepohl (2005), Canova (2007), Pfaff (2008a) を参照されたい．最後の文献では，R における実装も示されている．パッケージ vars (Pfaff, 2008b) は，R における VAR モデルの分析に利用可能である．

本項を終わるに当たって，マクロ経済分析は，専門家の意見が未知のモデルパラメータに対する情報がある事前分布 (informative prior distribution) の形でしばしば利用され，一般に予測と推定を改良するために巧みにモデルに組み込まれている一分野になっていることを指摘しておきたい．しかしながら，意味のある形で VAR モデルの多くのパラメータに対する事前分布を特定化することは簡単なことではないし，これを行うためにいわゆる「ミネソタ事前分布」(Litterman, 1986; Doan et al., 1984) をはじめとするいくつかの簡略法が提案されている．いまではベイジアン VAR についての莫大な数の文献があり，それらについては Canova (2007) とその中の参考文献を参照することを勧める．R では，パッケージ MSBVAR (Brandt, 2008) が，ベイジアン VAR モデルの分析のために使うことができる．

演習問題

3.1 V と W のいろいろな値に対して，ランダムウォーク・プラス・ノイズモデルのパターンを複数シミュレートせよ．

3.2 ローカルレベル・モデルに関して，$\lim_{t \to \infty} C_t = KV$ を示せ．ここで，K は (3.8) 式で定義される．

3.3 $(Y_t, t = 1, 2, \ldots)$ が，ランダムウォーク・プラス・ノイズモデルで記述されるとする．このとき，1 階階差 $Z_t = Y_t - Y_{t-1}$ が定常となり，MA (1) モデルと同じ自己相関関数を持つことを証明せよ．

3.4 V, W_1, W_2 のいろいろな値に対して，線型成長モデルのパターンを複数シミュレートせよ．

3.5 $(Y_t, t = 1, 2, \ldots)$ が，線型成長モデルで記述されるとする．このとき，2 階階差 $Z_t = Y_t - 2Y_{t-1} + Y_{t-2}$ が定常となり，MA (2) モデルと同じ自己相関関数を持つことを示せ．

3.6 次数 n の多項式モデルの予測関数は，$n-1$ 次の多項式となることを示せ．

3.7 線型成長モデルにおける (Y_t) の 2 階階差は，(3.12) 式のようにイノベーションの観点から書けることを確かめよ．

3.8 3.2.6 項で検討されたデータを考える．グローバルトレンドモデル $y_t = \mu_0 + \delta t + \epsilon_t$ で推定を行ってみよ．またその一期先予測残差を確認しコメントせよ．次に，これらのデータに関して，和分ランダムウォーク・モデルや線型成長モデルの結果と比較せよ．

3.9 W が一般的な分散行列の場合でも，フーリエ形式の季節 DLM は周期的な予測関数を持つことを示せ．

3.10 (3.31) 式が成立することを証明せよ．

3.11 定常な 2 変量 VAR (1) 過程の軌跡をシミュレートせよ．またその結果を，非定常な VAR (1) 過程の軌跡と比較せよ．

4
パラメータが未知のモデル

これまでの章では，システム行列の F_t, G_t, V_t および W_t は既知であると仮定して，時系列分析のためのいくつかの基本的な DLM を示した．このために，モデルの振る舞いや一般的性質を検討することがより容易になった．実際には，時系列の応用において，DLM の行列が全て既知であることは非常にまれである．本章では，モデルの行列は未知パラメータのベクトル ψ に依存しているとする．未知パラメータは通常時間的に一定であるが，時間的に遷移する可能性がある例もいくつか提示する．いずれにしても，ψ_t の動的特性は DLM の線型ガウス型の構造を維持するようなものとする．

古典的な枠組みの中では，通常は最尤推定によって ψ を推定することから始まる．研究者の関心が未知パラメータだけなら，分析はここで終わる．他方，観測系列や状態ベクトルの値を平滑化したり予測したりすることに関心があるなら，通常の方法は ψ の推定値をあたかも既知の定数のように用いて，予測や平滑化に第 2 章の適切な手法を適用することである．

ベイジアンの観点からは，未知パラメータはむしろ第 1 章で説明したように確率的な量となる．したがって DLM の文脈では，関心の対象となる事後分布は，観測値が与えられた下での状態ベクトル（あるいは将来の観測）と未知パラメータ ψ の同時条件付き分布となる．後で分かるように，ベイズ推定では，原理的には単純であっても通常解析的には扱いづらい計算が現れる．しかしながら，マルコフ連鎖モンテカルロ法や近代的な逐次モンテカルロ法を用いれば，関心の対象となる事後分布の近似をかなり効率的に得ることができる．

4.1 節では DLM の特定化で生じる未知パラメータの最尤推定について説明するが，本章の残りの部分はベイズ推定に当てられる．

4.1 最 尤 推 定

n 個の確率ベクトル $Y_1, \ldots, Y_n$ があり，その分布が未知パラメータ ψ に依存しているとしよう．パラメータが特定の値をとる場合，観測の同時密度を $p(y_1, \ldots, y_n; \psi)$ と表

4.1 最 尤 推 定

す．尤度関数は，定数因子の違いを除いて，ψ の関数として表される観測データの確率密度として定義される．すなわち，尤度を L で表すと，$L(\psi) =$ 定数 $\cdot p(y_1, \ldots, y_n; \psi)$ と書ける．DLM に対しては，観測値の同時密度を次の形で書くと便利である．

$$p(y_1, \ldots, y_n; \psi) = \prod_{t=1}^{n} p(y_t | y_{1:t-1}; \psi) \tag{4.1}$$

ここで，ψ を未知パラメータの値であるとした時，$p(y_t | y_{1:t-1}; \psi)$ は時点 $t-1$ までのデータが与えられた下での y_t の条件付き密度である．第 2 章から，(4.1) 式の右辺に現れる項は，平均 f_t と分散 Q_t のガウス密度になることが分かる．したがって，対数尤度は次のように書くことができる．

$$\ell(\psi) = -\frac{1}{2} \sum_{t=1}^{n} \log |Q_t| - \frac{1}{2} \sum_{t=1}^{n} (y_t - f_t)' Q_t^{-1} (y_t - f_t) \tag{4.2}$$

ここで，f_t と Q_t は ψ に暗黙的に依存している．(4.2) 式は ψ の MLE を得る場合，数値的に最大化される．

$$\hat{\psi} = \underset{\psi}{\mathrm{argmax}}\, \ell(\psi) \tag{4.3}$$

$\psi = \hat{\psi}$ で評価された $-\ell(\psi)$ のヘッセ行列を H と表す．行列 H^{-1} は，MLE の分散の推定値 $\mathrm{Var}(\hat{\psi})$ になる．一致性の条件は MLE の漸近正規性と同様に，Caines (1988) や Hannan and Deistler (1988) に見ることができる．導入に関しては，Shumway and Stoffer (2000) も参照されたい．いずれにしても一般的に用いられるほとんどの DLM では，一致性や漸近正規性といった通常の MLE の性質が成立する．

ここで数値最適化に関して，注意事項を記載しておくのが適切だろう．DLM の尤度関数には，多数の局所最大が存在する可能性がある．このことは，出発点を変えて最適化処理を開始すると，異なる最大値に到達する可能性があることを示唆している．したがって，最適化に当たっては何度か異なる初期値から開始して，対応する最大値を比較してみるのがよい．一方尤度が平坦すぎると，MLE を探索する際にもう 1 つ別の問題に直面する可能性がある．この場合，異なる初期値から最適化を開始すると，尤度がほとんど同じ値でも，対応する点が非常に異なる結果となる可能性がある．このような場合，典型的には MLE の推定分散は非常に大きくなるだろう．これは，モデルの識別可能性がよくないという兆候である．この場合の解決策は通常，いくつかのパラメータを取り除いてモデルを簡素化することにある．これは，推定やパラメータ自体の解釈が関心の対象である場合特に当てはまる．他方，平滑化や予測が関心の対象であれば，パラメータの識別可能性が不十分なモデルでも，悪くはない結果をもたらすかもしれない．

R では非常に強力な最適化が関数 *optim* として提供されており，この関数は，パッケージ dlm における関数 *dlmMLE* の中で使用される．最適化の世界では関数を最小化す

るのが通例であり，optim も例外ではない．このため，optim はデフォルトでは最小値を探索する．統計学者も，MLE の探索では，負の対数尤度を最小化するという観点で考える傾向がある．こうした観点から，関数 dlmLL はデータセットが与えられると，特定化された DLM に関して負の対数尤度を返す．これは関心の対象になっている DLM の定義に現れるパラメータ ψ に関して，2 段階で得られる合成関数を最小化していると考えることができる．つまり，まず DLM を構築し，次にその DLM を定義する行列の関数として負の対数尤度を評価する．このことを図式的に示すと次のようになる．

$$\psi \overset{構築}{\Longrightarrow} \text{DLM} \overset{対数尤度}{\Longrightarrow} -\ell(\psi)$$

これは，dlmMLE が行っている処理そのものとなる．この関数では，ユーザが定義した DLM を生成する関数 build を受け取り，それを dlmLL と組み合わせて新しい関数を定義し，その結果を optim に渡して実際の最小化を行っている．例えば，Superior 湖の年間降水量のデータを考えよう（93 ページを参照）．データをプロットすると，次数 1 の多項式モデルによって現象が適切に記述できるように思える．以下のコードは，V と W の MLE を見つける方法を示している．

```
                    ───── R code ─────
> y <- ts(read.table("Datasets/lakeSuperior.dat",
+                    skip=3)[, 2], start = c(1900, 1))
> build <- function(parm) {
+     dlmModPoly(order = 1, dV = exp(parm[1]), dW = exp(parm[2]))
+ }
> fit <- dlmMLE(y, rep(0,2), build)
> fit$convergence
[1] 0
> unlist(build(fit$par)[c("V","W")])
        V         W
9.4654447 0.1211534
```

2 つの未知の分散に関して，これらの対数をパラメータとしている．これは，最適化プログラムが，これらのパラメータの負の値を調べ続けるような問題を回避するためである．dlmMLE から得られた値は，呼び出した optim から返されたリストである．特に，要素 convergence は，常に確認する必要がある．この値が非零であれば，最小値への収束が達成されていない知らせとなる．dlmMLE で... という引数を使うと，名前付きの引数を追加で optim へ渡すことができる．例えば，引数に hessian=TRUE を追加すると，optim を呼び出す際にそれが含められ，最小値で数値評価されたヘッセ行列を optim から返すようにすることができる．ヘッセ行列は，MLE の要素の標準誤差を推定するために，より一般的には，これまで詳しく述べた MLE の推定の分散行列を得るため，使用すること

ができる．前の例では，$\psi = (\log(V), \log(W))$ をモデルのパラメータとしたので，ヘッセ行列から推定される標準誤差は，対数形式のパラメータの MLE に関連している．V と W の MLE の標準誤差を得るためには，デルタ法が適用できる．ここで，デルタ法の一般的な多変量形式を再確認してみよう．ψ が h 次元であり，$g: \mathbb{R}^h \to \mathbb{R}^k$ は 1 次導関数が連続である関数としよう．任意の $\psi = (\psi_1, \ldots, \psi_h) \in \mathbb{R}^h$ において $g(\psi) = (g_1(\psi), \ldots, g_k(\psi))$ と書き，g の導関数を次のような $k \times h$ の行列として定義する．

$$Dg = \begin{bmatrix} \dfrac{\partial g_1}{\partial \psi_1} & \cdots & \dfrac{\partial g_1}{\partial \psi_h} \\ \vdots & & \vdots \\ \dfrac{\partial g_k}{\partial \psi_1} & \cdots & \dfrac{\partial g_k}{\partial \psi_h} \end{bmatrix} \quad (4.4)$$

つまり，Dg の i 行目が g_i の勾配となる．$\widehat{\Sigma}$ を MLE $\hat{\psi}$ の推定の分散行列とすれば，$g(\psi)$ の MLE は $g(\hat{\psi})$ であり，その推定の分散は $Dg(\hat{\psi})\widehat{\Sigma}Dg(\hat{\psi})'$ となる．この例では，$g(\psi) = (\exp(\psi_1), \exp(\psi_2))$ なので，次式が成立する．

$$Dg(\psi) = \begin{bmatrix} \exp(\psi_1) & 0 \\ 0 & \exp(\psi_2) \end{bmatrix} \quad (4.5)$$

最大化対数尤度のヘッセ行列とデルタ法を用いて，以下のコードのように，R で推定された分散の標準誤差を計算することができる．

```
> fit <- dlmMLE(y, rep(0,2), build, hessian=T)
> avarLog <- solve(fit$hessian)
> avar <- diag(exp(fit$par)) %*% avarLog %*%
+    diag(exp(fit$par)) # Delta method
> sqrt(diag(avar)) # estimated standard errors
[1] 1.5059107 0.1032439
```

デルタ法の利用に代わる方法として，新たなパラメータ $g(\psi)$ の関数として表される対数尤度のヘッセ行列を，$g(\hat{\psi})$ で数値的に計算することもできる．推奨するパッケージ nlme には関数 *fdHess* があり，次の部分的なコードの中ではそれを使用している．

```
> avar1 <- solve(fdHess(exp(fit$par), function(x)
+                  dlmLL(y,build(log(x))))$Hessian)
> sqrt(diag(avar1))
[1] 1.5059296 0.1032136   # estimated standard errors
```

この例では，V と W によってモデルのパラメータ化を行い，*dlmMLE* から返されたヘッセ行列を用いて推定された標準誤差を直接計算する．しかしながらこの場合，パラメータ空間に関して元々注意深く制約が設けられている必要があり，2 つの分散に対する下

限を与えるべきである．デフォルトの最適化法 L-BFGS-B は，パラメータ空間上での制約が許される唯一の方法であり，この制約はパラメータの要素の境界として表されることに注意する．dlm の関数では行列 V が正則となる必要があり，以下のコードではこのことを反映して V の下限を 10^{-6} としている．データのスケールにもよるが，ほとんどの実用的な目的において 10^{-6} は 0 と考えることができるだろう．

─────────────── **R code** ───────────────
```
> build <- function(parm) {
+     dlmModPoly(order=1, dV=parm[1], dW=parm[2])
+ }
> fit <- dlmMLE(y, rep(0.23,2), build, lower=c(1e-6,0),
+                hessian=T)
> fit$convergence
[1] 0
> unlist(build(fit$par)[c("V","W")])
        V         W
9.4654065 0.1211562
> avar <- solve(fit$hessian)
> sqrt(diag(avar))
[1] 1.5059015 0.1032355
```
─────────────────────────────────────

最後に，R の基本パッケージに存在する関数 *StructTS* について言及しよう．この関数は，いくつかの特定の一変量 DLM における攪乱項の分散の MLE を求めるために用いることができる．引数 *type* は，使用するモデルを選択する．ここで利用可能なモデルは，1 次の多項式モデル (*type="level"*)，2 次の多項式モデル (*type="trend"*)，および，2 次の多項式モデルプラス季節成分 (*type="BSM"*) である．標準誤差は *StructTS* からは返されないし，関数の返り値からも簡単に計算できない．

─────────────── **R code** ───────────────
```
> StructTS(y,"level")

Call:
StructTS(x = y, type = "level")

Variances:
  level  epsilon
 0.1212   9.4654
```
─────────────────────────────────────

4.2　ベイズ推定

フィルタリング漸化式や平滑化漸化式に MLE $\hat{\psi}$ を使うのは一般的な慣習ではあるが，ψ の不確実性を適切に考慮しづらいという欠点がある．ベイズアプローチでは，より一貫

4.2 ベイズ推定

した問題の定式化が提供される．未知パラメータ ψ は，確率ベクトルと見なされる．過程 (Y_t) と (θ_t) に対する状態空間モデルの一般的な仮説（40 ページの仮定 (A.1) と (A.2)）は，パラメータ ψ の条件付きで成立していると仮定される．ψ についての事前の知識は，確率法則 $\pi(\psi)$ を通じて表現される．したがって，任意の $n \geq 1$ において，次を仮定する（(2.3) 式と比較せよ）．

$$(\theta_0, \theta_1, \ldots, \theta_n, Y_1, \ldots, Y_n, \psi) \sim \pi(\theta_0|\psi)\pi(\psi)\prod_{t=1}^{n}\pi(y_t|\theta_t, \psi)\pi(\theta_t|\theta_{t-1}, \psi) \quad (4.6)$$

データ $y_{1:t}$ が与えられた場合，時点 s における未知の状態 θ_s とパラメータの推定は，それらの同時事後分布を計算することで求められる．

$$\pi(\theta_s, \psi|y_{1:t}) = \pi(\theta_s|\psi, y_{1:t})\pi(\psi|y_{1:t}) \quad (4.7)$$

ここで通常のように，フィルタリングの問題では $s = t$，状態予測では $s > t$，そして平滑化では $s < t$ に関心が持たれる．θ_s の周辺条件付き密度は (4.7) 式から得られる．例えば，フィルタリング密度は次で与えられる．

$$\pi(\theta_t|y_{1:t}) = \int \pi(\theta_t|\psi, y_{1:t})\pi(\psi|y_{1:t})d\psi$$

ここで，フィルタリングの漸化式は第 2 章で与えられており，条件付き密度 $\pi(\theta_t|\psi, y_{1:t})$ を計算するために用いることができる．しかしながら，今回はデータが与えられた下での ψ の事後分布に関して平均化が行われる．

時点 t までの全ての未知の状態の履歴を再構築することに，しばしば関心を持たれることがある．データ $y_{1:t}$ が与えられた下での $\theta_{0:t}$ と ψ の推定は，それらの同時事後密度によって表される．

$$\pi(\theta_{0:t}, \psi|y_{1:t}) = \pi(\theta_{0:t}|\psi, y_{1:t})\pi(\psi|y_{1:t}) \quad (4.8)$$

原理的には，事後密度 (4.8) 式はベイズの法則から得ることができる．いくつかの簡単なモデルで共役事前分布を用いると，閉形式で計算が可能となる．このようないくつかの例を次節で示す．多くの場合，計算は解析的には取り扱えない．しかしながら，MCMC 法や逐次モンテカルロアルゴリズムは，関心のある事後分布を近似するためのかなり効率的な手法であり，このことが近年ベイズ推定が状態空間モデルに大きな衝撃をもたらした一因である．

事後分布

MCMC，特にギブス・サンプリング・アルゴリズムは，同時事後分布 $\pi(\theta_{0:t}, \psi|y_{1:t})$ を近似するために広く用いられる．π からのギブス・サンプリングでは，全条件付き分布 $\pi(\theta_{0:t}|\psi, y_{1:t})$ や $\pi(\psi|\theta_{0:t}, y_{1:t})$ からシミュレーションを繰り返すことが必要である．全条

件付き分布 $\pi(\theta_{0:t}|\psi, y_{1:t})$ からの効率的な標本抽出アルゴリズムは既に開発されており，4.4.1 項で示される．さらに，DLM の条件付き独立性の仮定を利用すると，全条件付き密度 $\pi(\psi|\theta_{0:t}, y_{1:t})$ の計算は通常 $\pi(\psi|y_{1:t})$ よりも容易である．このような全条件付き密度は明らかに問題に固有のものではあるが，次節ではいくつかの例を提示する．

こうして，π を近似するためにギブス・サンプリング・アルゴリズムを実装することができる．$\pi(\theta_{0:t}, \psi|y_{1:t})$ からの標本は，フィルタリング密度 $\pi(\theta_t|y_{1:t})$ や周辺平滑化密度 $\pi(\theta_s|y_{1:t})$, $s < t$ を近似するためにも使用することができる．また後で分かるように，これによって，状態と観測の予測分布 $\pi(\theta_{t+1}, y_{t+1}|y_{1:t})$ から標本をシミュレートすることも可能になる．したがって，このアプローチによって未知パラメータを伴う DLM のフィルタリング，平滑化，および予測の問題が同時に解決することになる．

フィルタリングとオンライン予測

上で説明した MCMC プロシジャーの短所は，これらが再帰的な推定，あるいはオンライン推定向きには設計されていない点にある．新しい観測 y_{t+1} が利用可能になった際，関心の対象である分布は $\pi(\theta_{0:t+1}, \psi|y_{1:t+1})$ となるが，そのためには再び新たに MCMC を 1 から実行して標本を得る必要がある．このような計算は非効率であり，特に新しいデータが頻繁に到着してオンライン型の分析が必要とされる応用では問題となる．第 2 章で説明したように，DLM の魅力的な特徴の 1 つはフィルタ公式の再帰的な性質にあり，これにより，新しいデータが利用可能になった際に効率的に推定を更新することができる．DLM に未知パラメータが存在しない場合は，カルマン・フィルタによって与えられる推定-誤差修正の公式によって，計算を全てやり直すことなしに，$\pi(\theta_t|y_{1:t})$ から $\pi(\theta_{t+1}|y_{1:t+1})$ が計算できた．未知パラメータ ψ が存在する場合でも同様に，$\pi(\theta_{0:t}, \psi|y_{1:t})$ から生成した標本を利用して，MCMC を 1 からやり直すことなしに，$\pi(\theta_{0:t+1}, \psi|y_{1:t+1})$ からのシミュレーションを行いたいと考えるのが普通だろう．近代的な逐次モンテカルロ法，特に粒子フィルタという名称で動作するアルゴリズム群はこの目的のために使用することができ，効率的なオンライン分析や状態と未知パラメータの事後分布をシミュレーションに基づいて逐次更新することが可能となる．ただし，これらの手法は第 5 章で説明する．

4.3 共役ベイズ推定

いくつかの簡単な場合では，ベイズ推定は共役事前分布を用いた閉形式で実行することができる．ここではその一例を示す．

第 3 章で示したようなシステム行列 F_t と G_t が既知となる単純な構造のモデルの場合でさえ，共分散行列 V_t と W_t が完全に既知となることは非常にまれである．したがって，

4.3 共役ベイズ推定

問題の基本は V_t と W_t を推定することとなる．ここでは，V_t と W_t が共通の尺度因子を除いて既知であるような簡単な場合を考える．すなわち，$V_t = \sigma^2 \tilde{V}_t$ と $W_t = \sigma^2 \tilde{W}_t$ において，σ^2 が未知の場合である．このような共分散行列の特定化については，第1章の 1.5 節における静的な線型回帰モデルの場合で説明を行った．古典的な例では $V_t = \sigma^2 I_m$ となる．なお，割引因子を用いて $\tilde{W}_t$ を特定化する興味深い方法は後で説明する．

4.3.1 未知の共分散行列：共役推定

$((Y_t, \theta_t) : t = 1, 2, \ldots)$ が，次のような DLM で記述されるとしよう．

$$V_t = \sigma^2 \tilde{V}_t, \qquad W_t = \sigma^2 \tilde{W}_t, \qquad C_0 = \sigma^2 \tilde{C}_0 \tag{4.9}$$

ここで，全ての行列，$\tilde{V}_t$，$\tilde{W}_t$ それに $\tilde{C}_0$ だけでなく，F_t や G_t も既知であると仮定する．他方，尺度パラメータ σ^2 は未知となる．通常のベイズ推定と同じように，この逆数 $\phi = 1/\sigma^2$ を扱うと便利である．したがって，不確実性は状態ベクトルとパラメータ ϕ に全て存在することになる．DLM により，ϕ が与えられた下での (Y_t, θ_t) の条件付き確率分布が与えられる．特にこのモデルでは任意の $t \geq 1$ において，次の関係が仮定される．

$$Y_t | \theta_t, \phi \sim \mathcal{N}_m(F_t \theta_t, \phi^{-1} \tilde{V}_t)$$

$$\theta_t | \theta_{t-1}, \phi \sim \mathcal{N}_p(G_t \theta_{t-1}, \phi^{-1} \tilde{W}_t)$$

(ϕ, θ_0) の事前分布として，次のように共役な正規-ガンマ事前分布（付録Aを参照）を選ぶと便利である．

$$\phi \sim \mathcal{G}(\alpha_0, \beta_0), \qquad \theta_0 | \phi \sim \mathcal{N}(m_0, \phi^{-1} \tilde{C}_0)$$

これを，$(\theta_0, \phi) \sim \mathcal{NG}(m_0, \tilde{C}_0, \alpha_0, \beta_0)$ と表す．ここで，フィルタリングに関して次のような漸化式が得られる．これは，未知パラメータを伴わない DLM に対して有効な漸化式と類似していることに注意する．

命題 4.1 上述の DLM において，$t \geq 1$ の時

$$(\theta_{t-1}, \phi) | y_{1:t-1} \sim \mathcal{NG}(m_{t-1}, \tilde{C}_{t-1}, \alpha_{t-1}, \beta_{t-1})$$

ならば，以下の項目が成立する．

(i) $(\theta_t, \phi) | y_{1:t-1}$ の一期先予測密度は，パラメータが $(a_t, \tilde{R}_t, \alpha_{t-1}, \beta_{t-1})$ の正規-ガンマ分布である．

$$a_t = G_t m_{t-1}, \qquad \tilde{R}_t = G_t \tilde{C}_{t-1} G_t' + \tilde{W}_t \tag{4.10}$$

(ii) $Y_t | y_{1:t-1}$ の一期先予測密度は，パラメータが $(f_t, \tilde{Q}_t \beta_{t-1}/\alpha_{t-1}, 2\alpha_{t-1})$ のスチューデント t 分布である．

$$f_t = F_t a_t, \qquad \tilde{Q}_t = F_t \tilde{R}_t F_t' + \tilde{V}_t \tag{4.11}$$

(iii) $(\theta_t, \phi|y_{1:t})$ のフィルタリング密度は，次のパラメータを持つ正規-ガンマ分布となる．

$$\begin{aligned}
m_t &= a_t + \tilde{R}_t F_t' \tilde{Q}_t^{-1}(y_t - f_t) \\
\tilde{C}_t &= \tilde{R}_t - \tilde{R}_t F_t' \tilde{Q}_t^{-1} F_t \tilde{R}_t \\
\alpha_t &= \alpha_{t-1} + \frac{m}{2} \\
\beta_t &= \beta_{t-1} + \frac{1}{2}(y_t - f_t)' \tilde{Q}_t^{-1}(y_t - f_t)
\end{aligned} \qquad (4.12)$$

証明 **4.1**

(i) $\theta_{t-1}, \phi|y_{1:t-1} \sim \mathcal{NG}(m_{t-1}, \tilde{C}_{t-1}, \alpha_{t-1}, \beta_{t-1})$ と仮定する（これは $t = 1$ では真である）．特に，これは $\phi|y_{1:t-1} \sim \mathcal{G}(\alpha_{t-1}, \beta_{t-1})$ を意味する．命題 2.2 の (i) によって

$$\theta_t|\phi, y_{1:t-1} \sim \mathcal{N}_p(a_t, \phi^{-1}\tilde{R}_t)$$

ここで，a_t と $\tilde{R}_t$ は (4.10) 式で与えられる．したがって，$(\theta_t, \phi)|y_{1:t-1} \sim \mathcal{NG}(a_t, \tilde{R}_t, \alpha_{t-1}, \beta_{t-1})$ となる．

(ii) また，命題 2.2 の (ii) の部分から，

$$Y_t|\phi, y_{1:t-1} \sim \mathcal{N}_m(f_t, \phi^{-1}\tilde{Q}_t)$$

ここで，f_t と $\tilde{Q}_t$ は (4.11) 式で与えられる．そこで，$(Y_t, \phi)|y_{1:t-1} \sim \mathcal{NG}(f_t, \tilde{Q}_t, \alpha_{t-1}, \beta_{t-1})$ を得る．対応する $Y_t|y_{1:t-1}$ の周辺密度は，命題 4.1 の (ii) のようにスチューデント t 分布となる．

(iii) 新しい観測値 Y_t に対して，尤度は，

$$Y_t|\theta_t, \phi \sim \mathcal{N}_m(F_t\theta_t, \phi^{-1}\tilde{V}_t)$$

である．第 1 章で説明した線型回帰における正規-ガンマ事前分布の定理を適用すると（22 ページの (1.11) 式と (1.12) 式を利用），$y_{1:t}$ が与えられた下での (θ_t, ϕ) の分布は，改めて (4.12) 式で定義されるパラメータを持つ $\mathcal{NG}(m_t, \tilde{C}_t, \alpha_t, \beta_t)$ となる結果が得られる．

□

スチューデント t 分布の性質から，$y_{1:t-1}$ が与えられた下での Y_t の一期先予測は，$\mathrm{E}(Y_t|y_{1:t-1}) = f_t$ となり，その共分散行列は，$\mathrm{Var}(Y_t|y_{1:t-1}) = \tilde{Q}_t\beta_{t-1}/(\alpha_{t-1} - 1)$ となる．

命題 4.1 の (iii) から，$y_{1:t}$ が与えられた下での $\sigma^2 = \phi^{-1}$ の周辺フィルタリング密度は逆ガンマ分布で，そのパラメータは (α_t, β_t) である．ここで $\alpha_t > 2$ に対して

$$\mathrm{E}(\sigma^2|y_{1:t}) = \frac{\beta_t}{\alpha_t - 1}, \quad \mathrm{Var}(\sigma^2|y_{1:t}) = \frac{\beta_t^2}{(\alpha_t - 1)^2(\alpha_t - 2)}$$

状態の周辺フィルタリング密度は，スチューデント t 分布である．

$$\theta_t|y_{1:t} \sim \mathcal{T}(m_t, \tilde{C}_t\beta_t/\alpha_t, 2\alpha_t)$$

ここで

$$\mathrm{E}(\theta_t|y_{1:t}) = m_t, \quad \mathrm{Var}(\theta_t|y_{1:t}) = \frac{\beta_t}{\alpha_t - 1}\tilde{C}_t \qquad (4.13)$$

もし σ^2 が既知であったら，カルマン・フィルタは，共分散行列 $\mathrm{Var}(\theta_t|y_{1:t}) = \sigma^2\tilde{C}_t$ の下で，同じ点推定値 $\mathrm{E}(\theta_t|y_{1:t}) = m_t$ を与える．ここではその代わり，σ^2 が未知の値なのでその条件付き期待値 $\beta_t/(\alpha_t - 1)$ で置き換わり，(4.13) 式となる．不確実性が大きくなるほど，フィルタリング密度の裾はガウス密度より厚くなる（問 4.2 を参照）．

平滑化に関しては

$$(\theta_T, \phi|y_{1:T}) \sim \mathcal{NG}(s_T, \tilde{S}_T, \alpha_T, \beta_T) \qquad (4.14)$$

ここで，$s_T = m_T, \tilde{S}_T = \tilde{C}_T$ であり

$$\pi(\theta_t, \phi|y_{1:T}) = \pi(\theta_t|\phi, y_{1:T})\pi(\phi|y_{1:T}), \qquad t = 0, \ldots, T \qquad (4.15)$$

と書けることに注意する．ϕ の条件の下で，第 1 章の正規理論を適用すると，$y_{1:T}$ の条件の下で (θ_t, ϕ) は正規-ガンマ分布に従うことが示される．これらのパラメータは，正規分布の場合に導かれた式と似た漸化式を用いて計算することができる．すなわち，$t = T - 1, \ldots, 0$ において

$$s_t = m_t + \tilde{C}_t G'_{t+1}\tilde{R}^{-1}_{t+1}(s_{t+1} - a_{t+1})$$
$$\tilde{S}_t = \tilde{C}_t - \tilde{C}_t G'_{t+1}\tilde{R}^{-1}_{t+1}(\tilde{R}_{t+1} - \tilde{S}_{t+1})\tilde{R}^{-1}_{t+1}G_{t+1}\tilde{C}_t$$

とすると次式になる．

$$\theta_t, \phi|y_{1:T} \sim \mathcal{NG}(s_t, \tilde{S}_t, \alpha_T, \beta_T) \qquad (4.16)$$

4.3.2 割引因子による W_t の特定化

前項で説明した共役ベイズ分析は，行列 $\tilde{V}_t, \tilde{W}_t$ および $\tilde{C}_0$ が既知であるという強い制約が仮定できる場合に適用できる．しかしながら，$\tilde{V}_t = I_m$ とし，$\tilde{W}_t$ が割引因子 (discount factor) として知られている手法で特定化される興味深い場合が存在する．ここではまず，割引因子について分かりやすい説明を行う．割引因子の詳細な説明については，West and Harrison (1997, 6.3 章) を参照して欲しい．

よく強調されるように（例えば，第 2 章の 59 ページを参照），状態遷移の共分散行列 W_t の構造や大きさは，状態を推定したり予測する際に過去の観測の役割を決定する極めて重要な役割を担っている．ここで簡単のために，W_t が対角行列である場合を考えよう．W_t の対角要素における大きな値は，状態遷移において不確実性が高いことを示唆してお

り，θ_{t-1} から θ_t に遷移する際に多数の標本の情報が失われる．つまり，過去の観測 $y_{1:t-1}$ は θ_{t-1} の情報を与えるが，θ_t を予測する際に θ_{t-1} の関与は少なくなり，事実上，$\theta_t|y_{1:t}$ の推定値を主に決定するのは，現在の観測 y_t となる．カルマン・フィルタの漸化式では，$y_{1:t-1}$ が与えられた下での θ_{t-1} の不確実性は，条件付き共分散行列 $\mathrm{Var}(\theta_{t-1}|y_{1:t-1}) = C_{t-1}$ に要約されている．状態方程式 $\theta_t = G_t\theta_{t-1} + w_t$ を通じて状態が θ_{t-1} から θ_t に遷移する際不確実性は増加し，$\mathrm{Var}(\theta_t|y_{1:t-1}) = R_t = G_t C_{t-1} G_t' + W_t$ となる．したがって，$W_t = 0$，すなわち状態方程式に誤差がないならば，$R_t = \mathrm{Var}(G_t\theta_{t-1}|y_{1:t-1}) = P_t$ となる．そうでない場合，$R_t = P_t + W_t$ と増える．このような意味で，W_t は θ_{t-1} から θ_t に遷移する際の情報の損失を表していることになる．この損失は，状態遷移における確率的な攪乱要素に起因するものであり，その程度は P_t に対する W_t の大きさに依存する．したがって，次のように W_t を P_t の割合で表現して考えることができる．

$$W_t = \frac{1-\delta}{\delta} P_t$$

ここで，$\delta \in (0, 1]$ である．この結果，$R_t = 1/\delta P_t$（ここで $1/\delta > 1$）となる．このパラメータ δ は 割引因子 (discount factor) と呼ばれる．その理由は，このパラメータによって行列 P_t が「割り引かれる」ためで，確定的な状態遷移で行列 R_t が導かれるようになる．$\delta = 1$ の場合 ($W_t = 0$)，θ_{t-1} から θ_t への遷移において情報の損失はなく，$\mathrm{Var}(\theta_t|y_{1:t}) = \mathrm{Var}(G_t\theta_{t-1}|y_{1:t-1}) = P_t$ となる．$\delta < 1$ の場合，例えば $\delta = 0.8$ であれば，$\mathrm{Var}(\theta_t|y_{1:t}) = (1/0.8)\mathrm{Var}(G_t\theta_{t-1}|y_{1:t-1}) = 1.25 P_t$ となり，より大きな不確実性を示すことになる．実際には，割引因子の値は通常 0.9 から 0.99 の間に固定されるか，もしくは，例えば，δ の値を変えてモデルの予測パフォーマンスを確認する等のモデル選択診断によって選択される．

割引因子の特定化は共役事前分布と共に用いられ，この場合 (4.9) 式において次のようにおく．

$$\tilde{W}_t = \frac{1-\delta}{\delta} G_t \tilde{C}_{t-1} G_t' \tag{4.17}$$

こうすると，$\tilde{C}_0$ と $\tilde{V}_t$ が与えられれば（例えば $\tilde{V}_t = I_m$），$\tilde{W}_t$ の値は全ての t で再帰的に計算が可能となる．状態遷移における共分散行列は時不変ではない．しかしながら，いったん $\tilde{C}_0$，$\tilde{V}_t$ およびシステム行列 F_t と G_t が与えられると，その動的特性は完全に確定する．さらに改善を行う方法としては，状態ベクトルの要素別に異なる割引因子 δ_i を適用することが考えられる．

実際例

簡単な実例として，改めてランダムウォーク・プラス・ノイズとしてモデル化を行った（148 ページ参照）Superior 湖における年間降水量のデータを考える．4.1 節では，未

4.3 共役ベイズ推定

知の分散 $V_t = \sigma^2$ と $W_t = W$ は最尤法によって推定された.ここでは,割引因子で特定化した $\tilde{W}_t$ を用いて,ベイズ流共役推定を考える.

既知の共分散行列 $\tilde{C}_0$ と $\tilde{V}$ ((4.9) 式で $\sigma^2 = 1$ とした場合),それに $\tilde{W}_t$ を持つ DLM では,カルマン・フィルタによって $\tilde{C}_t$ や $\tilde{R}_t$ と同様に,a_t, f_t, m_t といった量が計算できることに注意しよう.実際には,状態遷移の分散 $\tilde{W}_t$ は $t = 1$ では既知であるが,$t > 1$ では (4.17) 式に従って逐次的に割り当てられる.すなわち,$t = 2, 3, \ldots$ の各々において,$t - 1$ で得られた結果から $\tilde{W}_t$ を計算する必要があり,その後に,カルマン・フィルタの漸化式 (4.10) 式～(4.12) 式を使用する.このようなステップは,関数 dlmFilter をわずかに変更すれば,R で容易に実装することができる.利用者の利便性のために,これらの処理を関数 dlmFilterDF にて提供する(この関数は,本書のウェブサイトから取得可能である).dlmFilterDF の引数は,データ y,モデル mod (F_t, G_t および V_t は時不変と仮定する)と割引因子 DF である.この関数は,dlmFilter の場合と同様に,任意の t における m_t, a_t, f_t の値や $\tilde{C}_t$ と $\tilde{R}_t$ の SVD を返す.さらに,割引因子を用いて得られた行列 W_t の SVD も返す.

未知の精度 ϕ のフィルタリング分布のパラメータは (4.12) 式から計算でき,次のようになる.

$$\alpha_t = \alpha_0 + \frac{t}{2}$$
$$\beta_t = \beta_0 + \frac{1}{2} \sum_{i=1}^{t} (y_i - f_i)^2 \tilde{Q}_i^{-1} = \beta_0 + \frac{1}{2} \sum_{i=1}^{t} \tilde{e}_i^2$$

ここで,標準化イノベーション $\tilde{e}_t$ と標準偏差 $\tilde{Q}_t^{1/2}$ は,関数 residuals を呼び出すことで得られる.最終的に Q_t と C_t は次のように計算できる.

$$Q_t = \text{Var}(Y_t | y_{1:t-1}) = \tilde{Q}_t \frac{\beta_{t-1}}{\alpha_{t-1} - 1}$$
$$C_t = \text{Var}(\theta_t | y_{1:t}) = \tilde{C}_t \frac{\beta_t}{\alpha_t - 1}$$

平滑化に関しては,関数 dlmSmooth を呼び出すことで,s_t と $\tilde{S}_t$ が計算できる.ただしこの関数には行列 W_t を変えて入力する必要があり,その W_t は dlmFilterDF の出力として得られていることに注意しよう.最終的に得られる S_t は次のようになる.

$$S_t = \text{Var}(\theta_t | y_{1:T}) = \tilde{S}_t \frac{\beta_T}{\alpha_T - 1}$$

Superior 湖のデータの例において,事前分布の超パラメータとして,$m_0 = 0$, $\tilde{C}_0 = 10^7$, $\alpha_0 = 2$, $\beta_0 = 20$ を選んだので $E(\sigma^2) = \beta_0 / (\alpha_0 - 1) = 20$ となり,割引因子を $\delta = 0.9$ とする.図 4.1 は,レベルのフィルタリング推定値 m_t,平滑化推定値 s_t,一期先点予測 f_t と,各々の 90%確率区間(問 4.2 を参照)を示している.

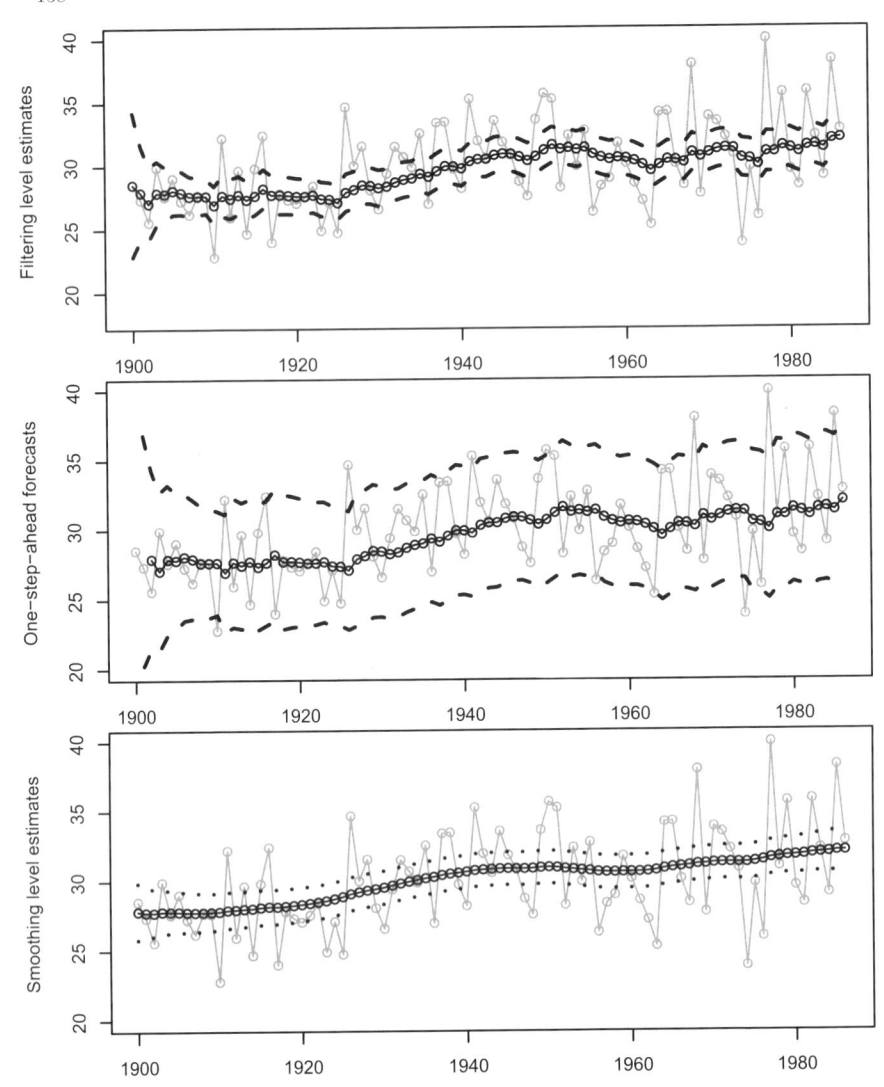

図 4.1 Superior 湖の年間降水量 (灰色) と，レベルのフィルタリング推定値，平滑化推定値，および一期先予測

---------- R code ----------
```
> y <- ts(read.table("Datasets/lakeSuperior.dat",
+                    skip = 3)[, 2], start = c(1900, 1))
> mod <- dlmModPoly(1, dV = 1)
```

```
 4  > modFilt <- dlmFilterDF(y, mod, DF = 0.9)
    > beta0 <- 20; alpha0 <- 2
 6  > ## Filtering estimates
    > out <- residuals(modFilt)
 8  > beta <- beta0 + cumsum(out$res^2) / 2
    > alpha <- alpha0 + (1 : length(y)) / 2
10  > Ctilde <- unlist(dlmSvd2var(modFilt$U.C, modFilt$D.C))[-1]
    > prob <- 0.95
12  > tt <- qt(prob, df = 2 * alpha)
    > lower <-  dropFirst(modFilt$m) - tt * sqrt(Ctilde * beta /
14  +                                                           alpha)
    > upper <-  dropFirst(modFilt$m) + tt * sqrt(Ctilde * beta /
16  +                                                           alpha)
    > plot(y, ylab = "Filtering level estimates", type = "o",
18  +    ylim = c(18, 40), col = "darkgray")
    > lines(dropFirst(modFilt$m), type = "o")
20  > lines(lower, lty = 2, lwd = 2)
    > lines(upper, lty = 2, lwd = 2)
22  > ## One-step-ahead forecasts
    > sigma2 <- c(beta0 / (alpha0-1), beta / (alpha-1))
24  > Qt <- out$sd^2 * sigma2[-length(sigma2)]
    > alpha0T = c(alpha0,alpha)
26  > tt <- qt(prob, df = 2 * alpha0T[-length(alpha0T)])
    > parf <- c(beta0 / alpha0, beta / alpha)
28  > parf <- parf[-length(parf)] * out$sd^2
    > lower <- dropFirst(modFilt$f) - tt * sqrt(parf)
30  > upper <- dropFirst(modFilt$f) + tt * sqrt(parf)
    > plot(y, ylab = "One-step-ahead forecasts", type = "o",
32  +      ylim = c(20, 40), col = "darkgray")
    > lines(window(modFilt$f, start=1902),  type="o")
34  > lines(lower, lty = 2, lwd = 2)
    > lines(upper, lty = 2, lwd = 2)
36  > ## Smoothing estimates
    > modFilt$mod$JW <- matrix(1)
38  > X <- unlist(dlmSvd2var(modFilt$U.W, modFilt$D.W))[-1]
    > modFilt$mod$X <- matrix(X)
40  > modSmooth <- dlmSmooth(modFilt)
    > Stildelist <- dlmSvd2var(modSmooth$U.S, modSmooth$D.S)
42  > TT <- length(y)
    > pars <- unlist(Stildelist) * (beta[TT] / alpha[TT])
44  > tt <- qt(prob, df = 2 * alpha[TT])
    > plot(y, ylab = "Smoothing level estimates",
46  +      type = "o", ylim = c(20, 40), col = "darkgray")
```

```
>  lines(dropFirst(modSmooth$s),  type  =  "o")
>  lines(dropFirst(modSmooth$s - tt * sqrt(pars)),
+       lty = 3, lwd = 2)
>  lines(dropFirst(modSmooth$s + tt * sqrt(pars)),
+       lty = 3, lwd = 2)
```

重要な点は，信号対雑音比を決定する割引因子 δ の値を選択することにある．実際には，通常いくつかの値の δ を試みて，対応するモデルの予測パフォーマンスを比較する．図 4.2 は，1960 年から 1985 年までの期間における一期先点予測を示しており，δ は複数の異なる値が選択されている（$W_t = 0$ で $\theta_t = \theta_0$ となる静的なモデルに対応する $\delta = 1$, $\delta = 0.9$, $\delta = 0.8$, およびかなり小さい値の $\delta = 0.3$）．新しいデータへの順応度は，δ が小さくなるにつれて増える．$\delta = 0.3$ の場合，予測値 $f_{t+1} = E(Y_{t+1}|y_{1:t})$ は，主に現在の観測値 y_t によって決定される．δ が 1 に近づくにつれ，より滑らかな予測値が得られる．

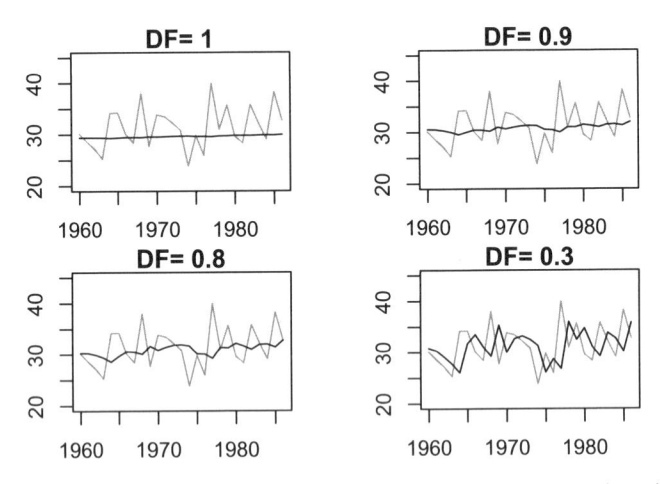

図 4.2 Superior 湖の年間降水量 (灰色) と割引因子 (DF) の値を変えた場合の一期先予測値

最後に，図 4.3 は，$t = 1, 2, \ldots, 87$ に対して，観測分散の点推定値 $E(\sigma^2|y_{1:t}) = \beta_t/(\alpha_t - 1)$ の系列を示している．$t = 87$ における最後の推定値が，以下の表にまとめられている．

割引因子	1.0	0.9	0.8	0.7
$E(\sigma^2\|y_{1:87})$	12.0010	9.6397	8.9396	8.3601

δ の値が小さい程，遷移分散は大きくなることを意味し，対応して，観測分散は小さくなることが期待される．$\delta = 0.9$ に対して，ベイズ推定値 $E(\sigma^2|y_{1:87}) = 9.6397$ は，148

4.3 共役ベイズ推定

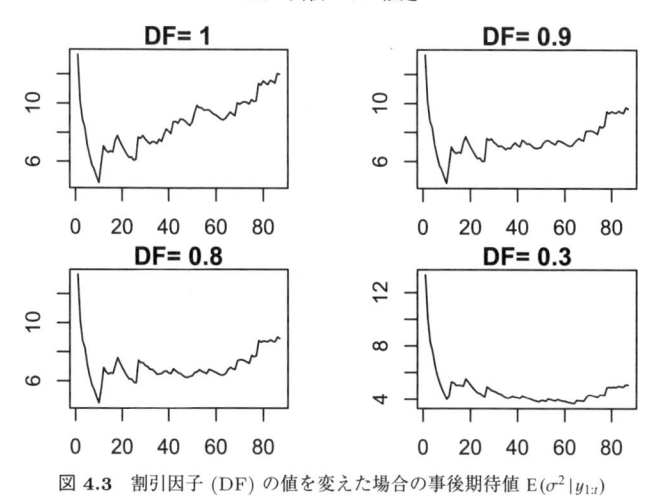

図 4.3 割引因子 (DF) の値を変えた場合の事後期待値 $E(\sigma^2 | y_{1:t})$

ページで得られた MLE $\hat{\sigma}^2 = 9.4654$ に近いことに注意する.

次の表は，4つの異なる割引因子の選択に対する予測の精度をいくつかの尺度で示しており，$\delta = 0.9$ における予測パフォーマンスがよりよいことが示唆されている．

割引因子	MAPE	MAD	MSE
1.0	0.0977	3.0168	21.5395
0.9	0.0946	2.8568	19.9237
0.8	0.0954	2.8706	20.2896
0.3	0.1136	3.4229	25.1182

4.3.3 時変の V_t に対する割引因子モデル

DLM (4.9) 式では，未知の精度因子 ϕ は時間的に固定であると仮定されている．簡単のために，要素 $\tilde{V}_t$ も時不変とされることが多いが，これは，固定の観測共分散行列を意味しており，多くの応用では制約的な仮定である．時変の V_t のモデルは後の節で説明する．ここでは，割引因子の手法を適用して (4.9) 式の精度 ϕ に対してかなり簡単な時間遷移を導入する（West and Harrison (1997) の 10.8 節を参照）．

4.3.1 項で説明した DLM を考え，改めて時点 $t-1$ において次を仮定する．

$$\phi_{t-1} | y_{1:t-1} \sim \mathcal{G}(\alpha_{t-1}, \beta_{t-1})$$

しかしながら，今度は ϕ が時点 $t-1$ から t にかけて遷移する．その結果，データ $y_{1:t-1}$ が与えられた下での ϕ_t の不確実性はより大きくなるだろう．すなわち，$\text{Var}(\phi_t | y_{1:t-1}) >$

Var$(\phi_{t-1}|y_{1:t-1})$ となる．さしあたり，$\phi_t|y_{1:t-1}$ は依然としてガンマ密度に従うと仮定し，特に次式を仮定する．

$$\phi_t|y_{1:t-1} \sim \mathcal{G}(\delta^*\alpha_{t-1}, \delta^*\beta_{t-1}) \tag{4.18}$$

ここで，$0 < \delta^* < 1$ である．期待値は変わらない，すなわち E$(\phi_t|y_{1:t-1})$ = E$(\phi_{t-1}|y_{1:t-1})$ = α_{t-1}/β_{t-1} である．しかし一方分散はより大きくなる，すなわち Var$(\phi_t|y_{1:t-1})$ = $1/\delta^*$Var$(\phi_{t-1}|y_{1:t-1})$ となり，$1/\delta^* > 1$ である．この仮定で，一旦新しい観測値 y_t が利用できると，命題 4.1 の更新式が利用できる．ただし，$\mathcal{G}(\alpha_{t-1}, \beta_{t-1})$ の代わりに (4.18) 式として始める．$\alpha_t^* = \delta^*\alpha_{t-1}$, $\beta_t^* = \delta^*\beta_{t-1}$ とおくと，次を得る．

$$Y_t|y_{1:t-1} \sim \mathcal{T}\left(f_t, \tilde{Q}_t\frac{\beta_t^*}{\alpha_t^*}, 2\alpha_t^*\right)$$

そして

$$\theta_t|y_{1:t} \sim \mathcal{T}\left(m_t, \tilde{C}_t\frac{\beta_t}{\alpha_t}, 2\alpha_t\right)$$

ここで

$$\alpha_t = \alpha_t^* + \frac{m}{2}, \qquad \beta_t = \beta_t^* + \frac{1}{2}(y_t - f_t)'\tilde{Q}_t^{-1}(y_t - f_t) \tag{4.19}$$

$m = 1$ の場合，上の式は次のようになる．

$$\alpha_t = (\delta^*)^t\alpha_0 + \tfrac{1}{2}\sum_{i=1}^{t}(\delta^*)^{i-1}$$
$$\beta_t = (\delta^*)^t\beta_0 + \tfrac{1}{2}\sum_{i=1}^{t}(\delta^*)^{t-i}\tilde{e}_i^2$$

ここで，$\tilde{e}_t^2 = (y_t - f_t)^2/\tilde{Q}_t$ である．

(4.18) 式を仮定する理由をまだ説明しておらず，実際 ϕ_{t-1} から ϕ_t に至る動的特性についてまだ特定化をしていなかった．(4.18) 式の仮定は，ϕ_t の動的特性に関して，以下の乗法モデルと同等であることが証明できる．

$$\phi_t = \frac{\gamma_t}{\delta^*}\phi_{t-1}$$

ここで，γ_t は ϕ_{t-1} と独立な確率変数であり，パラメータ $(\delta^*\alpha_{t-1}, (1-\delta^*)\alpha_{t-1})$ のベータ分布に従う．このため，E$(\gamma_t) = \delta^*$ となる．したがって，ϕ_t は，期待値 1 (E$(\gamma_t/\delta^*) = 1$) のランダムインパルスを乗じた ϕ_{t-1} に等しくなる．

Superior 湖のデータを用いた例に対して，再び $m_0 = $ E$(\theta_0|\phi_0) = 0$, $\tilde{C}_0 = 10^7$, $\alpha_0 = 2$, $\beta_0 = 20$ とし，$\tilde{W}_t$ に対する割引因子 $\delta = 0.9$ を用いたが，$\delta^* = 0.9$ としたのでVar$(\phi_t|y_{1:t-1}) = (1/0.9)Var(\phi_{t-1}|y_{1:t-1})$ となっている．図 4.4 は，一期先点予測値 f_t とその 90%確率区間を示している．

———————————— R code ————————————
```
> y <- ts(read.table("Datasets/lakeSuperior.dat",
+                    skip = 3)[, 2], start = c(1900, 1))
```

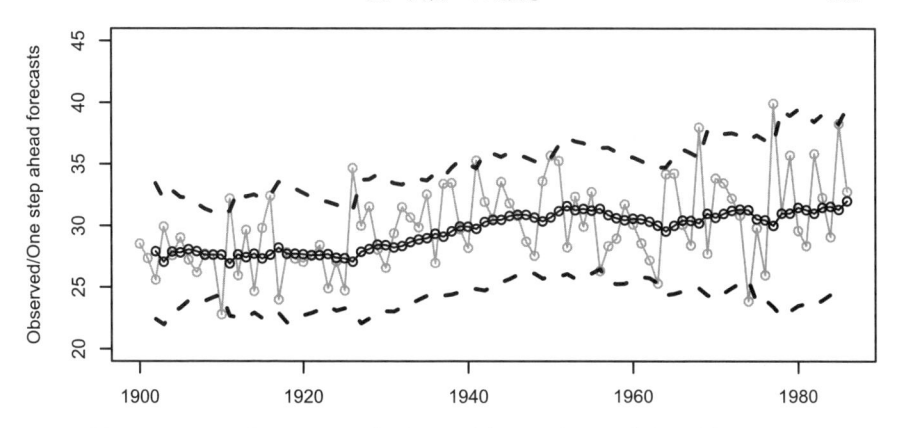

図 **4.4** Superior 湖のデータ (灰色) と 90%確率区間を付けた一期先予測値. V_t と W_t の両方共割引因子で特定化

```
> beta0 <- 20; alpha0 <- 2 ; TT <- length(y)
> mod <- dlmModPoly(1, dV = 1)
> modFilt <- dlmFilterDF(y, mod, DF = 0.9)
> out <- residuals(modFilt)
> DFstar <- 0.9
> delta <- DFstar^(0 : TT)
> alpha <- delta[-1] * alpha0 + cumsum(delta[-TT]) / 2
> res <- as.vector(out$res)
> beta <- delta[-1] * beta0
> for (i in 1 : TT)
+     beta[i] <- beta[i] + 0.5 * sum(delta[i:1] * res[1:i]^2)
> alphaStar <- DFstar * c(alpha0, alpha)
> betaStar <- DFstar * c(beta0, beta)
> tt <- qt(0.95, df = 2 * alphaStar[1 : TT])
> param <- sqrt(out$sd) * (betaStar / alphaStar)[1 : TT]
> plot(y, ylab = "Observed/One step ahead forecasts",
+      type = "o", col = "darkgray", ylim =c(20, 45))
> lines(window(modFilt$f, start = 1902), type = "o")
> lines(window(modFilt$f, start = 1902) - tt * sqrt(param),
+       lty = 2, lwd = 2)
> lines(window(modFilt$f, start = 1902) + tt * sqrt(param),
+       lty = 2, lwd = 2)
```

4.4 シミュレーションに基づくベイズ推定

もしかしたら多次元の場合もありうる未知パラメータ ψ と観測値 $y_{1:T}$ をその特定化に含む DLM に対して，パラメータと観測されない状態の事後分布は次のようになる．

$$\pi(\psi, \theta_{0:T} | y_{1:T}) \tag{4.20}$$

4.2 節で説明したように，一般にこの分布を閉形式で計算するのは不可能である．したがって，事後分布の要約を求めるためには，数値的な方法に頼る必要があり，これはほぼ決まって確率的なモンテカルロ法となる．(4.20) 式の事後分布を分析する通常の MCMC アプローチは，事後分布から（従属性を持つ）標本を生成し，そのようなシミュレートされた標本から事後分布の要約を評価する．事後分布に状態を含めると，未知パラメータ $\pi(\psi|y_{1:T})$ の事後分布だけに関心がある場合でも，通常効率的なサンプラーの設計が簡単になる．実際，$\pi(\psi|\theta_{0:T}, y_{1:T})$ から確率変数／確率ベクトルを抽出する方が，$\pi(\psi|y_{1:T})$ から抽出を行うよりほぼ決まってはるかに容易である．さらに，データと未知パラメータが与えられた条件の下で，状態を生成する効率的なアルゴリズムが利用可能である（4.4.1 項を参照）．このことは，(4.20) 式からの標本が，ギブス・サンプラーを用いて $\pi(\psi|\theta_{0:T}, y_{1:T})$ と $\pi(\theta_{0:T}|\psi, y_{1:T})$ から交互に抽出を行うことで得られることを示唆している．事後分布からシミュレートされた標本は，状態と観測値の予測分布 $\pi(\theta_{T+1:T+k}, y_{T+1:T+k}|y_{1:T})$ から標本を生成する際に今度は入力として使用される．実際には，以下の通りとなる．

$$\pi(\theta_{T+1:T+k}, y_{T+1:T+k}, \psi, \theta_T | y_{1:T}) = \pi(\theta_{T+1:T+k}, y_{T+1:T+k} | \psi, \theta_T) \cdot \pi(\psi, \theta_T | y_{1:T})$$

したがって，$\pi(\psi, \theta_T|y_{1:T})$ から抽出した全てのペア (ψ, θ_T) に対して，予測分布からの標本を得るために $\pi(\theta_{T+1:T+k}, y_{T+1:T+k}|\psi, \theta_T)$ から「将来の」$\theta_{T+1:T+k}, y_{T+1:T+k}$ を生成することができる（2.8 節参照）．

上記で概要を述べたこのアプローチは，未知パラメータのある DLM に対するフィルタリング，平滑化，および予測の問題を完全に解決する．しかしながら，1 つ以上の新しい観測値が利用可能になった後で事後分布を更新する必要がある場合には，ギブス・サンプラーを再び 1 から実行する必要があり，効率が非常に悪くなる可能性がある．既に述べたように，状態と未知パラメータの事後分布をオンラインで分析し，シミュレーションに基づく逐次更新を扱うためには，逐次モンテカルロ法を用いるのが最もよい．

4.4.1 $y_{1:T}$ が与えられた下での状態抽出：前向きフィルタ後向きサンプリング

$\pi(\theta_{0:T}, \psi | y_{1:T})$ からのギブス・サンプリングでは，全条件付き密度 $\pi(\psi|\theta_{0:T}, y_{1:T})$ や $\pi(\theta_{0:T}|\psi, y_{1:T})$ からのシミュレーションが必要となる．前者の密度は問題に固有のもの

であるが，後者の密度は一般的な式であり，その標本化に関しては効率的なアルゴリズムが利用可能である．

平滑化漸化式は，$y_{1:T}$ と ψ ($t = 0, 1, \ldots, T$) が与えられた条件の下で，θ_t の分布の平均と分散を計算するアルゴリズムを提供する．関係する全ての分布は正規分布なので，$y_{1:T}$ と ψ が与えられた下では θ_t の周辺事後分布が完全に決まる．$(y_{1:T}, \psi)$ が与えられた下での $\theta_{0:T}$ の同時事後分布に関心がある場合は，θ_t と θ_s の間の事後共分散も計算する必要がある．これらの共分散を再帰的に評価する一般的な公式も利用可能であり，詳細は Durbin and Koopman (2001) を参照されたい．さてここで $\pi(\theta_{0:T} | \psi, y_{1:T})$ は，$\pi(\theta_{0:T}, \psi | y_{1:T})$ からのギブス・サンプリングにおいて全条件付き分布の役割を担うが，次のような疑問が生じる．どのようにしたら，$(y_{1:T}, \psi)$ が与えられた下で，$\theta_{0:T}$ の分布からの抽出が生成できるだろうか？ この疑問に対し，ここでは，Carter and Kohn (1994) や Frühwirth-Schnatter (1994)，および Shephard (1994) による方法を用いる．この方法は，今では前向きフィルタ後向きサンプリング (FFBS: Forward Filtering Backward Sampling) アルゴリズムとして広く知られている．以下の説明により，FFBS は本質的には平滑化漸化式のシミュレーション版であることが分かるだろう．

$y_{1:T}$ が与えられた下での $\theta_{0:T}$ の同時分布を，次のように書くことができる．

$$\pi(\theta_{0:T} | y_{1:T}) = \prod_{t=0}^{T} \pi(\theta_t | \theta_{t+1:T}, y_{1:T}) \tag{4.21}$$

ここで，積の最後の要素は，単に $\pi(\theta_T | y_{1:T})$，すなわち θ_T のフィルタリング分布となり，これは $\mathcal{N}(m_T, C_T)$ である．(4.21) 式が示唆しているのは，$\mathcal{N}(m_T, C_T)$ から θ_T を抽出することから始めて，再帰的に $t = T-1, T-2, \ldots, 0$ に対して $\pi(\theta_t | \theta_{t+1:T}, y_{1:T})$ から θ_t を抽出してゆけば，左辺の分布から抽出ができることにある．既に命題 2.4 の証明で $\pi(\theta_t | \theta_{t+1:T}, y_{1:T}) = \pi(\theta_t | \theta_{t+1}, y_{1:t})$ となることを確認しており，この分布は次のようなパラメータを持つ $\mathcal{N}(h_t, H_t)$ となることが証明できる．

$$h_t = m_t + C_t G'_{t+1} R^{-1}_{t+1} (\theta_{t+1} - a_{t+1})$$
$$H_t = C_t - C_t G'_{t+1} R^{-1}_{t+1} G_{t+1} C_t$$

したがって，$(\theta_{t+1}, \ldots, \theta_T)$ が既に存在していれば，その次の段階としては $\mathcal{N}(h_t, H_t)$ から θ_t を抽出することになる．h_t は，既に生成された θ_{t+1} の値に明確に従属していることに注意しよう．FFBS アルゴリズムはアルゴリズム 4.1 にまとめることができる．

●アルゴリズム 4.1：前向きフィルタ後向きサンプリング (Forward Filtering Backward Sampling)

1. カルマン・フィルタを動作させる．

2. $\theta_T \sim N(m_T, C_T)$ を抽出する．
3. $t = T - 1, \ldots, 0$ に対して，$\theta_t \sim N(h_t, H_t)$ を抽出する．

FFBS はギブス・サンプラーの構成要素として一般的に使用され，本章の残りの部分（特に 4.5 節）において，多数の例を説明する予定である．ところでこのアルゴリズムは，未知パラメータを含まない DLM においても関心の対象となりうる．通常その場合には，各 θ_t の周辺平滑化分布があれば，関心のある事後確率を十分評価することができる．しかしながらモデルのパラメータが全て既知であっても，事後分布が状態に関して非線型の関数となる場合には，その導出が困難もしくは不可能になる可能性がある．このような場合，FFBS は関心のある事後分布（非線型関数）から独立な標本を生成する簡単な方法を提供する．この種の応用では，アルゴリズムにおける「前向きフィルタ」の部分は，一度実行するだけでよい点に注意する．

4.4.2 MCMC に対する一般的な方策

完全に特定化された DLM，すなわち未知パラメータを含まないモデルに対して，状態の事後分布，場合によっては状態や観測値の予測分布からの抽出は，前項で説明した FFBS アルゴリズムを用いて得ることができる．観測行列，システム行列，あるいは分散行列に，事前分布が $\pi(\psi)$ の未知パラメータベクトル ψ が含まれる DLM のようなより現実的な状況では，一般的には MCMC を使用すれば関心のある事後分布の要約を得ることができる．DLM の事後分布の解析に関するほとんど全てのマルコフ連鎖サンプラーは，次の 3 つのカテゴリの 1 つに入る．すなわち潜在変数として状態を含むギブス・サンプラー，周辺サンプラー，そして両者の特徴を組み合わせたハイブリッド・サンプラーである．分析を行う者の関心は推定であるが，その対象は文脈に依存して観測できない状態か，未知パラメータか，あるいはその両方であるかもしれないことに注意する．3 種類のサンプラーの内 2 つ（ギブス・サンプラーとハイブリッド・サンプラー）は，状態とパラメータの同時事後分布から抽出をするが，他の方法（周辺サンプラー）は単にパラメータの事後分布からしか抽出をしない．しかしながら，一度パラメータの事後分布からの標本が取得可能になれば，次の分解から状態とパラメータの同時事後分布からの標本が容易に得られることは，覚えておいて欲しい．

$$\pi(\theta_{0:T}, \psi | y_{1:T}) = \pi(\theta_{0:T} | \psi, y_{1:T}) \cdot \pi(\psi | y_{1:T})$$

より詳細には，標本 $(i = 1, \ldots, N)$ 内の各 $\psi^{(i)}$ に対して，FFBS を用いて $\pi(\theta_{0:T} | \psi = \psi^{(i)}, y_{1:T})$ から $\theta_{0:T}^{(i)}$ を抽出すれば十分であり，$\{(\theta_{0:T}^{(i)}, \psi^{(i)}) : i = 1, \ldots, N\}$ は必要とされる同時事後分布からの標本となる．

4.4 シミュレーションに基づくベイズ推定

ギブス・サンプリング・アプローチはアルゴリズム 4.2 にまとめられており，その中では，パラメータと観測値が与えられた下での条件付き分布から状態を抽出し，次に，状態と観測値が与えられた下での条件付き分布からパラメータを抽出する．

●アルゴリズム 4.2：ギブス・サンプラーにおける前向きフィルタ後向きサンプリング

0. 初期化: $\psi = \psi^{(0)}$ と設定
1. $i = 1, \ldots, N$ に対して，
   a) FFBS を用いて，$\pi(\theta_{0:T} | y_{1:T}, \psi = \psi^{(i-1)})$ から $\theta_{0:T}^{(i)}$ を抽出する．
   b) $\pi(\psi | y_{1:T}, \theta_{0:T} = \theta_{0:T}^{(i)})$ から $\psi^{(i)}$ を抽出する．

パッケージ dlm では関数 dlmBSample が提供されており，この関数を dlmFilter と組み合わせて使用するとステップ a) が実行できる．他方，ステップ b) は，検討中のモデルに強く依存しており，ψ の事前分布を含んでいる．事実，ψ が r 次元ベクトルの場合，ψ を一度に抽出する代わりに，ψ の各要素に対してギブス・サンプラーのステップを実行した方が，処理がより簡単になる場合が多い．もう 1 つ別の選択は，ψ の要素を複数まとめたブロックを抽出するような中間的なアプローチである．いずれの場合でも，全条件付き分布からの標本化が困難な場合は，対応するギブス・サンプラーによるステップをメトロポリス-ヘイスティングス・サンプラーによるステップで置き換えることができる．標準的でない分布に対する一般的なサンプラーは ARMS（1.6 節）であり，パッケージ dlm の関数 arms として利用可能である．

2 番目のアプローチである周辺サンプリングは概念的には単純であり，$\pi(\psi | y_{1:T})$ からサンプルを抽出することからなる．サンプラーの実際の実装は，検討中のモデルに依存する．一般的には ψ が多変量の場合，ギブス・サンプラーを用いて，各要素あるいは要素のブロックを全条件付き分布から抽出する．関連する全条件付き分布が標準的な分布でない場合には，メトロポリス-ヘイスティングス・サンプラーを用いることがある．再び述べると，ARMS は後者の場合に用いることができる．

ハイブリッド・サンプラーは，パラメータが 2 つの要素に分解できる場合に使用できる．すなわち，ψ が (ψ_1, ψ_2) のように書ける場合であり，各要素は一変量であってもよいし，多変量であってもよい．アルゴリズム 4.3 には，一般的なハイブリッド・サンプラーを用いたアルゴリズムが記述されている．

●アルゴリズム 4.3：ハイブリッド・サンプラーにおける前向きフィルタ後向きサンプリング

---

0. 初期化: $\psi_2 = \psi_2^{(0)}$ と設定
1. $i = 1, \ldots, N$ に対して，
   a) $\pi(\psi_1 | y_{1:T}, \psi_2 = \psi_2^{(i-1)})$ から $\psi_1^{(i)}$ を抽出する．
   b) FFBS を使用して，$\pi(\theta_{0:T} | y_{1:T}, \psi_1 = \psi_1^{(i)}, \psi_2 = \psi_2^{(i-1)})$ から $\theta_{0:T}^{(i)}$ を抽出する．
   c) $\pi(\psi_2 | y_{1:T}, \theta_{0:T} = \theta_{0:T}^{(i)}, \psi_1 = \psi_1^{(i)})$ から $\psi_2^{(i)}$ を抽出する．

これまでの方法と同様に，ステップ a) とステップ c) における直接サンプリングを，メトロポリス-ヘイスティングス・ステップ（特に ARMS）に置き換えることができる．ステップ b) は，`dlmFilter` に続いて `dlmBSample` を適用すれば，常に実行可能である．理論に関心のある読者のために，ギブス・サンプラーとハイブリッド・サンプラーの間の微妙な差を指摘しておく．ギブス・サンプラーでは，不変分布が目標分布となるようなマルコフ遷移核の適用から各ステップが構成されているので，目標分布は全ての遷移核を合成してもまた不変となる．他方ハイブリッド・サンプラーでは，目標分布はステップ a) に対応するマルコフ遷移核に関して不変ではないので，前述の議論は直接は適用できない．しかしながら，ステップ a) と b) の組み合わせによって目標分布が維持されることを示すことは難しくないので，標準的なギブス・ステップであるステップ c) と組み合わせることで，正しい不変分布を持つマルコフ核が作られる．4.6.1 項では，ハイブリッド・サンプリングを用いたベイズ推定の例を提示する．

マルコフ連鎖サンプラーで作られた出力に関しては，定常分布への収束や連鎖のミキシング（混合）を常に確認し評価する必要がある．実際に連鎖が定常分布に到達すれば，関心のあるパラメータや関数の自己相関関数を確認することでミキシングの評価が可能となる．理想的には，抽出標本間の相関は可能な限り低くなるだろう．連鎖のシミュレーションに対して間引き (thinning) を行うと，すなわち反復処理で得られた値を保存しながらその中の一定数を破棄してゆくと，相関を減らせる可能性がある．この方法の実装は極めて容易であるが，サンプラー全体の実行に必要な時間をかなり増やして，十分な数のシミュレーション結果を破棄しない限り，改善されるのは通常周辺分布のみとなる．収束性の評価に関しては，MCMC の診断ツールについての文献がかなり幅広く存在している．R では，パッケージ BOA で，このような診断を多数実装した関数が一式提供されている．ほとんどの場合，連鎖のシミュレーションにおける最初の部分をバーンイン（初期稼働検査）として捨て去った後に出力を視覚的に検査すれば，定常性からの明確な

逸脱を明らかにすることができる．MCMC の診断の一連の取り扱いについては，Robert and Casella (2004) や，その中の参考文献を参照されたい．

4.4.3　例示：ローカルレベル・モデルにおけるギブス・サンプリング

より一般的なモデルに移る前に，本項ではどのようにしたら実際にギブス・サンプラーを実装することができるかについて簡単な例を提示する．ここで検討する例は，未知の観測分散と遷移分散を伴うローカルレベル・モデルである．各分散に対する便利で融通が利く事前分布族は逆ガンマ分布族である．もっと詳しくは，$\psi_1 = V^{-1}$ と $\psi_2 = W^{-1}$ とし，ψ_1 と ψ_2 が事前に独立であり

$$\psi_i \sim \mathcal{G}(a_i, b_i), \quad i = 1, 2$$

と仮定する．事前分布のパラメータ $a_i, b_i \, (i = 1, 2)$ は，未知の精度に関する分析者の事前の意見（平均と分散の形で表現される）と整合するように特定化することができる．ところで，精度の事前モーメント（平均や分散）より未知の分散の事前モーメントを特定化する方が容易であると思う人がほとんどだと思う．この場合，ψ_i の事前分布 $\mathcal{G}(a, b)$ は，同じパラメータを持つ ψ_i^{-1} の逆ガンマ事前分布と同じであることを単に思い出せばよい．

このモデルにおけるギブス・サンプラーは，次の 3 ステップを繰り返す．すなわち，$\theta_{0:T}$ の抽出，ψ_1 の抽出，ψ_2 の抽出である 3 つの各ステップで生成される確率的な量は，その**全条件付き分布**から抽出される．これは，観測値を含むモデルの他の全ての確率変数が与えられた時の，その量に関する分布である．ψ_1 と ψ_2 を抽出する際，条件となる変数の中に状態 $\theta_{0:T}$ が含まれる必要があることに注意する．$\theta_{0:T}$ を生成するためには FFBS アルゴリズムが利用でき，ψ_1 と ψ_2 を直近でシミュレートされた値に設定する．これは，関数 dlmBSample を用いる単純な方法で実現できる．他方，ψ_1 の全条件付き分布を決定するためには，簡単な計算が必要となる．標準的なアプローチは，全条件付き分布が考慮中の全確率変数の同時分布に比例するという事実に基づいている．ψ_1 に対しては，次のようになる．

$$\begin{aligned}\pi(\psi_1 | \psi_2, \theta_{0:T}, y_{1:T}) &\propto \pi(\psi_1, \psi_2, \theta_{0:T}, y_{1:T}) \\ &\propto \pi(y_{1:T} | \theta_{0:T}, \psi_1, \psi_2) \pi(\theta_{0:T} | \psi_1, \psi_2) \pi(\psi_1, \psi_2) \\ &\propto \prod_{t=1}^{T} \pi(y_t | \theta_t, \psi_1) \prod_{t=1}^{T} \pi(\theta_t | \theta_{t-1}, \psi_2) \pi(\psi_1) \pi(\psi_2) \\ &\propto \pi(\psi_1) \psi_1^{T/2} \exp\left(-\frac{\psi_1}{2} \sum_{t=1}^{T} (y_t - \theta_t)^2\right) \\ &\propto \psi_1^{a_1 + T/2 - 1} \exp\left(-\psi_1 \cdot \left[b_1 + \frac{1}{2} \sum_{t=1}^{T} (y_t - \theta_t)^2\right]\right)\end{aligned}$$

上式から，$\theta_{0:T}$ と $y_{1:T}$ が与えられた下で，ψ_1 と ψ_2 が条件付き独立であることが導かれ，次が示される．

$$\psi_1 | \theta_{0:T}, y_{1:T} \sim \mathcal{G}\left(a_1 + \frac{T}{2}, b_1 + \frac{1}{2}\sum_{t=1}^{T}(y_t - \theta_t)^2\right)$$

同様な議論から，次が示される．

$$\psi_2 | \theta_{0:T}, y_{1:T} \sim \mathcal{G}\left(a_2 + \frac{T}{2}, b_2 + \frac{1}{2}\sum_{t=1}^{T}(\theta_t - \theta_{t-1})^2\right)$$

以下のコードは，ナイル川の水位データに対して上述のギブス・サンプラーを実装している．実際のサンプラーは，18行目から始まるループから構成される．そこまでのコードに記載されているのは，単に出力の領域割り当てや初期値やメインループの中で変化しない変数の定義である．

────────── R code ──────────

```
> a1 <- 2
> b1 <- 0.0001
> a2 <- 2
> b2 <- 0.0001
> ## starting values
> psi1 <- 1
> psi2 <- 1
> mod_level <- dlmModPoly(1, dV = 1 / psi1, dW = 1 / psi2)
>
> mc <- 1500
> psi1_save <- numeric(mc)
> psi2_save <- numeric(mc)
> n <- length(Nile)
> sh1 <- a1 + n / 2
> sh2 <- a2 + n / 2
> set.seed(10)
>
> for (it in 1 : mc)
+ {
+     ## draw the states: FFBS
+     filt <- dlmFilter(Nile, mod_level)
+     level <- dlmBSample(filt)
+     ## draw observation precision psi1
+     rate <- b1 + crossprod(Nile - level[-1]) / 2
+     psi1 <- rgamma(1, shape = sh1, rate = rate)
+     ## draw system precision psi2
+     rate <- b2 + crossprod(level[-1] - level[-n]) / 2
+     psi2 <- rgamma(1, shape = sh2, rate = rate)
```

4.5 未知の分散

```
30  +      ## update and save
    +      V(mod_level) <- 1 / psi1
    +      W(mod_level) <- 1 / psi2
32  +      psi1_save[it] <- psi1
    +      psi2_save[it] <- psi2
34  + }
```

トレース図（標本経路のプロット）（図は未掲載）を視覚的に分析すると，最初の200~300回の反復の後に，連鎖が収束状態に到達していることが分かる．このコードでは，分析の焦点は未知の分散にあると仮定しているため，シミュレートされた状態は保存していない．しかしながら，状態の事後分布からの標本があれば，ギブス・サンプラーを1から全て再度実行する必要はないことに注意する．これは，次の式のおかげで，シミュレートされた (ψ_1, ψ_2) の各値に関して，一度だけFFBSアルゴリズムを実行すればよいためである．

$$\pi(\theta_{0:T}, \psi_1, \psi_2 | y_{1:T}) = \pi(\theta_{0:T} | \psi_1, \psi_2, y_{1:t}) \pi(\psi_1, \psi_2 | y_{1:T})$$

4.5 未知の分散

第3章で分析した多くのモデルでは，システム行列 G_t や観測行列 F_t にモデル特定化の一部として特定の値が設定されている．例えば，多項式モデルや季節要素モデルの場合がそうであった．このため，その場合は分散行列 W_t と V_t の一部分のみが，未知パラメータになり得る．4.3.1項では，尺度因子まで V_t と W_t が既知であるような単純な場合のベイズ共役推定について説明した．より一般的な場合には解析的な計算がさらに複雑になり，本節で示すような MCMC 近似が用いられる．

4.5.1 固定の未知の分散：d 個の逆ガンマ事前分布

これは，未知の分散に対して最も単純であり，かつ最も一般的に使用されるモデルである．観測値が一変量 ($m = 1$) であると仮定する．観測分散行列と遷移共分散行列が未知の場合，最も単純な仮定はそれらが時不変で W が対角行列であると考える．より詳細には，いつものように精度で計算すると，次のように d 個の逆ガンマ (d-inverse-gamma) 事前分布を仮定する．

$$V_t = \phi_y^{-1}, \qquad W_t = \mathrm{diag}(\phi_{\theta,1}^{-1}, \ldots, \phi_{\theta,p}^{-1})$$

ここで，$\phi_y, \phi_{\theta,1}, \ldots, \phi_{\theta,p}$ は独立したガンマ分布に従う．これは，分散のベクトル ($\phi_y^{-1}, \phi_{\theta,1}^{-1}, \ldots, \phi_{\theta,p}^{-1}$) の事前分布が，$d = (p+1)$ 個の逆ガンマ密度の積となることを意味している．事前分布の超パラメータを定める際，未知の精度の事前の予想値を $E(\phi_y) = a_y$

と $E(\phi_{\theta,i}) = a_{\theta,i}$ で表し，事前の不確実性を要約する事前分散を $\text{Var}(\phi_y) = b_y$, $\text{Var}(\phi_{\theta,i}) = b_{\theta,i}$, $i = 1, \ldots, p$ とすると通常便利である．こうすると，ガンマ事前分布のパラメータは次のようになる．

$$\phi_y \sim \mathcal{G}(\alpha_y, \beta_y), \qquad \phi_{\theta,i} \sim \mathcal{G}(\alpha_{\theta,i}, \beta_{\theta,i}), \qquad i = 1, \ldots, p$$

ここで

$$\alpha_y = \frac{a_y^2}{b_y}, \quad \beta_y = \frac{a_y}{b_y}, \qquad \alpha_{\theta,i} = \frac{a_{\theta,i}^2}{b_{\theta,i}}, \quad \beta_{\theta,i} = \frac{a_{\theta,i}}{b_{\theta,i}}, \qquad i = 1, \ldots, p$$

である．この枠組みは特別な場合として，n 次の多項式モデルをはじめとして（第3章で説明した）Harvey とその共著者らによる構造時系列モデルをベイズ的に扱う方法も含んでいる．

観測値 $y_{1:T}$ が与えられた条件の下で，状態 $\theta_{0:T}$ と未知パラメータ $\psi = (\phi_y, \phi_{\theta,1}, \ldots, \phi_{\theta,p})$ の同時事後分布は，次の同時密度に比例する．

$$\pi(y_{1:T}, \theta_{0:T}, \psi) = \pi(y_{1:T}|\theta_{0:T}, \psi) \cdot \pi(\theta_{0:T}|\psi) \cdot \pi(\psi)$$
$$= \prod_{t=1}^{T} \pi(y_t|\theta_t, \phi_y) \cdot \prod_{t=1}^{T} \pi(\theta_t|\theta_{t-1}, \phi_{\theta,1}, \ldots, \phi_{\theta,p}) \cdot \pi(\theta_0) \cdot \pi(\phi_y) \cdot \prod_{i=1}^{p} \pi(\phi_{\theta,i})$$

上記の分解における 2 番目の積は，W が対角形式なので $i = 1, \ldots, p$ に対する積としても書くことができることに注意する．この新しい別の分解形式は，$\phi_{\theta,i}$ の全条件付き分布を導出する際に役立つ．d 個の逆ガンマモデルにおけるギブス・サンプラーでは，状態の全条件付き分布から抽出を行い，次に，$\phi_y, \phi_{\theta,1}, \ldots, \phi_{\theta,p}$ の全条件付き分布から抽出を行う．状態のサンプリングは，4.4.1 項の FFBS アルゴリズムを用いて実行できる．ϕ_y の全条件付き分布[*1)] は，次のように導出される．

$$\pi(\phi_y|\ldots) \propto \prod_{t=1}^{T} \pi(y_t|\theta_t, \phi_y) \cdot \pi(\phi_y)$$
$$\propto \phi_y^{\frac{T}{2}+\alpha_y-1} \exp\left\{-\phi_y \cdot \left[\frac{1}{2}\sum_{t=1}^{T}(y_t - F_t\theta_t)^2 + \beta_y\right]\right\}$$

したがって，ϕ_y の全条件付き分布は次のように再びガンマ分布となる．

$$\phi_y|\ldots \sim \mathcal{G}\left(\alpha_y + \frac{T}{2}, \beta_y + \frac{1}{2}SS_y\right)$$

ここで，$SS_y = \sum_{t=1}^{T}(y_t - F_t\theta_t)^2$ である．同様に，$\phi_{\theta,i}$ の全条件付き分布が次のようになることも容易に示せる．

[*1)] $\pi(\phi_y|\ldots)$ において，条件を示す縦線の右側にある点は，モデルにおいて ϕ_y を除く全ての確率変数（状態 $\theta_{0:T}$ を含む）を表す．この一般的な慣例表記は，本書を通じて使用されている．

4.5 未知の分散

$$\phi_{\theta,i}|\ldots \sim \mathcal{G}\left(\alpha_{\theta,i} + \frac{T}{2}, \beta_{\theta,i} + \frac{1}{2}SS_{\theta,i}\right), \quad i = 1, \ldots, p$$

ここで, $SS_{\theta,i} = \sum_{t=1}^{T}(\theta_{t,i} - (G_t\theta_{t-1})_i)^2$ である.

実際例

再び, スペインの投資額のデータ（3.2.1 項）を考えよう. このデータに対して, 2 次の多項式モデル（線型成長モデル）を当てはめることを考える. 観測誤差や遷移誤差の精度に対する事前分布は, 平均 a_y, a_μ, a_β と分散 b_y, b_μ, b_β を持つ（独立な）ガンマ分布とする. $a_y = 1$, $a_\mu = a_\beta = 10$ とし, 精度の事前推定値における大きな不確実性を表すために分散 b_y, b_μ, b_β はいずれも 1000 とした上で, 関数 dlmGibbsDIG を呼んでパラメータと状態の事後分布から標本を生成する. ガンマ事前分布の平均と分散は, 観測精度の事前平均と事前分散:a.y, b.y, 遷移精度の事前平均と事前分散:a.theta, b.theta といった引数を通じてこの関数に渡される. あるいは, ガンマ分布の通常の形状パラメータと尺度パラメータによっても, 事前分布の特定化ができる. この場合に渡される引数は, shape.y, rate.y, shape.theta, rate.theta である. 事後分布から生成される標本数は引数 n.sample で決められる. 一方, 論理型の引数 save.states を使用すると, 生成された観測不可能な状態を出力に含めるか否かが決定できる. さらに, 整数型の引数 thin を通じて, 間引きのパラメータが特定化できる. この引数によって, ギブス・サンプラーの反復結果を何回に 1 回保存して残りを捨てるかを指示する. 最後に, データとモデルは各々引数 y と mod を通じて渡される. 以下では, dlmGibbsDIG が実際どのように動作するかを示している.

```
                          R code
> invSpain <- ts(read.table("Datasets/invest2.dat",
+                           colClasses = "numeric")[,2]/1000,
+                start = 1960)
> set.seed(5672)
> MCMC <- 12000
> gibbsOut <- dlmGibbsDIG(invSpain, mod = dlmModPoly(2),
+                         a.y = 1, b.y = 1000,
+                         a.theta = 10, b.theta = 1000,
+                         n.sample = MCMC,
+                         thin = 1, save.states = FALSE)
```

thin = 1 と設定すると, 関数は実際にはサイズが 24,000 の標本を生成するが, 1 つおきにしか値を出力しないことを意味している. さらに, 状態は戻り値には含まれない (save.states = FALSE). 最初の 2000 回の反復はバーンイン期間として考え, サンプラーの収束とミキシングの特性を視覚的に評価するための次のステップに進む. 図 4.5 には, 分散 V, W_{11} および W_{22} の MCMC の出力から得られたいくつかの診断プロット

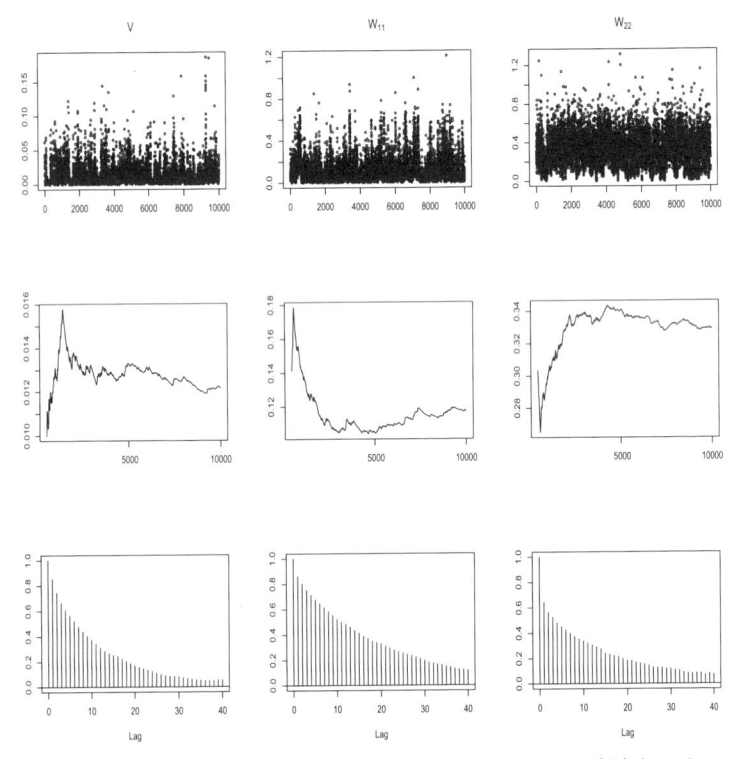

図 4.5 スペインの投資額に適用された d 個の逆ガンマモデルの診断プロット

が表示されている．図の 1 行目で示しているのは，サンプラーのトレース，すなわちシミュレートされた値であり，2 行目は，パラメータの移動エルゴード平均（500 回目の反復から計算を開始），3 行目は推定値の自己相関関数である．移動エルゴード平均は，関数 ergMean を使用して得た．例えば，図の 2 行 1 列目のプロットは，以下のコマンドを用いて作成されている．

―――――――――――――― R code ――――――――――――――
```
> use <- MCMC - burn
> from <- 0.05 * use
> plot(ergMean(gibbsOut$dV[-(1:burn)], from), type="l",
+       xaxt="n",xlab="", ylab="")
> at <- pretty(c(0,use),n=3)
> at <- at[at>=from]
> axis(1, at=at-from, labels=format(at))
```

MCMC のアウトプットを視覚的に評価すると，収束には達しており，シミュレートされ

4.5 未知の分散

た分散の ACF（自己相関関数）はそれほど早くは減衰していないものの，プロットの最後の部分ではエルゴード平均がかなり安定していると推測できるのは，明らかに思える．したがって話を進めて，MCMC のアウトプットを用いて未知の分散の事後平均を推定する．関数 mcmcMean では，シミュレートされた値の行列の (列) 平均を計算し，同時にSokal の方法（1.6 節）を用いてモンテカルロ標準偏差の推定値も得られる．

---------- **R code** ----------
```
> mcmcMean(cbind(gibbsOut$dV[-(1:burn)],
+               gibbsOut$dW[-(1:burn),]))
                     W.1        W.2
  0.012197       0.117391   0.329588
 (0.000743)    (0.007682) (0.007833)
```

シミュレートされたパラメータの 2 変量プロットすると，さらなる洞察が可能となる．図 4.6 のプロットを考えよう．この同時実現値から示唆されると思われるのは，このモデルの分散の 1 つかおそらく 2 つは 0 である可能性があるという点である．3 番目のプロットから，W_{11} が 0 に近い場合に W_{22} が正であることは明白であり，逆もまたしかりである．つまり，W_{11} と W_{22} は同時に 0 にはなり得ない．2 番目のプロットを見ると，V と W_{22} に関しても同じ状況が当てはまることが示されている．また最初のプロットから，V と W_{11} は同時に 0 になる可能性があるように見える．まとめると，2 変量プロットを確認すると，フルモデルの代わりとして検討に値する縮約した 4 つのモデルが浮上する．すなわち，$V = 0$ として得られるサブモデル，$W_{11} = 0$ としたサブモデル，$V = W_{11} = 0$ としたサブモデル，および $W_{22} = 0$ としたサブモデルである．ここでは，ベイズ流のモデル選択の問題は追求しない．最近の文献 Frühwirth-Schnatter and Wagner (2008) は，未知の分散に関して，異なる事前分布でモデル比較を行うのがよりふさわしい，と示唆している．

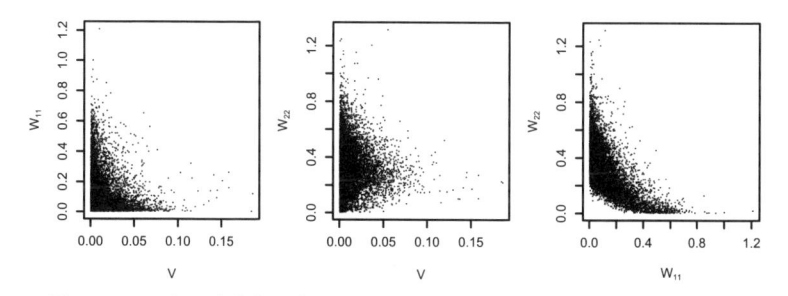

図 4.6 スペインの投資額に適用された d 個の逆ガンマモデルの 2 変量のプロット

4.5.2 多変量への拡張

独立した逆ウィシャート事前分布を用いると，d 個の逆ガンマモデルの多変量への拡張を考えることができる．Y_t が m 変量 ($m \geq 1$) であり，W はブロック要素 ($W_1, \ldots, W_h$) を持つブロック対角行列であるとしよう．ここで，W_i の次元は $p_i \times p_i$ とする．状態の共分散行列 W がブロック対角型となる DLM には，例えば，第 3 章で示した構造モデルの加法的な合成や SUTSE モデルが含まれる．少なくとも原理的には，普通の行列 W の場合は，$h = 1$ とすることで得られる．

精度行列 $\Phi_0 = V^{-1}$ と $\Phi = W^{-1}$ によって，モデルのパラメータを設定する．ここで後者は，その要素が $\Phi_i = W_i^{-1}$, $i = 1, \ldots, h$ のブロック対角行列である．$\Phi_0, \Phi_1, \ldots, \Phi_h$ が，独立なウィシャート事前分布 $\Phi_i \sim \mathcal{W}(\nu_i, S_i)$, $i = 0, \ldots, h$ に従うと仮定する．ここで $p_0 = m$ であり S_i は $p_i \times p_i$ 次元の対称な正定値行列である．すると，事後密度 $\pi(\theta_{0:T}, \Phi_0, \ldots, \Phi_h | y_{1:T})$ は次式に比例する．

$$\prod_{t=1}^{T} \mathcal{N}(y_t; F_t \theta_t, \Phi_0^{-1}) \mathcal{N}(\theta_t; G_t \theta_{t-1}, \Phi^{-1}) \mathcal{N}(\theta_0; m_0, C_0)$$
$$\cdot \mathcal{W}(\Phi_0; \nu_0, S_0) \prod_{i=1}^{h} \mathcal{W}(\Phi_i; \nu_i, S_i) \quad (4.22)$$

π に対するギブス・サンプラーは，全条件付き分布から状態 $\theta_{0:T}$（FFBS アルゴリズムを用いる）と精度 $\Phi_0, \ldots, \Phi_h$ を繰り返しサンプリングすることによって得られる．(4.22) 式から Φ_i ($i = 1, \ldots, h$) の全条件付き密度は，次に比例することが分かる（1.5 節参照）．

$$\prod_{t=1}^{T} \prod_{j=1}^{h} |\Phi_j|^{1/2} \exp\left\{-\frac{1}{2}(\theta_t - G_t \theta_{t-1})' \Phi (\theta_t - G_t \theta_{t-1})\right\} \cdot$$

$$|\Phi_i|^{\nu_i - (p_i+1)/2} \exp\{-\mathrm{tr}(S_i \Phi_i)\}$$

$$\propto |\Phi_i|^{T/2 + \nu_i - (p_i+1)/2} \exp\left\{-\mathrm{tr}\left(\frac{1}{2}\sum_{t=1}^{T}(\theta_t - G_t \theta_{t-1})(\theta_t - G_t \theta_{t-1})' \Phi\right) - \mathrm{tr}(S_i \Phi_i)\right\}$$

ここで次のようにおき，

$$SS_t = (\theta_t - G_t \theta_{t-1})(\theta_t - G_t \theta_{t-1})'$$

これを Φ に従って分割する．

$$SS_t = \begin{bmatrix} SS_{11,t} & \cdots & SS_{1h,t} \\ \vdots & \ddots & \vdots \\ SS_{h1,t} & \cdots & SS_{hh,t} \end{bmatrix} \quad (4.23)$$

すると $\mathrm{tr}(SS_t \Phi) = \sum_{j=1}^{h} \mathrm{tr}(SS_{jj,t} \Phi_j)$ であり，Φ_i の全条件付き分布は以下に比例する結果となる．

4.5 未知の分散

$$|\Phi_i|^{T/2+\nu_i-(p_i+1)/2} \exp\left\{-\mathrm{tr}\left(\left(\frac{1}{2}SS_{i\cdot}+S_i\right)\Phi_i\right)\right\}$$

ここで，$SS_{i\cdot} = \sum_{t=1}^{T} SS_{ii,t}$ である．すなわち，$i = 1, \ldots, h$ において，Φ_i の全条件付き分布は，パラメータ $(\nu_i + T/2, 1/2SS_{i\cdot} + S_i)$ を持つウィシャート分布となる．特に，3.2 節のような成分モデルを組み合わせて得られた DLM では，次の関係が成立している．

$$\theta_t = \begin{bmatrix} \theta_{1,t} \\ \vdots \\ \theta_{h,t} \end{bmatrix}, \quad G_t = \begin{bmatrix} G_{1,t} & \cdots & 0 \\ 0 & \ddots & 0 \\ 0 & \cdots & G_{h,t} \end{bmatrix}$$

ここで，$\theta_{i,t}$ と $G_{i,t}$ は，i 番目の成分モデルを指す．この時，Φ_i の全条件付き分布は $\mathcal{W}(\nu_i + T/2, S_i + 1/2SS_{i\cdot})$ であり，$S_{ii,t} = (\theta_{i,t} - G_{i,t}\theta_{i,t-1})(\theta_{i,t} - G_{i,t}\theta_{i,t-1})'$ となる．

同様に，Φ_0 の全条件付き分布は

$$\mathcal{W}(\nu_0 + T/2, S_0 + 1/2SS_y)$$

ここで，$SS_y = \sum_{t=1}^{T}(y_t - F_t\theta_t)(y_t - F_t\theta_t)'$ であることが分かる．

実際例：SUTSE モデル　例として，再びスペインとデンマークの投資額のデータを考えよう．3.3.2 項では SUTSE システムを適用し，各系列は線型成長モデルで記述した．そこでは，未知の分散に対して最尤推定値を当てはめただけであったが，ここではベイズ推定について説明する．精度 $\Phi_0 = V^{-1}$，$\Phi_1 = W_\mu^{-1}$ および $\Phi_2 = W_\beta^{-1}$ の事前分布は，独立なウィシャート分布 $\Phi_j \sim \mathcal{W}(\nu_j, S_j)$，$j = 0, 1, 2$ とする．

ウィシャート分布の超パラメータを次のように表すと便利である．つまり，$\nu_0 = (\delta_0 + m - 1)/2 = (\delta_0 + 1)/2$，$\nu_j = (\delta_j + p_j - 1)/2 = (\delta_j + 1)/2$，$j = 1, 2$ および $S_0 = V_0/2$，$S_1 = W_{\mu,0}/2$，$S_2 = W_{\beta,0}/2$ とする．ここで，$\delta_j > 2$，$j = 0, 1, 2$ ならば，次の関係が成立する（付録 A を参照）．

$$\mathrm{E}(V) = \frac{1}{\delta_0 - 2}V_0, \quad \mathrm{E}(W_\mu) = \frac{1}{\delta_1 - 2}W_{\mu,0}, \quad \mathrm{E}(W_\beta) = \frac{1}{\delta_2 - 2}W_{\beta,0}$$

したがって，行列 V_0 は $V_0 = (\delta_0 - 2)\mathrm{E}(V)$ として定めることができ，$W_{\mu,0}$ や $W_{\beta,0}$ に関しても同様である．パラメータ δ_i は，事前分布の不確実性に関する見解を与えている．ここで，全条件付き分布から，次の関係が成立することに注意しよう．

$$\mathrm{E}(V|y_{1:T}, W_\mu, W_\beta, \theta_{0:t})$$
$$= \frac{\delta_0 - 2}{(\delta_0 + T) - 2}\mathrm{E}(V) + \frac{T}{(\delta_0 + T) - 2}\frac{\sum_{t=1}^{T}(y_t - F_t\theta_t)(y_t - F_t\theta_t)'}{T}$$

さらに，W_μ と W_β の条件付き期待値に関しても，同様の式が成立する．したがって，δ_i の値が 2 に近づくほど，更新における事前分布の比重が小さくなることが示唆される．

共分散行列において信頼のおける事前情報を表現することは難しく，データ依存型の事前分布が用いられる場合もある．しかし，この例では次の値を仮定しよう．

$$V_0 = (\delta_0 - 2) \begin{bmatrix} 10^2 & 0 \\ 0 & 500^2 \end{bmatrix}$$

$$W_{\mu,0} = (\delta_1 - 2) \begin{bmatrix} 0.01^2 & 0 \\ 0 & 0.01^2 \end{bmatrix}, \quad W_{\beta,0} = (\delta_2 - 2) \begin{bmatrix} 5^2 & 0 \\ 0 & 100^2 \end{bmatrix}$$

ここで，$\delta_0 = \delta_2 = 3$ とし，$\delta_1 = 100$ とする．このような $W_{\mu,0}$ と δ_1 を選択することは，2 つの個別の線型成長モデルが，実際には（独立な）和分ランダムウォークであると事前に仮定していることを表現している．その他の値の選択は，信号対雑音比に関する事前の見解を与えている．

ギブス・サンプラーにおいては，状態ベクトル $\theta_{0:T}$ についで精度 Φ_0, Φ_1, Φ_2 を抽出する処理を反復して，同時事後分布 $\pi(\theta_{0:T}, \Phi_0, \Phi_1, \Phi_2 | y_{1:T})$ からの標本が生成される．Φ_0 の全条件付き分布は，次のようになる．

$$\mathcal{W}\left(\frac{\delta_0 + 1 + T}{2}, \frac{1}{2}(V_0 + SS_y)\right)$$

また，$\Phi_1 = W_\mu^{-1}$ と $\Phi_2 = W_\beta^{-1}$ の全条件付き分布は，各々 $\mathcal{W}((\delta_1 + 1 + T)/2, (W_{\mu,0} + SS_1)/2)$ と $\mathcal{W}((\delta_2 + 1 + T)/2, (W_{\beta,0} + SS_2)/2)$ になる．パッケージ dlm における関数 rwishart の入力は，自由度と尺度行列の形をとることに注意する（$\Phi \sim \mathcal{W}(\delta/2, V_0/2)$ なら，自由度は δ，尺度行列は V_0^{-1} となる）．

───────────── R code ─────────────
```
> inv <- read.table("Datasets/invest2.dat",
+                   col.names=c("Denmark","Spain"))
> y <- ts(inv, frequency = 1, start = 1960)
> ## prior hyperparameters
> delta0 <- delta2 <- 3; delta1 <- 100
> V0 <- (delta0-2) *diag(c(10^2, 500^2))
> Wmu0 <- (delta1-2) * diag(0.01^2,2)
> Wbeta0 <- (delta2 -2) * diag(c(5^2, 100^2))
> ## Gibbs sampling
> MC <- 30000
> TT <- nrow(y)
> gibbsTheta <- array(0, dim=c(TT+1,4, MC-1))
> gibbsV <- array(0, dim=c(2,2, MC))
> gibbsWmu <- array(0, dim=c(2,2, MC))
> gibbsWbeta <- array(0, dim=c(2,2, MC))
> mod <- dlm(FF = matrix(c(1,0),nrow=1) %x% diag(2),
+            V = diag(2),
```

4.5 未知の分散

```
18  +            GG = matrix(c(1,0,1,1),2,2) %x% diag(2),
    +            W = bdiag(diag(2), diag(2)),
20  +            m0 = c(inv[1,1], inv[1,2],0,0),
    +            C0 = diag(x = 1e7, nrow = 4))
22  > # starting values
    > mod$V <- gibbsV[,,1] <- V0/(delta0-2)
24  > gibbsWmu[,,1] <- Wmu0/(delta1-2)
    > gibbsWbeta[,,1] <- Wbeta0/(delta2-2)
26  > mod$W <- bdiag(gibbsWmu[,,1], gibbsWbeta[,,1])
    > # MCMC loop
28  > set.seed(3420)
    > for(it in 1: (MC-1))
30  +   {
    +     # generate states - FFBS
32  +     modFilt <- dlmFilter(y, mod, simplify=TRUE)
    +     gibbsTheta[,,it] <- theta <- dlmBSample(modFilt)
34  +     # update V
    +     S <- crossprod(y-theta[-1,] %*% t(mod$FF)) + V0
36  +     gibbsV[,,it+1] <- solve(rwishart(df=delta0+1+TT,
    +                                     p=2,Sigma=solve(S)))
38  +     mod$V <- gibbsV[,,it+1]
    +     # update Wmu and Wbeta
40  +     theta.center <- theta[-1,]-(theta[-(TT+1),] %*%
    +                                 t(mod$GG))
42  +     SS1 <- crossprod(theta.center)[1:2,1:2] + Wmu0
    +     SS2 <- crossprod(theta.center)[3:4,3:4] + Wbeta0
44  +     gibbsWmu[,,it+1] <- solve(rwishart(df=delta1+1+TT,
    +                                       Sigma=solve(SS1)))
46  +     gibbsWbeta[,,it+1] <- solve(rwishart(df=delta2+1+TT,
    +                                         Sigma=solve(SS2)))
48  +     mod$W <- bdiag(gibbsWmu[,,it+1], gibbsWbeta[,,it+1])
    +   }
```

MCMC の標本数を 30,000 に設定し，その内最初の 20,000 回の反復をバーンインとして除外した．図 4.7 と 4.8 には，収束の診断プロットがいくつか示されている．一般に，パラメータの相関が強いほど，ギブス・サンプラーのミキシング特性は劣化する．ここで，W_μ の事前分布に制約を設けると，識別可能性や MCMC のミキシング特性が改善される．

―――――――――――――― R code ――――――――――――――

```
> burn<- 1:20000
2 > par(mar = c(2, 4, 1, 1) + 0.1, cex = 0.8)
> par(mfrow=c(3,2))
```

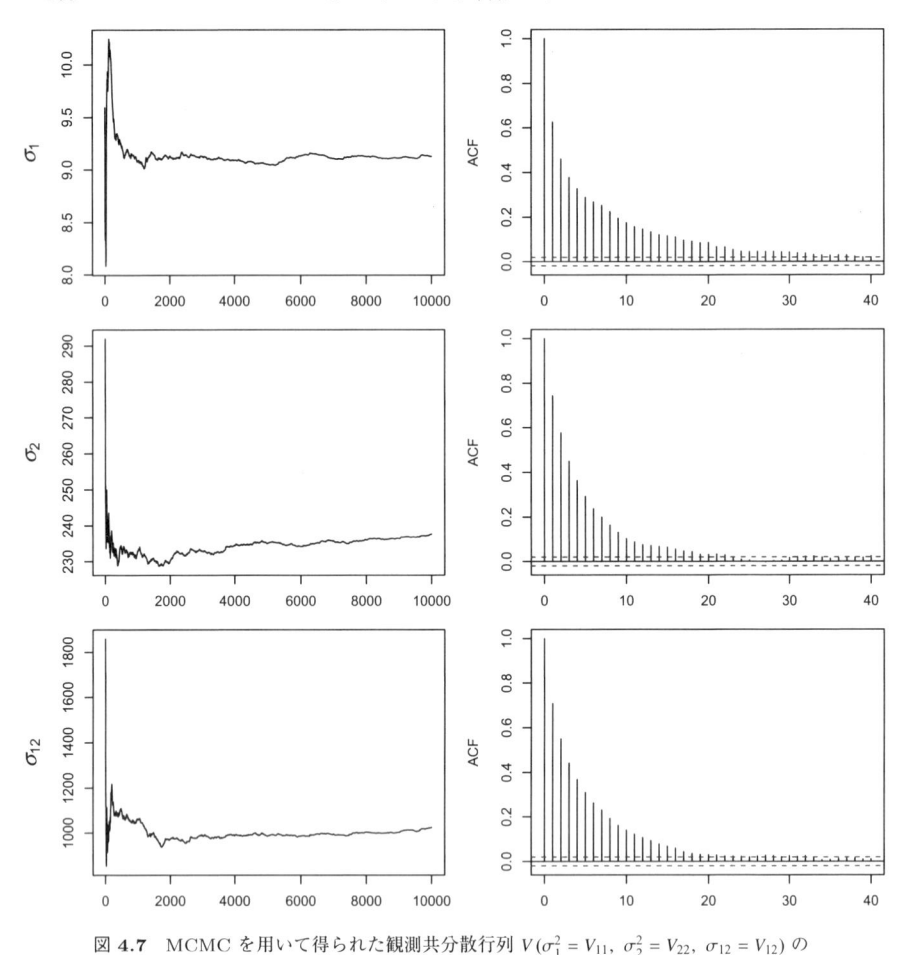

図 4.7 MCMC を用いて得られた観測共分散行列 $V(\sigma_1^2 = V_{11}, \sigma_2^2 = V_{22}, \sigma_{12} = V_{12})$ の
エルゴード平均と自己相関

```
> plot(ergMean(sqrt(gibbsV[1,1, -burn])),type="l",
+      main="",cex.lab=1.5, ylab=expression(sigma[1]),
+      xlab="MCMC iteration")
> acf(sqrt(gibbsV[1,1,-burn]),  main="")
```

　以下には，MCMC を用いて得られたパラメータ V や W_β の事後平均の推定値とそれらの推定の標準誤差（括弧内）を一緒に表示しており，これらは関数 mcmcMean から得られた．

4.5 未知の分散

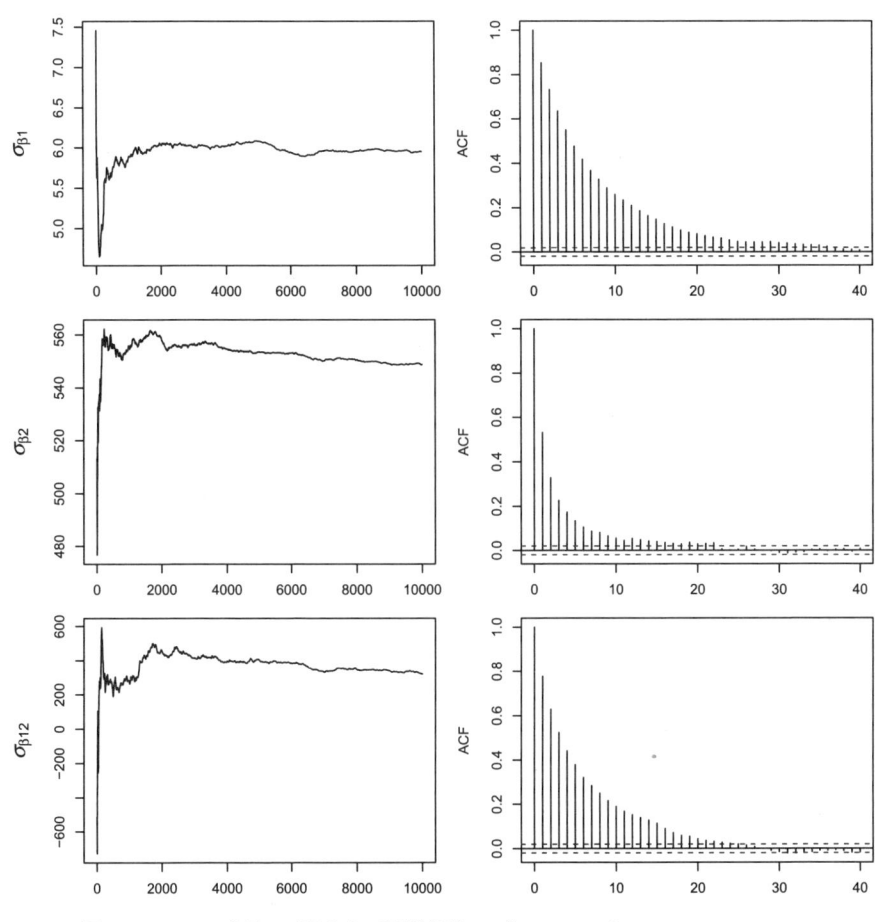

図 4.8 MCMC を用いて得られた, 共分散行列 $W_\beta(\sigma_{\beta,1}^2 = W_{\beta,11}, \sigma_{\beta,2}^2 = W_{\beta,22}, \sigma_{\beta,12} = W_{\beta,12})$
のエルゴード平均と自己相関

R code

```
> cbind(mcmcMean(gibbsV[1,1,-burn]),
+       mcmcMean(gibbsV[2,2,-burn]),
+       mcmcMean(gibbsV[2,1,-burn]))
```

$$\mathrm{E}(V|y_{1:T}) = \begin{bmatrix} 85.989 & 1023.721 \\ (1.1029) & (22.8360) \\ 1023.721 & 59237.64 \\ (22.8360) & (793.331) \end{bmatrix}$$

$$E(W_\beta|y_{1:T}) = \begin{bmatrix} 38.494 & 319.316 \\ (0.8523) & (39.303) \\ 319.316 & 308994.18 \\ (39.303) & (2230.071) \end{bmatrix}$$

図 4.9 には，デンマークとスペインの投資額のレベルに対するベイズ流平滑化推定値の MCMC 近似を，周辺 5%と 95%の分位値と共に示している．

共分散行列の未知のブロックに対して逆ウィシャート事前分布を選択することには，

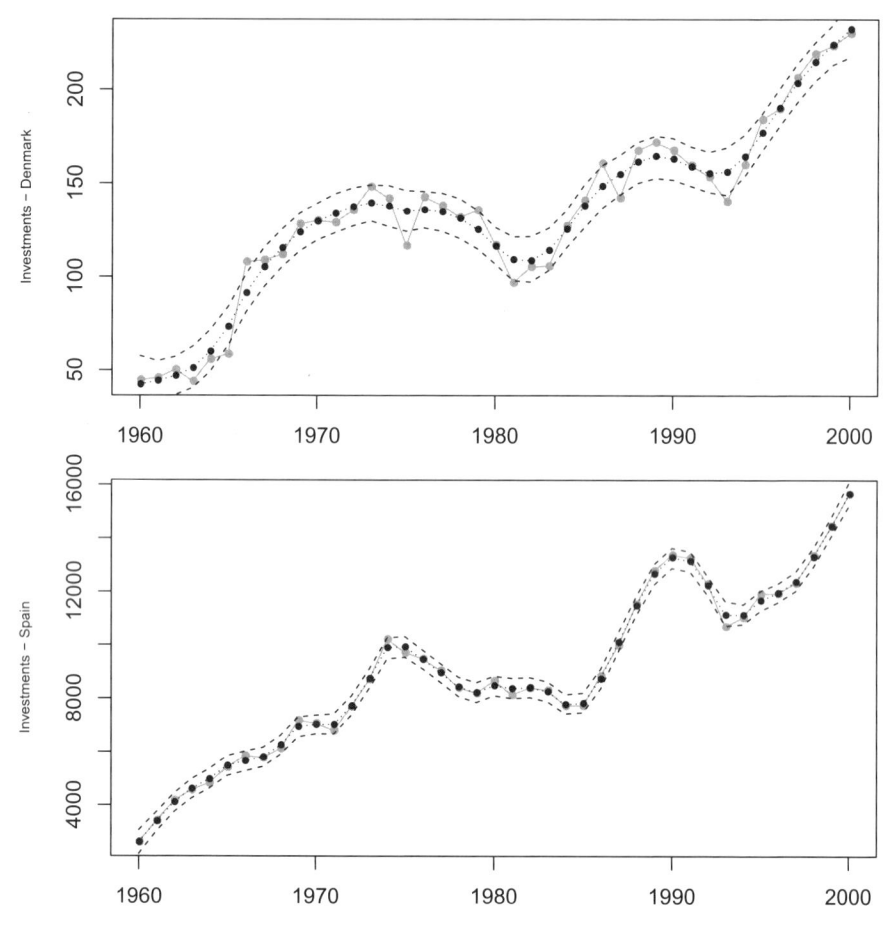

図 4.9 MCMC を使用して得られたデンマークとスペインに対する投資額のレベルの平滑化推定値と 90%事後確率区間 (データは灰色でプロット)

いくつかの利点がある．この例では，全条件付分布の計算が，ガウス型モデルに対する逆ウィシャート分布の共役性によって簡単になっている．実際には，データの従属構造の仮定を意味している共分散行列の推定は，かなりデリケートである．共分散行列の要素に対する事前の不確実性をモデル化する場合，Lindley (1978) によって以前議論され，そしていくつかの一般化が提案されているように，逆ウィシャート事前分布は制約的すぎる可能性があることを指摘しておく．文献としては，Dawid (1981), Brown et al.(1994), グラフィカルモデルの観点で Dawid and Lauritzen (1993), Consonni and Veronese (2003), Rajaratnam et al.(2008) やそれらにおける参考文献があげられる．

4.5.3 外れ値と構造変化に対するモデル

本項では，外れ値と構造変化を適切に説明する d 個の逆ガンマモデルの一般化を考える．4.5.1 項のように，観測値は一変量，W_t は対角行列で，F_t と G_t の特定化に未知パラメータは一切含まれないと仮定する．モデルの導入にあたり，まず観測値の外れ値に焦点を合わせよう．構造変化，あるいは状態系列における外れ値は，後に同様の方法で取り扱う．一期先予測値からずっと遠くに離れた観測値を説明する単純な方法は，観測方程式 $Y_t = F_t \theta_t + v_t$ から，v_t の正規分布を裾の厚い分布で置き換えることであると分かる．スチューデント t 分布族は，この点に関して2つの理由で特に魅力的である．1つは，自由度のパラメータを通じて，裾の厚さの程度を変えて適応ができる点にある．もう1つは，スチューデント t 分布が，正規分布の尺度混合として簡潔な表現が可能な点にある．このことにより，t 分布に従う観測誤差を持つ DLM は，尺度パラメータが与えられた条件の下でガウス型の DLM として取り扱うことが可能となる．このため条件付きではあるが，DLM の標準的なアルゴリズムが，カルマン・フィルタから FFBS まで，全てそのまま利用できることも明白な利点となる．特にギブス・サンプラーの中で，FFBS アルゴリズムを用いて全条件付き分布から状態を抽出することが依然可能となる．v_t が，次のように自由度 $\nu_{y,t}$ で共通の尺度パラメータ λ_y^{-1} のスチューデント t 分布に従うと仮定する．

$$v_t | \lambda_y, \nu_{y,t} \overset{indep}{\sim} \mathcal{T}(0, \lambda_y^{-1}, \nu_{y,t})$$

分布 $\mathcal{G}\left(\dfrac{\nu_{y,t}}{2}, \dfrac{\nu_{y,t}}{2}\right)$ に従う潜在変数 $\omega_{y,t}$ を導入すると，これは等価的に次のように書くことができる．

$$v_t | \lambda_y, \omega_{y,t} \overset{indep}{\sim} \mathcal{N}\left(0, (\lambda_y \omega_{y,t})^{-1}\right)$$

$$\omega_{y,t} | \nu_{y,t} \overset{indep}{\sim} \mathcal{G}\left(\dfrac{\nu_{y,t}}{2}, \dfrac{\nu_{y,t}}{2}\right)$$

言い換えると，λ_y が与えられた下で，DLM の観測の精度 $\phi_{y,t} = \lambda_y \omega_{y,t}$ が時間を通じて確率的に変動することを仮定している．

上の表示における潜在変数 $\omega_{y,t}$ は，非公式には v_t の非正規性の度合いと解釈できる．
実際，基準として $\mathcal{N}(0, \lambda_y^{-1})$ をとると，これは $\omega_{y,t} = \mathrm{E}(\omega_{y,t}) = 1$ に対応し，$\omega_{y,t}$ の値が 1 より小さいほど，v_t の絶対値はますます大きくなる傾向がある．図 4.10 は，$\omega_{y,t}$ の関数として $\mathcal{N}(0, (\lambda_y \omega_{y,t})^{-1})$ の 90%値をプロットしている．ここで，$\omega_{y,t}$ が 1 の時に 90%値が 1 になるように λ_y を選んだ．上記の説明から，$\omega_{y,t}$ の事後平均は，外れ値の可能性に印を付けるために用いることができる．精度パラメータ λ_y の事前分布として，次のように平均 a_y と分散 b_y のガンマ分布を選択する．

$$\lambda_y | a_y, b_y \sim \mathcal{G}\left(\frac{a_y^2}{b_y}, \frac{a_y}{b_y}\right)$$

次に，a_y と b_y は，大きいが有限の区間上での一様分布を選択する．

$$a_y \sim \mathcal{U}nif(0, A_y), \qquad b_y \sim \mathcal{U}nif(0, B_y)$$

スチューデント t 分布の自由度パラメータは，任意の正の実数値をとることができるが，簡単のためにとりうる値の集合を整数の有限集合に限定し，次のようにおく．

$$v_{y,t} | p_y \stackrel{i.i.d.}{\sim} \mathcal{M}ult(1, p_y)$$

ここで，$p_y = (p_{y,1}, \ldots, p_{y,K})$ は確率のベクトルであり，多項分布のレベルは整数 $n_1, \ldots, n_K$ とし，$v_{y,t}$ は t に対して独立とする．$n_1, \ldots, n_K$ に対する，便利ではあるが柔軟な選択として，集合 $\{1, 2, \ldots, 10, 20, \ldots, 100\}$ を使用する．$v_{y,t} = 100$ では，λ_y が与えられた下で，v_t は近似的に正規分布となることに注意する．p_y の事前分布として，パラメータ $\alpha_y = (\alpha_{y,1}, \ldots, \alpha_{y,K})$ のディリクレ分布を採用し，$p_y \sim \mathcal{D}ir(\alpha_y)$ とする．これで，観測分散 V_t の事前分布の階層的な特定化が完了する．状態成分に起こりうる外れ値を考慮する

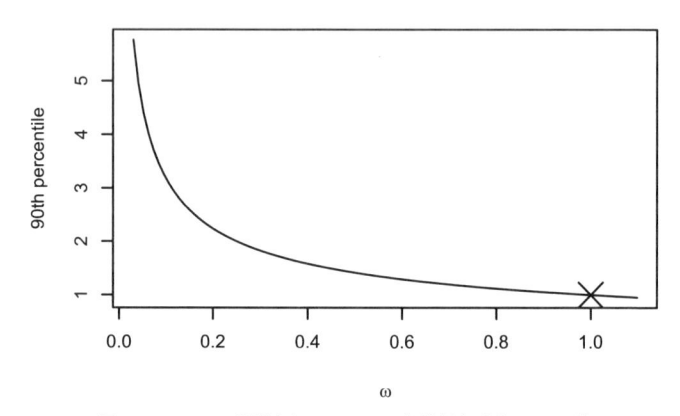

図 **4.10** $\omega_{y,t}$ の関数としての，v_t の条件付き分布の 90%値

4.5 未知の分散

ために，同様な階層構造を W_t の各対角要素に対して，すなわち状態イノベーションの精度パラメータに対して仮定する．

このモデルでは，精度あるいは同じことだが分散は，時点ごとに値が変わることも許されているが，これは時間的な相関の可能性を考慮するわけではないことに注意する．言い換えれば，異なる時点での精度の系列は，時系列というよりむしろ独立，あるいは交換可能な系列のように見えることが期待される．この理由のため，このモデルは，状態ベクトルが時として突然変化するような場合（大きな分散を持つイノベーションに対応する）を説明するのに適している．例えば，多項式モデルや季節要素モデルでは，w_t の要素の中の外れ値は，系列のレベルのジャンプのように状態における対応する成分が突然変化する状況に対応している．しかしながら，モデル策定者は，このような変化が時間的に明確なパターンを示すことは予想していない．

W_t の i 番目の対角要素を $W_{t,i}$ ($i = 1, \ldots, p$) と書くと，階層的な事前分布は次のようにまとめられる．

$$V_t^{-1} = \lambda_y \omega_{y,t}, \qquad W_{t,i}^{-1} = \lambda_{\theta,i} \omega_{\theta,ti}$$

$$\lambda_y | a_y, b_y \sim \mathcal{G}\left(\frac{a_y^2}{b_y}, \frac{a_y}{b_y}\right), \qquad \lambda_{\theta,i} | a_{\theta,i}, b_{\theta,i} \overset{indep}{\sim} \mathcal{G}\left(\frac{a_{\theta,i}^2}{b_{\theta,i}}, \frac{a_{\theta,i}}{b_{\theta,i}}\right)$$

$$\omega_{y,t} | \nu_{y,t} \overset{indep}{\sim} \mathcal{G}\left(\frac{\nu_{y,t}}{2}, \frac{\nu_{y,t}}{2}\right), \qquad \omega_{\theta,ti} | \nu_{\theta,ti} \overset{indep}{\sim} \mathcal{G}\left(\frac{\nu_{\theta,ti}}{2}, \frac{\nu_{\theta,ti}}{2}\right)$$

$$a_y \sim \mathcal{U}nif(0, A_y), \qquad a_{\theta,i} \overset{indep}{\sim} \mathcal{U}nif(0, A_{\theta,i})$$

$$b_y \sim \mathcal{U}nif(0, B_y), \qquad b_{\theta,i} \overset{indep}{\sim} \mathcal{U}nif(0, B_{\theta,i})$$

$$\nu_{y,t} \overset{indep}{\sim} \mathcal{M}ult(1; p_y), \qquad \nu_{\theta,ti} \overset{indep}{\sim} \mathcal{M}ult(1; p_{\theta,i})$$

$$p_y \sim \mathcal{D}ir(\alpha_y), \qquad p_{\theta,i} \overset{indep}{\sim} \mathcal{D}ir(\alpha_{\theta,i})$$

ここで $\alpha_{\theta,i} = (\alpha_{\theta,i,1}, \ldots, \alpha_{\theta,i,K})$, $i = 1, \ldots, K$ である．再び述べると，全ての多項分布のレベルは整数 $n_1, \ldots, n_K$ である．

上記で特定化されたモデルのパラメータや状態の事後分布から抽出を行うように，ギブス・サンプラーを実装することができる．全ての未知パラメータが与えられた時，標準的な FFBS アルゴリズムを用いれば，状態は全条件付き分布から一度に生成できる．また，パラメータの全条件付き分布の導出は容易である．ここでは例として，λ_y の全条件付き分布の詳細な導出を示す．

$$\pi(\lambda_y | \ldots) \propto \pi(y_{1:T} | \theta_{1:T}, \omega_{y,1:T}, \lambda_y) \cdot \pi(\lambda_y | a_y, b_y)$$

$$\propto \prod_{t=1}^{T} \lambda_y^{\frac{1}{2}} \exp\left\{-\frac{\omega_{y,t} \lambda_y}{2}(y_t - F_t \theta_t)^2\right\} \cdot \lambda_y^{\frac{a_y^2}{b_y} - 1} \exp\left\{-\lambda_y \frac{a_y}{b_y}\right\}$$

$$\propto \lambda_y^{\frac{T}{2}+\frac{a_y^2}{b_y}-1} \exp\left\{-\lambda_y\left[\frac{1}{2}\sum_{t=1}^{T}\omega_{y,t}(y_t - F_t\theta_t)^2 + \frac{a_y}{b_y}\right]\right\}$$

したがって

$$\lambda_y|\ldots \sim \mathcal{G}\left(\frac{a_y^2}{b_y} + \frac{T}{2}, \frac{a_y}{b_y} + \frac{1}{2}SS_y^*\right)$$

となり,ここで $SS_y^* = \sum_{t=1}^{T}\omega_{y,t}(y_t - F_t\theta_t)^2$ である.未知パラメータの全ての全条件付き分布の要約を,表 4.1 に示してある.全条件付き分布は,a_y, b_y, $a_{\theta,i}$, $b_{\theta,i}$ のものを除いて,標準的なものである.a_y, b_y, $a_{\theta,i}$, $b_{\theta,i}$ の分布は ARMS を用いて得られる.より詳細には,(a, b) の各組に対して,別々に ARMS を用いることを推奨する.

上記で説明したモデルを使用した例として,イギリスにおける 1960 年から 1986 年までの四半期ごとのガス消費量の時系列を考える.このデータは,R において *UKgas* として利用可能である.データのプロットを見ると,対数スケールで,1970 年の第 3 四半期頃に季節要素が変化した可能性が示唆されている.データは対数変換し,ローカル線型トレンド成分と季節成分の DLM を合わせて構築したモデルを採用し,分析を行う.このモデルにおける,5×5 の分散行列 W_t には,非零の対角要素が 3 つだけ含まれている.1 番目は系列のレベル,2 番目は確率的な線型トレンドの傾き,3 番目は季節要素に関連している.ギブス・サンプラーの全体は関数 *dlmGibbsDIGt* にまとめられており,本書のウェブサイトから取得可能である.パラメータ a_y, b_y, $a_{\theta,1}$, $b_{\theta,1}$, ..., $a_{\theta,3}$, $b_{\theta,3}$ は,区間 $(0, 10^5)$ の一様分布に基づく値をとり,p_y, $p_{\theta,1}$, $p_{\theta,2}$, $p_{\theta,3}$ の 4 つのディリクレ分布のパラメータは全て 1/19 とする.500 回の反復をバーンインとした後,10,000 回の反復結果に基づいて事後分布の分析を行った.自己相関を減少させるために,連続して保存されている反復結果の間に,2 回の余分な掃き出し作業が行われており,これは,バーンイン後のサンプラーの反復回数が,実際には 30,000 回であったことを意味している.

――――――――――― **R code** ―――――――――――
```
> y <- log(UKgas)
> set.seed(4521)
> MCMC <- 10500
> gibbsOut <- dlmGibbsDIGt(y, mod = dlmModPoly(2) + dlmModSeas(4),
+                          A_y = 10000, B_y = 10000, p = 3,
+          save.states = TRUE, n.sample = MCMC, thin = 2)
```

以下のコードから得られた図 4.11 には,$\omega_{y,t}$ や $\omega_{\theta,ti}$ ($t = 1, \ldots, 108$, $i = 1, 2, 3$) の事後平均がグラフ的にまとめられている.

――――――――――― **R code** ―――――――――――
```
> burn <- 1 : 500
> nuRange <- c(1 : 10, seq(20, 100, by = 10))
> omega_y <- ts(colMeans(gibbsOut$omega_y[-burn, ]),
```

4.5 未知の分散

表 4.1 4.5.3 項のモデルに対する全条件付き分布

$$\lambda_y \big| \ldots \sim \mathcal{G}\left(\frac{a_y^2}{b_y} + \frac{T}{2}, \frac{a_y}{b_y} + \frac{1}{2}SS_y^*\right)$$

ここで，$SS_y^* = \sum_{t=1}^T \omega_{y,t}(y_t - F_t\theta_t)^2$.

$$\lambda_{\theta,i} \big| \ldots \sim \mathcal{G}\left(\frac{a_{\theta,i}^2}{b_{\theta,i}} + \frac{T}{2}, \frac{a_{\theta,i}}{b_{\theta,i}} + \frac{1}{2}SS_{\theta,i}^*\right)$$

ここで，$SS_{\theta,i}^* = \sum_{t=1}^T \omega_{\theta,ti}(\theta_{ti} - (G_t\theta_{t-1})_i)^2, \quad i = 1,\ldots,p$.

$$\omega_{y,t} \big| \ldots \sim \mathcal{G}\left(\frac{\nu_{y,t}+1}{2}, \frac{\nu_{y,t} + \lambda_y(y_t - F_t\theta_t)^2}{2}\right)$$

ここで，$t = 1,\ldots,T$.

$$\omega_{\theta,ti} \big| \ldots \sim \mathcal{G}\left(\frac{\nu_{\theta,ti}+1}{2}, \frac{\nu_{\theta,ti} + \lambda_{\theta,i}(\theta_{ti} - (G_t\theta_{t-1})_i)^2}{2}\right)$$

ここで，$i = 1,\ldots,p$ および $t = 1,\ldots,T$.

$$\pi(a_y, b_y \big| \ldots) \propto \mathcal{G}(\lambda_y; a_y, b_y)$$

ここで，$0 < a_y < A_y$, $0 < b_y < B_y$.

$$\pi(a_{\theta,i}, b_{\theta,i} \big| \ldots) \propto \mathcal{G}(\lambda_{\theta,i}; a_{\theta,i}, b_{\theta,i})$$

ここで，$0 < a_{\theta,i} < A_{\theta,i}$, $0 < b_{\theta,i} < B_{\theta,i}$, $i = 1,\ldots,p$.

$$\pi(\nu_{y,t} = k) \propto \mathcal{G}\left(\omega_{y,t}; \frac{k}{2}, \frac{k}{2}\right) \cdot p_{y,k}$$

ここで，$\nu_{y,t}$ は集合 $\{n_1,\ldots,n_K\}$ の内のいずれかの値をとる．$t = 1,\ldots,T$.

$$\pi(\nu_{\theta,ti} = k) \propto \mathcal{G}\left(\omega_{\theta,ti}; \frac{k}{2}, \frac{k}{2}\right) \cdot p_{\theta,i,k}$$

ここで，$\nu_{\theta,ti}$ は集合 $\{n_1,\ldots,n_K\}$ の内のいずれかの値をとる．$i = 1,\ldots,p$ および $t = 1,\ldots,T$.

$$p_y \big| \ldots \sim \mathcal{D}ir(\alpha_y + N_y)$$

ここで，$N_y = (N_{y,1},\ldots,N_{y,K})$. 各 k において，$N_{y,k} = \sum_{t=1}^T (\nu_{y,t} = k)$.

$$p_{\theta,i} \big| \ldots \sim \mathcal{D}ir(\alpha_{\theta,i} + N_{\theta,i})$$

ここで，$N_{\theta,i} = (N_{\theta,i,1},\ldots,N_{\theta,i,K})$. 各 k において，$N_{\theta,i,k} = \sum_{t=1}^T (\nu_{\theta,ti} = k), \quad i = 1,\ldots,p$.

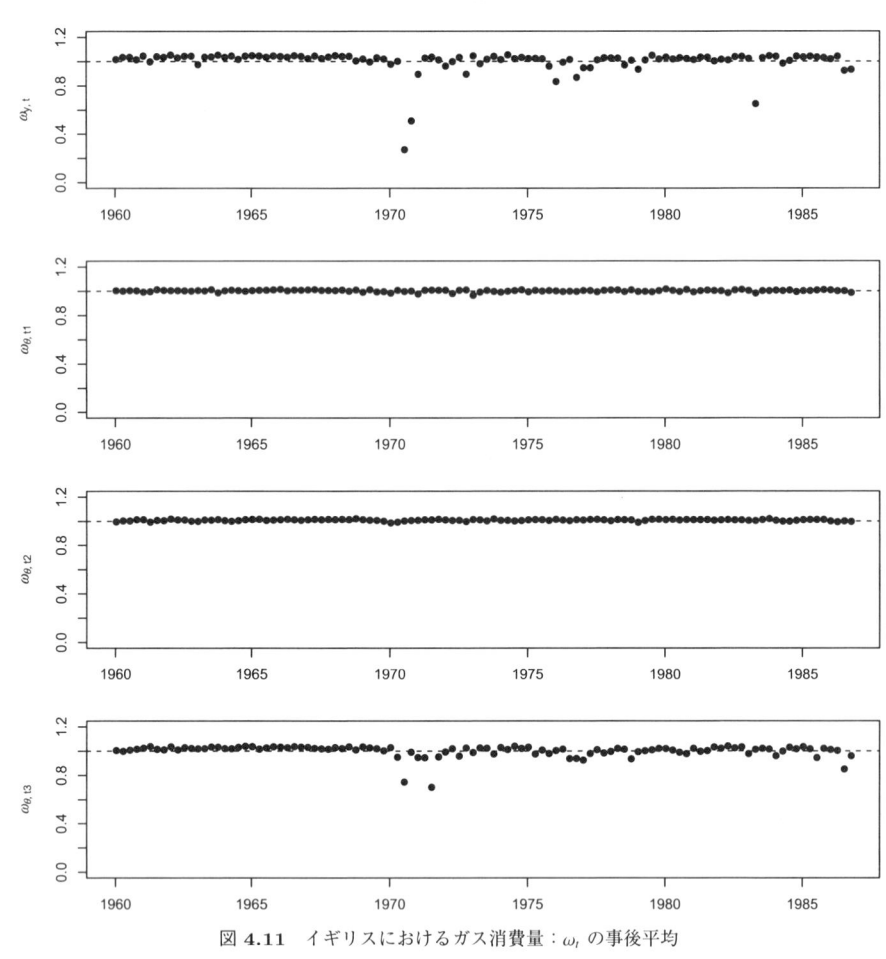

188   4. パラメータが未知のモデル

図 4.11 イギリスにおけるガス消費量：ω_t の事後平均

```
4  +                    start = start(y), freq=4)
   > omega_theta <- ts(apply(gibbsOut$omega_theta[,, -burn], 1 : 2,
6  +                        mean), start = start(y), freq = 4)
   > layout(matrix(c(1, 2, 3, 4), 4, 1, TRUE))
8  > par(mar = c(3, 5, 1, 1) + 0.1)
   > plot(omega_y, type = "p", ylim = c(0, 1.2), pch = 16,
10 +      xlab = "", ylab = expression(omega[list(y, t)]), cex.lab = 1.6)
   > abline(h = 1, lty = "dashed")
12 > for (i in 1 : 3)
   + {
14 +      plot(omega_theta[,i], ylim=c(0,1.2), pch = 16,
```

4.5 未知の分散

```
+            type = "p", xlab = "",
+            ylab = bquote(omega[list(theta, t * .(i))]), cex.lab = 1.6)
+       abline(h = 1, lty = "dashed")
+ }
```

1983 年の第 3 四半期の観測に，若干の外れ値の可能性が示されており，$E(\omega_{y,t}|y_{1:T}) = 0.88$ であるが，そこを除くと観測に外れ値が存在しないことは明白である．トレンド，特に傾きのパラメータはかなり安定している．他方，季節成分にはいくつかの構造変化が示されており，特に 70 年代における最初の数年間で顕著である．季節成分において最も極端な変化は，1971 年の第 3 四半期に生じており，対応する ω_t の推定値は 0.012 になっている．また，ショックが頻発した期間の後は，観測初期と比べて季節成分の変動が全体的に激しいままになっていることも分かる[*2]．

ギブス・サンプラーの出力から，系列の観測されない成分（トレンドや季節変動）の推定も可能である．図 4.12 には，トレンドや季節成分の推定値と共にそれらの 95% 確率区間をプロットして示してある．ここで考えたような時間依存の分散を持つモデルの興味深い特徴は，たとえ境界効果を考慮しても信頼区間が一定の幅である必要がない点にある．このような特徴は，この例において明確に確認できる．この例では，70 年代初頭の不安定性が高い期間において，季節成分に対する 95% 確率区間が広くなっている．次のコードによってプロットを得た．

R code
```
> thetaMean <- ts(apply(gibbsTheta, 1 : 2, mean),
+                 start = start(y),
+                 freq = frequency(y))
> LprobLim <- ts(apply(gibbsTheta, 1 : 2, quantile,
+                 probs = 0.025),
+                 start = start(y), freq = frequency(y))
> UprobLim <- ts(apply(gibbsTheta, 1 : 2, quantile,
+                 probs = 0.975),
+                 start = start(y), freq = frequency(y))
> par(mfrow = c(2, 1), mar = c(5.1, 4.1, 2.1, 2.1))
> plot(thetaMean[, 1], xlab = "", ylab = "Trend")
> lines(LprobLim[, 1], lty = 2); lines(UprobLim[, 1], lty = 2)
> plot(thetaMean[, 3], xlab = "", ylab = "Seasonal", type = "o")
> lines(LprobLim[, 3], lty = 2); lines(UprobLim[, 3], lty = 2)
```

[*2] ［訳注］コードの再検証を行った結果，原著執筆時と若干異なる数値結果が得られたため，記述内容が完全には整合していない．

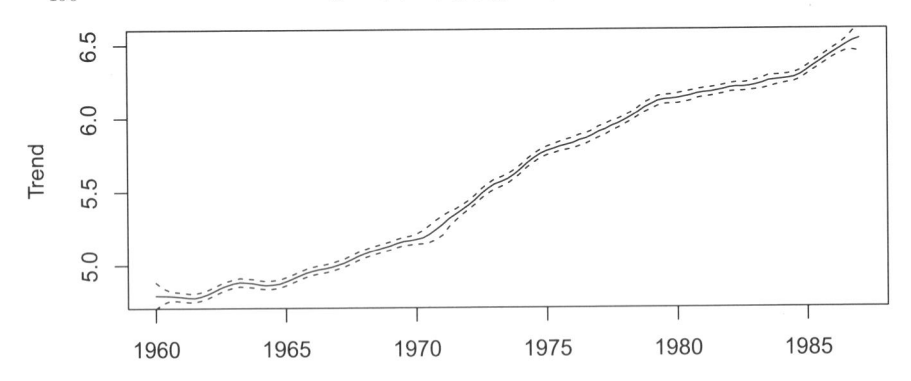

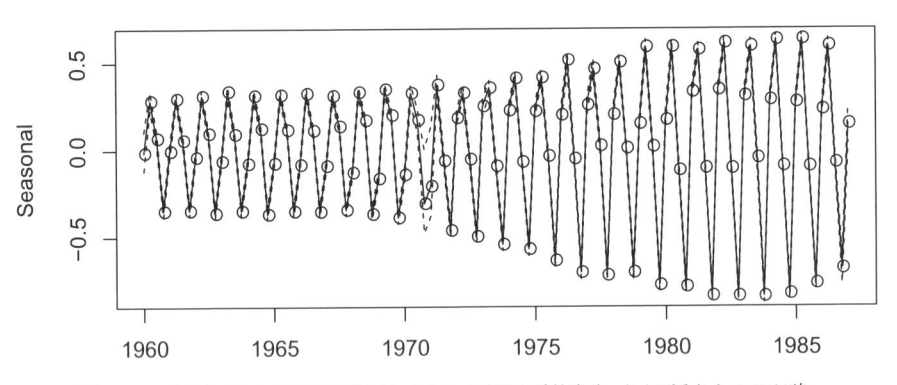

図 4.12 イギリスにおけるガス消費量：トレンド成分と季節成分，およびそれらの 95%確率区間

4.6 さらなる例

ここでは DLM の MCMC を用いたベイズ分析について，さらなる例を示す．最初のものは，最尤推定とベイズ推定を比較するのに有益な例である．

4.6.1 GDP ギャップの推定：ベイズ推定の場合

改めて，GDP ギャップを推定する問題を考えよう．3.2.6 項で取り扱った際には，最尤推定値を用いてモデルの未知パラメータを推定した．ここではその代わり，ベイズ推定について説明する．より具体的には，*dlmBSample* と *arms* を用いたハイブリッドサ

ンプラーについて，Rでの実装方法を示す．データは，対数スケールでの 1950 年から 2004 年までの四半期，季節調節済み米国実質国内総生産 (GDP) の時系列である．計量経済学の標準的な慣習に従い，GDP が観測不可能な 2 つの成分に分解できると仮定する．つまり，確率的なトレンド成分と定常成分である．ここでは，モデルのパラメータだけでなく，この 2 つの成分についてもベイズ推定値を計算する．

確率的トレンドはローカル線型トレンドによって記述し，一方定常成分は AR (2) 過程とした．DLM としてのこのモデルは，次数 2 の多項式モデルと定常な AR (2) 過程の DLM 表現を 3.2 節で説明した意味で加えたものとなり，観測誤差はない．最終的な DLM の行列は 3.2.6 項の (3.36) 式で与えられていた．状態ベクトルの最初の 2 つの成分はトレンドを表すが，3 番目は AR (2) の定常成分である．AR パラメータ ϕ_1 と ϕ_2 は，次のように定義される定常領域 $\mathcal{S}$ 内に存在する必要がある．

$$\phi_1 + \phi_2 < 1$$
$$\phi_1 - \phi_2 > -1$$
$$|\phi_2| < 1$$

(ϕ_1, ϕ_2) に対して選択した事前分布は，$\mathcal{N}(0, (2/3)^2)$ と $\mathcal{N}(0, (1/3)^2)$ の積であり，$\mathcal{S}$ の制約を受ける．ここでの方法では，AR パラメータの値が定常領域の境界に近づくと，事前分布にペナルティが課せられるようになっている．3 つの精度（すなわち，分散 σ_μ^2, σ_δ^2, σ_u^2 の逆数）に関しては，次のように平均 a と分散 b の独立なガンマ事前分布を仮定する．

$$\mathcal{G}\left(\frac{a^2}{b}, \frac{a}{b}\right)$$

この特別な場合では，$a = 1$, $b = 1000$ と設定した．ハイブリッドサンプラーを用いると，まず $\pi(\phi_1, \phi_2 | \sigma_\mu^2, \sigma_\delta^2, \sigma_u^2, y_{1:T})$ より AR パラメータを抽出してから状態を抽出し，最後にこれらの AR パラメータと状態が与えられた下での全条件付き分布から，3 つの精度を抽出することができる．アルゴリズム 4.3 で用いられている表記にあわせると，$\psi_1 = (\phi_1, \phi_2)$, $\psi_2 = ((\sigma_\mu^2)^{-1}, (\sigma_\delta^2)^{-1}, (\sigma_u^2)^{-1})$ となる．状態と AR パラメータが与えられた下で精度は条件付き独立となり，ガンマ分布に従う．具体的には次式の通りである．

$$(\sigma_\mu^2)^{-1} | \ldots \sim \mathcal{G}\left(\frac{a^2}{b} + \frac{T}{2}, \frac{a}{b} + \frac{1}{2}\sum_{t=1}^{T}(\theta_{t,1} - (G\theta_{t-1})_1)^2\right)$$
$$(\sigma_\delta^2)^{-1} | \ldots \sim \mathcal{G}\left(\frac{a^2}{b} + \frac{T}{2}, \frac{a}{b} + \frac{1}{2}\sum_{t=1}^{T}(\theta_{t,2} - (G\theta_{t-1})_2)^2\right) \quad (4.24)$$
$$(\sigma_u^2)^{-1} | \ldots \sim \mathcal{G}\left(\frac{a^2}{b} + \frac{T}{2}, \frac{a}{b} + \frac{1}{2}\sum_{t=1}^{T}(\theta_{t,3} - (G\theta_{t-1})_3)^2\right)$$

精度（状態ではなく）が与えられた下での AR パラメータは非標準的な分布に従うため，

全条件付き同時分布からの抽出には ARMS を適用することができる．このようなサンプラーを実装する関数も，R で書くことができる．ここではそのような関数を 1 つ作成し（本書のウェブサイトから取得可能），それに基づいて分析を行った．以下には，その関数のメインループに該当する部分を再掲した．このコードにおいて，*theta* は $(T+1)$ 時点分の状態が格納された行列であり，*gibbsPhi* と *gibbsVars* はシミュレーション結果が保存される行列である．ループの中で生成された状態はオプションで保存できるが，AR と分散に関するパラメータのシミュレーション値が与えられれば，再び容易に生成することができる．

―――――――――――――― **R code** ――――――――――――――
```
for (it in 1:mcmc)
{
    ## generate AR parameters
    mod$GG[3:4,3] <- arms(mod$GG[3:4,3],
                          ARfullCond, AR2support, 1)
    ## generate states - FFBS
    modFilt <- dlmFilter(y, mod, simplify=TRUE)
    theta[] <- dlmBSample(modFilt)
    ## generate W
    theta.center <- theta[-1,-4,drop=FALSE] -
        (theta[-(nobs + 1),,drop=FALSE] %*% t(mod$GG))[,-4]
    SStheta <- drop(sapply( 1 : 3, function(i)
                    crossprod(theta.center[,i])))
    diag(mod$W)[1:3] <-
        1 / rgamma(3, shape = shape.theta,
        rate = rate.theta + 0.5 * SStheta)
    ## save current iteration, if appropriate
    if ( !(it %% every) )
    {
        it.save <- it.save + 1
        gibbsTheta[,,it.save] <- theta
        gibbsPhi[it.save,] <- mod$GG[3:4,3]
        gibbsVars[it.save,] <- diag(mod$W)[1:3]
    }
}
```
――――――――――――――――――――――――――――――

18 行目の 'if' 文では間引き処理が行われ，反復用カウンタ *it* が *every* で割り切れる場合のみ抽出が保存される．オブジェクト *SStheta*（12 行目）には，精度の全条件付き分布（(4.24) 式）に現れる 2 乗和が含まれており，長さが 3 のベクトルとなる．2 つの関数 *ARfullCond* と *AR2support* は，*arms* の主要な引数であり（5 行目），メイン関数の中で次のように定義される．

―――――――――――――― **R code** ――――――――――――――
```
  AR2support <- function(u)
2 {
     ## stationarity region for AR(2) parameters
4    (sum(u) < 1) && (diff(u) < 1) && (abs(u[2]) < 1)
  }
6 ARfullCond <- function(u)
  {
8    ## log full conditional density for AR(2) parameters
     mod$GG[3:4,3] <- u
10   -dlmLL(y, mod) + sum(dnorm(u, sd = c(2,1) * 0.33,
                           log=TRUE))
12 }
```

サンプラーは次の呼び出しを用いて実行された．ここで gdp はデータを含む時系列オブジェクトである．

―――――――――――――― **R code** ――――――――――――――
```
  > outGibbs <- gdpGibbs(gdp, a.theta = 1, b.theta = 1000, n.sample =
2 +                      2050, thin = 1, save.states = TRUE)
```

最初の 50 個の抽出をバーンインとして捨て，いくつかの簡単な診断プロットを確認する．シミュレートされた分散のトレース（図 4.13）は，非定常な動きを示す特定の兆候を示していない．シミュレートされた標準偏差 $\sigma_\mu, \sigma_\delta, \sigma_u$ の移動エルゴード平均に関してもプロットした（図 4.14）．最初のプロットでは横軸 n と縦軸 $n^{-1}\sum_{i=1}^{n}\sigma_\mu^{(i)}$ の関係が示されており，2 目と 3 番目のプロットに関しても同様である．言い換えれば，横軸はサンプラーの反復回数であり，縦軸は σ_μ のモンテカルロ推定値になっている．これらの推定値は，プロットの最後の部分ではかなり安定しているように見える（ここでは示していないが，反復回数をより長くした実行結果からも，この印象が確認されている）．3 つの分散の経験自己相関関数（図 4.15）から，サンプラー出力の自己相関の度合いに対する見解が得られる．この例の場合，ACF の減衰はそれほど速くはない[*3)]．これは，モンテカルロ推定値のモンテカルロ標準誤差が比較的大きいことの現れであろう．サンプラーを長く動作させるほど，標準誤差を常に小さくできることは明らかだろう．AR パラメータに関しても，同様のプロットで診断を行うことができる．以下の表示から明らかなように，モデルにおける 3 つの標準偏差と 2 つの AR パラメータの事後平均の推定値とその推定の標準誤差は，Sokal の方法（1.6 節参照）を使用して得られる．さらに，これらの 5 つのパラメータに関して，等裾な 90%確率区間も導出される．これらの確率区間によって，事後確率の大部分が含まれる領域の見解が得られる．

―――――――――――
[*3)] ［訳注］コードの再検証を行った結果，原著執筆時と若干異なる数値結果が得られたため，記述内容が完全には整合していない．

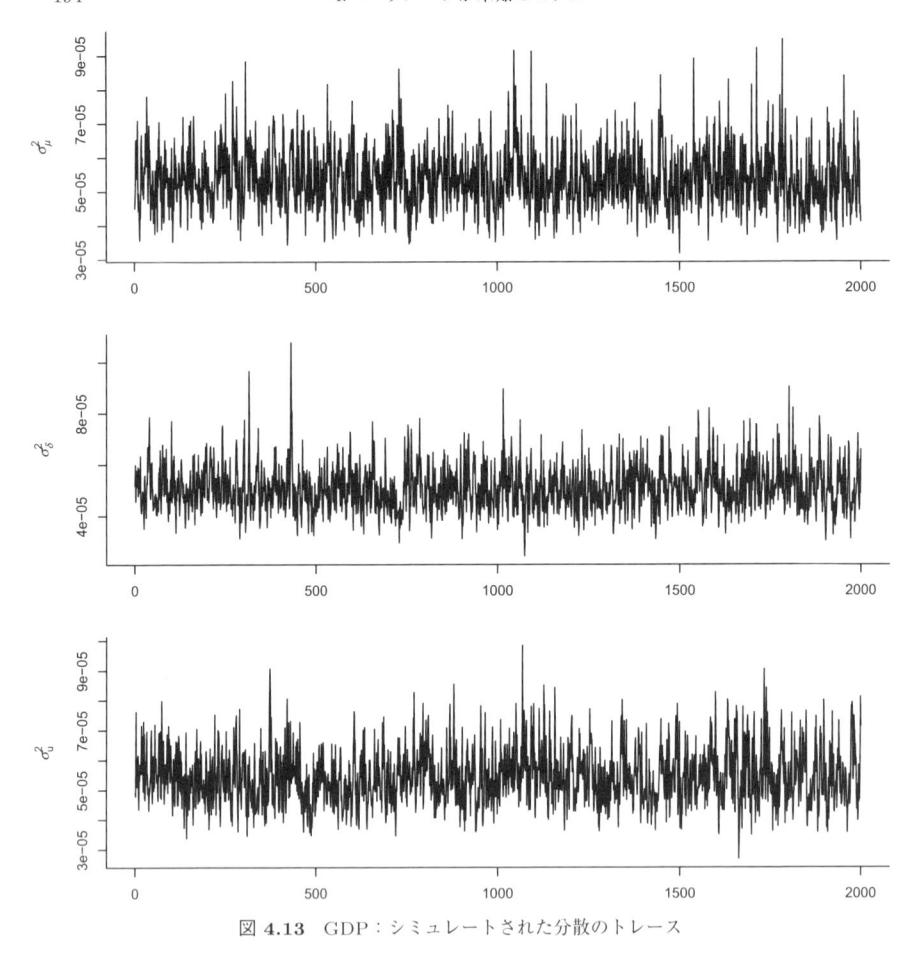

図 4.13 GDP：シミュレートされた分散のトレース

R code[*4]

```
> W <- outGibbs$phi[-burn,]; colnames(W) <- paste("phi", 1:2)
> mcmcMean(W)
    phi 1     phi 2
   1.1261   -0.1635
 ( 0.0145) ( 0.0138)
> apply(W, 2, quantile, probs = c(.05,.95))
    phi 1     phi 2
```

[*4] ［訳注］この部分の記述は，ウェブサイト (http://definetti.uark.edu/ḡpetris/dlm/) から取得可能なソースコード（2012 年 6 月時点）との間に乖離が大きかったため，訳出にあたり原著の記述を尊重しつつ体裁を整えた．なお，乱数種は事前に「set.seed(4521)」とし，バーンインは「burn <-50」としている．

Running ergodic means

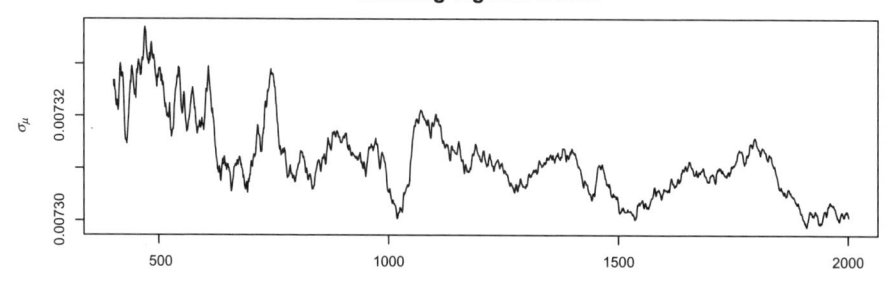

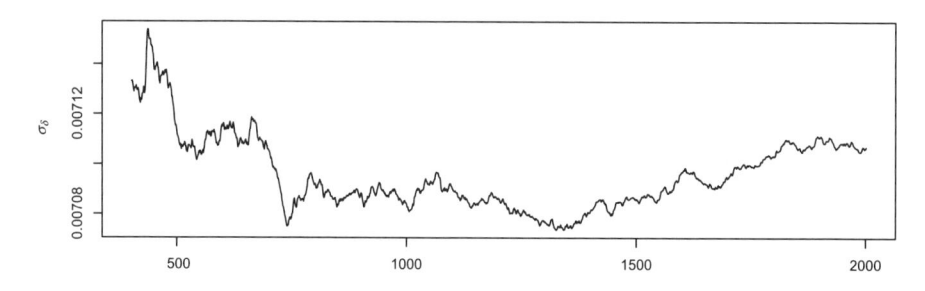

図 4.14 GDP：エルゴード平均

```
 8  5%   0.896241  -0.47470764
    95%  1.462625   0.03786061
10  > W <- sqrt(outGibbs$vars[-burn,]); colnames(W) <- paste("Sigma", 1:3)
    > mcmcMean(W)
12     Sigma 1    Sigma 2    Sigma 3
       0.008269   0.008041   0.008171
14    (0.000973) (0.000932) (0.000822)
    > apply(W, 2, quantile, probs = c(.05,.95))
16         Sigma 1     Sigma 2     Sigma 3
    5%   0.006382126 0.006174084 0.006416398
```

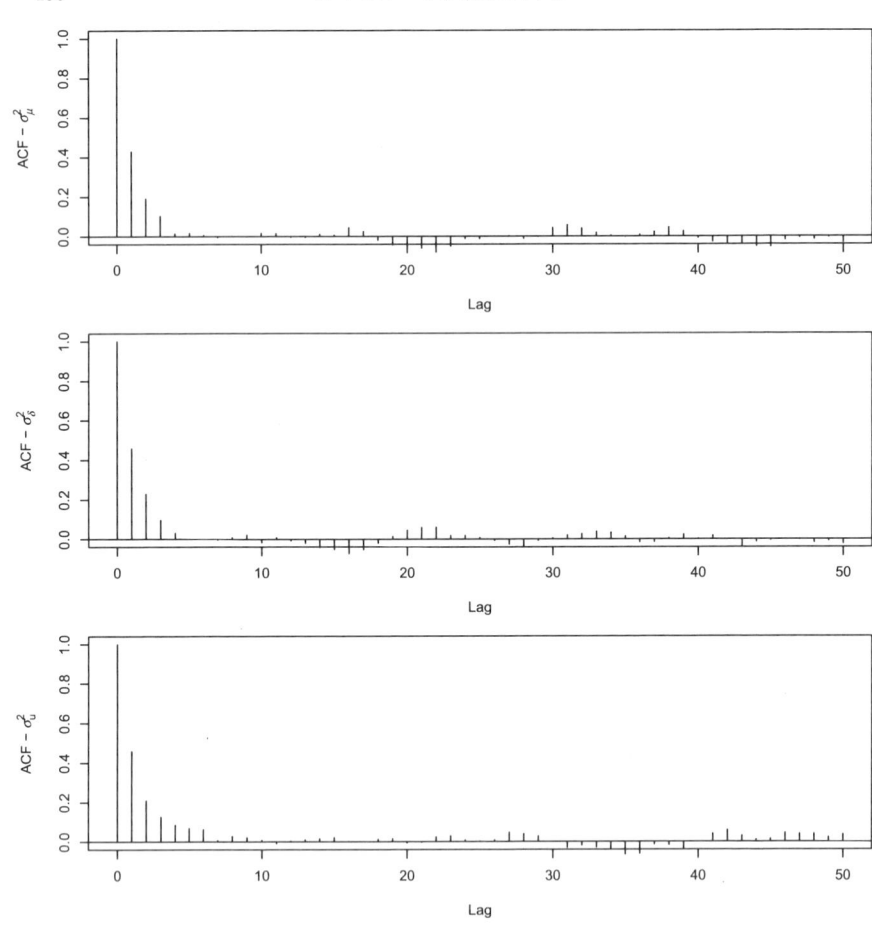

図 4.15 GDP：自己相関関数

18　95%　0.008345102　0.008214362　0.008537867

また，サンプラーの出力に基づいてヒストグラムをプロットすることもでき，そこから，パラメータの事後分布やその関数の形状について（少なくとも周辺化を行った一変量の事後分布の観点で）いくつか見識を得ることができる．図 4.16 は，3 つの分散の事後分布のヒストグラムを示している．

2 変量の分布の形状を調べるのには散布図が役に立つことがあり，特にパラメータの組み合わせが互いに強く従属している場合は有益である．図 4.17 には，(ϕ_1, ϕ_2) の 2 変量の散布図と，各々の周辺ヒストグラムを一緒に示している．この図から，ϕ_1 と ϕ_2 の

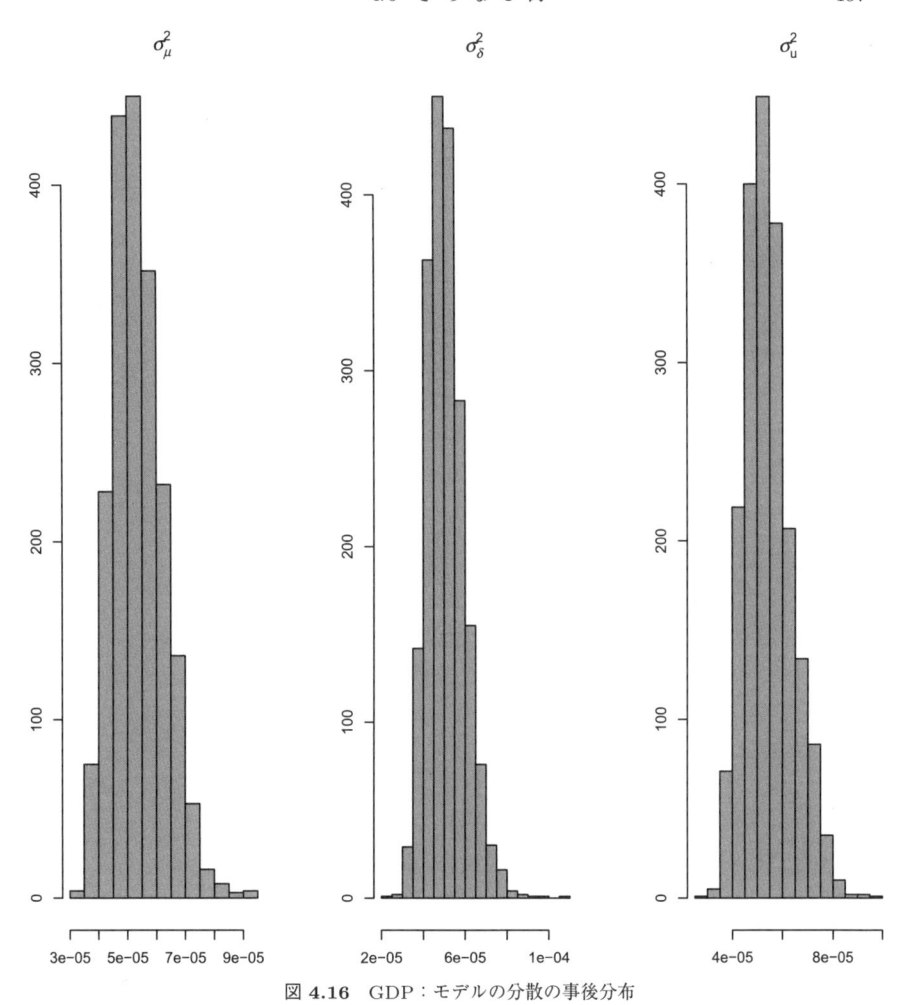

図 **4.16** GDP：モデルの分散の事後分布

間に強い従属性があることが明白となる．このことから，この 2 つを同時に抽出することが，連鎖のミキシング特性を改善するために適切であったことが確認できる．

最後に，サンプラーの出力には潜在変数として観測不可能な状態も含まれているので，状態の事後分布と要約を得ることができる．特にこの例では，(自己相関のある) 雑音から GDP のトレンドを分離することが関心の対象である．時点 t におけるトレンドの事後平均は，シミュレーションで得られた値 $\theta_{t,1}^{(i)}$ の平均によって推定される．図 4.18 は，AR (2) 雑音過程の事後平均 ($\theta_{t,3}$ で表される)，およびトレンドの事後平均とデータを示

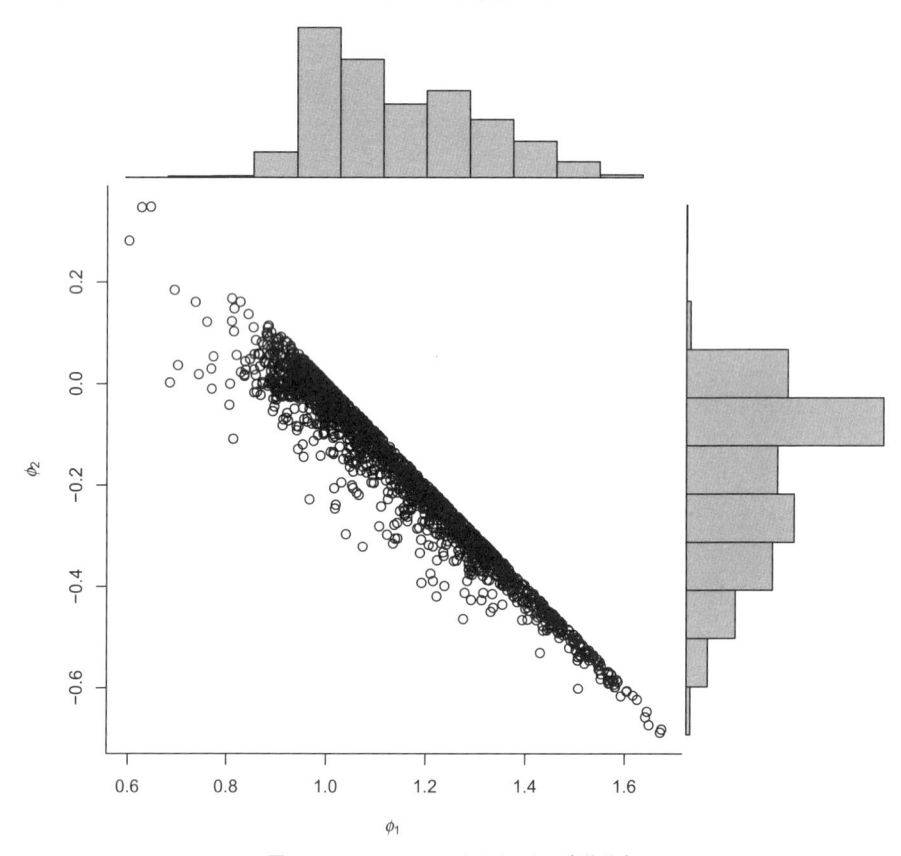

図 4.17 GDP：AR パラメータの事後分布

している．

4.6.2 動 的 回 帰

クロス・セクションデータの時系列 $(Y_{i,t}, x_{i,t})$, $i = 1, \ldots, m$ があるとする．ここで $Y_{i,t}$ は，1つ以上の共変量 X の値 $x_{i,t}$ に対する目的変数 Y の値であり，時間と共に観測される．一般的には，クロス・セクションデータから時点 t における回帰関数 $m_t(x) = \mathrm{E}(Y_t|x)$ を推定することに関心が持たれる．さらに通常，回帰曲線の時間遷移の推定も求められる．3.3.5 項ではこの種のデータに関して，DLM の形で動的回帰モデルを導入した．ここではこのモデルを，金融における応用で関心が持たれている問題，すなわち金利の期間構造の推定に適用する．

この問題を簡潔に記載すると以下のようになる．満期 x で 1 ユーロを与えるゼロ・クー

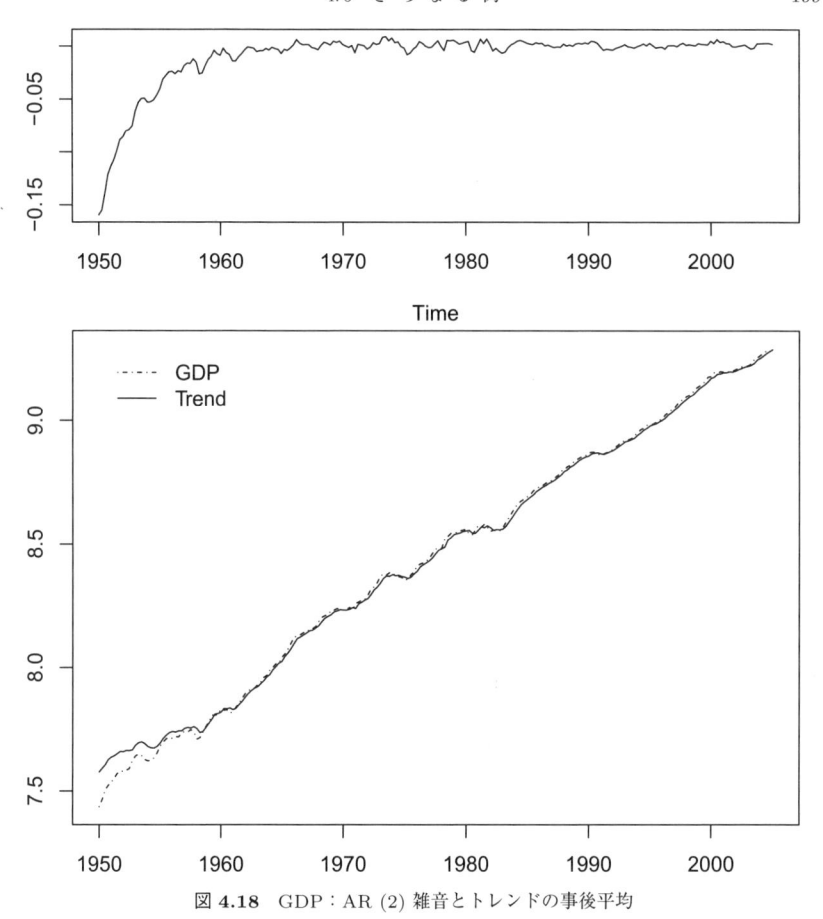

図 4.18 GDP：AR (2) 雑音とトレンドの事後平均

ポン債に関して，時点 t における価格を $P_t(x)$ とする．この曲線 $P_t(x)$, $x \in (0, T)$ は，割引関数と呼ばれる．利子のその他の曲線は，この割引関数を 1 対 1 変換して得ることができる．例えば，イールドカーブ（利回り曲線）は $\gamma_t(x) = -\log P_t(x)/x$ であり，瞬時（名目）フォワードレート曲線は $f_t(x) = d(-\log P_t(x)/dx) = (dP_t(x)/dx)/P_t(x)$ となる．イールドカーブやその変換を用いれば，任意のクーポン債を，将来のクーポンに対する現在価値と元金返済の和として値付けすることができる．曲線全体は当然観測できないので，有限個の満期 $x_1, \ldots, x_m$ に関して観測された債券価格から推定を行う必要がある．より正確に，時点 t におけるデータを $(y_{i,t}, x_i)$, $i = 1, \ldots, m$ とする．ここで，$y_{i,t}$ は満期 x_i に対応して観測された利回りである．市場の摩擦により利回りは観測誤差の影響を受けやすいため，観測された利回りは次のように記述される．

$$Y_{i,t} = \gamma_t(x_i) + v_{i,t}, \quad v_{i,t} \stackrel{i.i.d.}{\sim} \mathcal{N}(0, \sigma^2), \quad i = 1, \ldots, m$$

イールドカーブに対するいくつかのクロス・セクション的なモデルが，文献を通じて提案されてきた．最も一般的なものは，Nelson and Siegel (1987) によるモデルである．実際には，Nelson と Siegel は，フォワードレート曲線を次のようにモデル化した．

$$f_t(x) = \beta_{1,t} + \beta_{2,t} e^{-\lambda x} + \beta_{3,t} \lambda x e^{-\lambda x}$$

この関係から，次のようなイールドカーブが得られる．

$$\gamma_t(x) = \beta_{1,t} + \beta_{2,t} \frac{1 - e^{-\lambda x}}{\lambda x} + \beta_{3,t} \left(\frac{1 - e^{-\lambda x}}{\lambda x} - e^{-\lambda x} \right)$$

このモデルは，パラメータ ($\beta_{1,t}, \beta_{2,t}, \beta_{3,t}, \lambda$) に関して線型ではない．しかしながら，減衰パラメータ λ は通常固定値で近似されるので，このモデルは，未知パラメータ $\beta_{1,t}, \beta_{2,t}, \beta_{3,t}$ に関して，より単純な線型モデルとして扱われる．したがって，固定値の λ に対して，このモデルは (3.43) 式で $k = 3$ の時の形となる．

$$h_1(x) = 1, \quad h_2(x) = \frac{1 - e^{-\lambda x}}{\lambda x}, \quad h_3(x) = \left(\frac{1 - e^{-\lambda x}}{\lambda x} - e^{-\lambda x} \right)$$

図 3.19 にプロットされているデータを考える．データは 1985 年 1 月から 2000 年 12 月までの $m = 17$ （満期が 3 カ月から 120 カ月まで）となる米国国債の毎月の利回りであり，詳細な説明は Diebold and Li (2006) を参照されたい．この著者達は，Nelson と Siegel のクロス・セクションモデルを用いて，時点 t におけるイールドカーブへの当てはめを行っている．実際，彼らはそのようなモデルを潜在因子モデル（3.3.6 項参照）とみなしており，そこでは，$\beta_{1,t}, \beta_{2,t}, \beta_{3,t}$ は潜在動的因子（長期，短期，中期）の役割を果たし，これらはまたイールドカーブのレベル，傾き，曲率の項としても解釈される．これらの項の中で，λ が与えられれば，中期因子，すなわち曲率，の負荷が最大となるように満期が決まる．したがって満期が 30 カ月の場合 $\lambda = 0.0609$ と決まり，ここではこの値を用いた．λ が与えられた場合，時点 t における β_t のクロス・セクション推定値は，クロス・セクションデータ ($y_{1,t}, \ldots, y_{m,t}$) から最小 2 乗法 (OLS) によって得られる．

--- **R code** ---

```
> yields <- read.table("Datasets/yields.dat")
> y <- yields[1:192,3:19]; y <- as.matrix(y)
> x <- c(3,6,9,12,15,18,21,24,30,36,48,60,72,84,96,108,120)
> p <- 3; m <- ncol(y) ; TT=nrow(y)
> persp(x=x, z=t(y), theta=40, phi=30, expand=.5,
+       col="lightgrey", , ylab="time", zlab="yield",
+       ltheta=100, shade=0.75, xlab="maturity (months)")
> ## Cross-sectional model
```

4.6 さらなる例

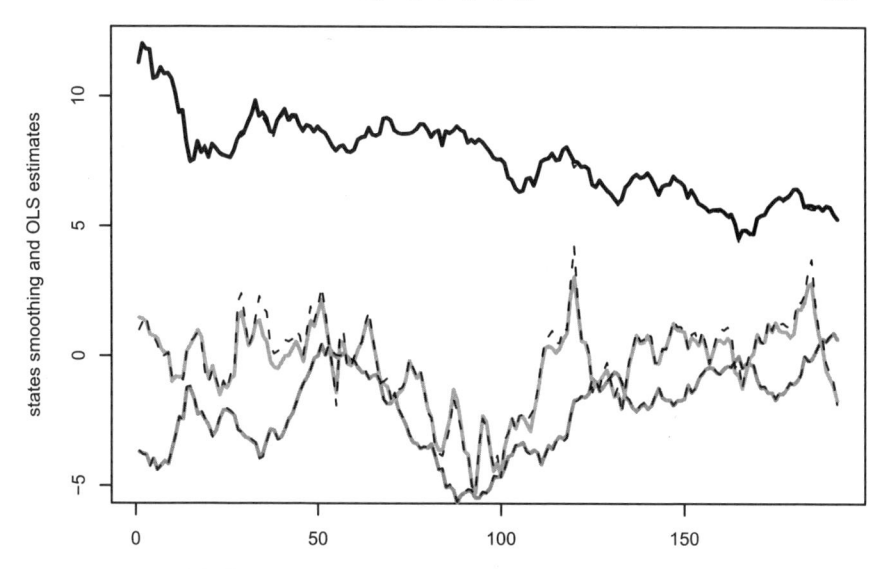

図 4.19 回帰係数 $\beta_{1,t}$, $\beta_{2,t}$, $\beta_{3,t}$ の MCMC 平滑化推定値 (それぞれ黒色，濃灰色，灰色の実線). 破線は月ごとの OLS 推定値

```
> lambda <- 0.0609
> h2 <- function(x){(1-exp(-lambda*x))/(lambda*x)}
> h3 <- function(x){((1-exp(-lambda*x))/(lambda*x)) -
+                    exp(-lambda*x)}
> X <- cbind(rep(1,m), h2(x), h3(x))
> # OLS estimates
> betahat <- solve(crossprod(X), crossprod(X, t(y)))
> nelsonSiegel <- function(x, beta){
+     beta[1]+ beta[2]*h2(x)+ beta[3]*h3(x)}
> month <- 51
> plot(x,y[month,], xlab="maturity(months)",
+     ylab="yield (percent)", ylim=c(8.9,9.8),
+     main="yield curve on 3/31/89")
> lines(x, nelsonSiegel(x, betahat[,month]))
```

図 4.19 には，月ごとの OLS 推定値（破線）が時間的にプロットされている．OLS 推定値 $\hat\beta_t$ の自己相関関数や推定残差分散を見ると，それらの時間遷移についての感触が得られる（プロットは割愛した）．

──────────── **R code** ────────────

```
> acf(t(betahat))
> yfit <- t(X %*% betahat)
```

```
> res <- (y-yfit)^2
> s2 <- rowSums(res) / (m-p)
> ts.plot(sqrt(s2))
```

例えば図 4.20 を参照すると，データの当てはまりはかなりよく，このモデルは時間とともに変化するイールドカーブの様々な形に適合している．

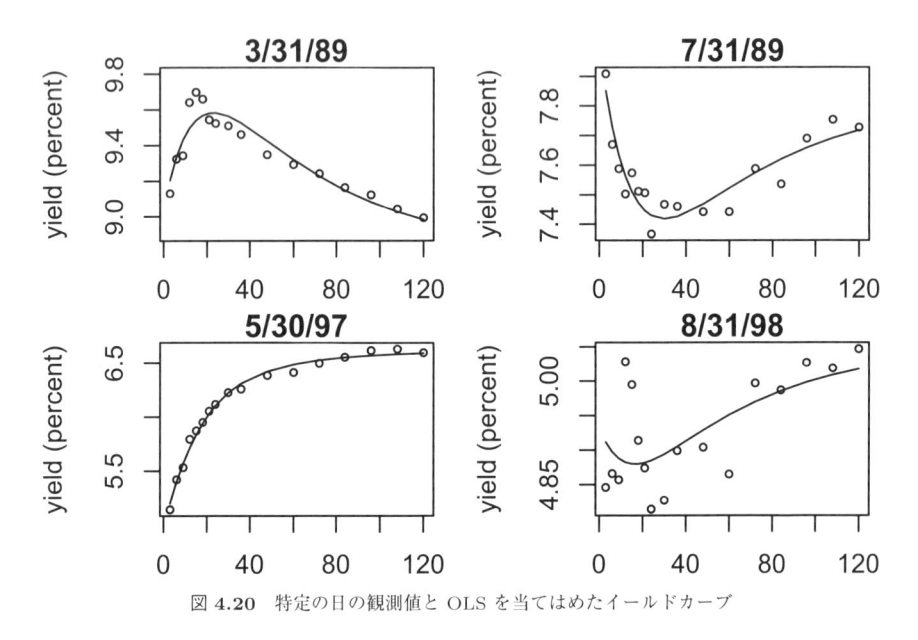

図 4.20　特定の日の観測値と OLS を当てはめたイールドカーブ

しかしながら，イールドカーブの推定を動的にすれば，問題がよりよく把握できるようになるだろう．この目的のためには，3.3.5 項で説明したように DLM が使用でき，回帰係数の遷移を記述する状態方程式を導入する．例えば，Diebold et al. (2006) では VAR (1) による状態の動的特性が検討されており，さらにマクロ経済変数の効果も含まれている．Petrone and Corielli (2005) が提案している DLM では，金利曲線の遷移に無裁定条件を課した状態方程式が導出されている．これらの論文では，最尤法によって，DLM の行列における未知パラメータ（固定値）が推定されている．ここでは，その代わりに，モデルにおける未知パラメータと状態のベイズ推定について説明する．簡単のために，$\beta_{1,t}$, $\beta_{2,t}$, $\beta_{3,t}$ は独立な AR (1) 過程であるとしてモデル化を行う．より詳細には，推定を行う DLM は次式の通りとする．

$$\begin{aligned} Y_t &= F\theta_t + v_t, & v_t &\sim \mathcal{N}(0, V) \\ \theta_t &= G\theta_{t-1} + w_t, & w_t &\sim \mathcal{N}(0, W) \end{aligned} \quad (4.25)$$

4.6 さらなる例

ここで，$Y_t = (Y_{1,t}, \cdots, Y_{m,t})'$，$\theta_t = (\beta_{1,t}, \beta_{2,t}, \beta_{3,t})'$ であり，さらに以下のようにおく．

$$F = \begin{bmatrix} 1 & h_2(x_1) & h_3(x_1) \\ 1 & h_2(x_2) & h_3(x_2) \\ \vdots & \vdots & \vdots \\ 1 & h_2(x_m) & h_3(x_m) \end{bmatrix}$$

$$G = \mathrm{diag}(\psi_1, \psi_2, \psi_3)$$

$$V = \mathrm{diag}(\phi_{y,1}^{-1}, \ldots, \phi_{y,m}^{-1})$$

$$W = \mathrm{diag}(\phi_{\theta,1}^{-1}, \phi_{\theta,2}^{-1}, \phi_{\theta,3}^{-1})$$

先のクロス・セクションモデルでは各時点 t に対する残差の等分散性を仮定したが，上記の DLM では簡単のために時不変としたが，満期が異なれば利回りの分散 $\phi_{y,i}^{-1}$，$i = 1, \ldots, m$ も異なってよいという点に注意する．

事前分布として，行列 G の AR パラメータは，i.i.d. のガウス分布に従うと仮定する．

$$\psi_j \overset{indep}{\sim} \mathcal{N}(\psi_0, \tau_0), \qquad j = 1, 2, 3$$

ここで，$\psi_0 = 0, \tau_0 = 1$ とする．ψ_j が定常領域にあるという制約は課さない．未知の分散に関して，4.5.1 項のように d 個の逆ガンマ事前分布を用いると，精度は独立なガンマ密度に従う．

$$\phi_{y,i} \sim \mathcal{G}(\alpha_{y,i}, b_{y,i}), \quad i = 1, 2, \ldots, m$$

$$\phi_{\theta,j} \sim \mathcal{G}(\alpha_{\theta,j}, b_{\theta,j}), \quad j = 1, \ldots, p$$

以下の実装では，$\alpha_{y,i} = 3$，$b_{y,i} = 0.01$，$i = 1, \ldots, m$，および $\alpha_{\theta,j} = 3$，$b_{\theta,j} = 1$，$j = 1, \ldots, p$ を用いた．これらの値の選択は，観測分散と状態遷移分散の事前予想値を，$\mathrm{E}(\phi_{y,i}^{-1}) = 0.005$，$\mathrm{Var}(\phi_{y,i}^{-1}) = 0.005^2$，および $\mathrm{E}(\phi_{\theta,j}^{-1}) = 0.5$，$\mathrm{Var}(\phi_{\theta,j}^{-1}) = 0.5^2$ とすることに対応している．

状態とモデルのパラメータの同時事後分布を，ギブス・サンプラーによって近似する．状態のサンプリングは，FFBS アルゴリズムを用いて行うことができる．パラメータの全条件付分布は次の通りとなる．

- $\phi_{\theta,j}$ の全条件付き分布は

$$\phi_{\theta,j}|\ldots \sim \mathcal{G}\left(\alpha_{\theta,j} + \frac{T}{2}, b_{\theta,j} + \frac{1}{2}SS_{\theta,j}\right), \qquad j = 1, 2, 3$$

ここで，$SS_{\theta,j} = \sum_{t=1}^{T}(\theta_{j,t} - (G\theta_{t-1})_j)^2$ である．

- 精度 $\phi_{y,i}$ の全条件付き分布は

$$\phi_{y,i}|\ldots \sim \mathcal{G}\left(\alpha_{y,i} + \frac{T}{2},\, b_{y,i} + \frac{1}{2}SS_{y,i}\right), \qquad i = 1,\ldots, m$$

ここで, $SS_{y,i} = \sum_{t=1}^{T}(y_{i,t} - (F\theta_t)_i)^2$ である.

- AR パラメータ ψ_j の全条件付き分布は, 正規事前分布の場合の線型回帰の理論より,

$$\psi_j|\ldots \sim \mathcal{N}(\psi_{j,T},\, \tau_{j,T}), \qquad j = 1, 2, 3$$

ここで

$$\psi_{j,T} = \tau_{j,T}\left[\phi_{\theta,j}\sum_{t=1}^{T}\theta_{j,t-1}\theta_{j,t} + \frac{1}{\tau_{j,0}}\psi_0\right]$$

$$\tau_{j,T} = \left[\frac{1}{\tau_0} + \phi_{\theta,j}\sum_{t=1}^{T}\theta_{j,t-1}^2\right]^{-1}$$

────────── **R code** ──────────
```
> mod <- dlm(m0=rep(0,p), C0=100 * diag(p),
+            FF=X, V=diag(m), GG=diag(p), W=diag(p))
> ## Prior hyperparameters
> psi0 <- 0; tau0 <- 1
> shapeY <- 3; rateY <- .01
> shapeTheta <- 3; rateTheta <- 1
> ## MCMC
> MC <- 10000
> gibbsTheta <- array(NA, dim=c(MC,TT+1,p))
> gibbsPsi <- matrix(NA, nrow=MC, ncol=p)
> gibbsV <- matrix(NA, nrow=MC, ncol=m)
> gibbsW <- matrix(NA, nrow=MC, ncol=p)
> # Starting values: as specified by mod
> set.seed(3420)
> phi.init <- rnorm(3,psi0, tau0)
> V.init <- 1/rgamma(1,shapeY,rateY)
> W.init <- 1/rgamma(1,shapeTheta,rateTheta)
> mod$GG=diag(phi.init)
> mod$V=diag(rep(V.init, m))
> mod$W=diag(rep(W.init, p))
> ## Gibbs sampling
> for (i in 1:MC)
+ {
+     # generate the states by FFBS
+     modFilt <- dlmFilter(y, mod, simplify=TRUE)
+     theta <- dlmBSample(modFilt)
+     gibbsTheta[i,,] <- theta
```

4.6 さらなる例

```
28  +      # generate the W_j
    +      theta.center <- theta[-1,] -
30  +          t(mod$GG %*% t(theta[-(TT+1),]))
    +      SStheta=apply((theta.center)^2, 2,sum)
32  +      phiTheta=rgamma(p, shape=shapeTheta+TT/2,
    +                        rate=rateTheta+SStheta/2)
34  +      gibbsW[i,] <- 1/phiTheta
    +      mod$W <- diag(gibbsW[i,])
36  +      # generate the V_i
    +      y.center <- y - t(mod$FF %*% t(theta[-1,]))
38  +      SSy=apply((y.center)^2, 2,sum)
    +      gibbsV[i,] <- 1/rgamma(m, shape=shapeY+TT/2,
40  +                        rate=rateY+SSy/2)
    +      mod$V <- diag(gibbsV[i,])
42  +      # generate the AR parameters psi_1, psi_2, psi_3
    +      psi.AR=rep(NA,3)
44  +      for (j in 1:p)
    +      {
46  +          tau= 1/((1/tau0) + phiTheta[j] *
    +                  crossprod(theta[-(TT+1),j]))
48  +          psi=tau * (phiTheta[j] * t(theta[-(TT+1),j]) %*%
    +                     theta[-1,j] + psi0/tau0)
50  +          psi.AR[j]=rnorm(1, psi, sd=tau^.5)
    +      }
52  +      gibbsPsi[i,] <- psi.AR
    +      mod$GG <-diag(psi.AR)
54  + }
```

サイズが 10,000 個の標本を生成し，最初の 1,000 個の抽出はバーンインとして捨てた．診断プロット（図は省略した）から，MCMC の連鎖は収束していることが示される．以下では，AR パラメータや未知の分散の事後期待値に対する MCMC 近似と，そのモンテカルロ標準誤差を示している．

────────── R code ──────────
```
> burn <- 1000
2  > V <-    gibbsPsi[-(1:burn),] ; round(mcmcMean(V),4)
      V.1      V.2      V.3
4    0.9949   0.9883   0.9135
    (0.0000) (0.0001) (0.0003)
6  > V <- sqrt(gibbsW[  -(1:burn),]); round(mcmcMean(V),4)
      V.1      V.2      V.3
8    0.3132   0.3216   0.6482
    (0.0002) (0.0002) (0.0005)
```

```
> V <- sqrt(gibbsV[  -(1:burn),]); round(mcmcMean(V),4)
    V.1      V.2      V.3      V.4      V.5      V.6
  0.1446   0.0628   0.0599   0.0850   0.0930   0.0754
 (0.0003) (0.0002) (0.0001) (0.0001) (0.0001) (0.0001)
    V.7      V.8      V.9     V.10     V.11     V.12
  0.0564   0.0519   0.0283   0.0468   0.0625   0.0806
 (0.0001) (0.0000) (0.0001) (0.0001) (0.0001) (0.0001)
   V.13     V.14     V.15     V.16     V.17
  0.0872   0.0664   0.0489   0.0502   0.0836
 (0.0001) (0.0001) (0.0001) (0.0001) (0.0001)
```

図 4.19 には,$\theta_t = (\beta_{1,t}, \beta_{2,t}, \beta_{3,t})$ の MCMC 平滑化推定値がプロットされている.この結果は,同じ図にプロットされている OLS による月ごとの推定値にかなり近い.しかしながら,いつもこのような結果が得られる訳ではない.大まかにいえば,クロス・セクション的な OLS 推定値は各時点 t において残差の平方和を最小化するが,DLM における最小化では状態方程式から示唆される制約を受ける.実際,状態方程式の特定化が十分でないと,クロス・セクション的なデータの当てはめも十分な結果にはならない可能性がある.この例をさらに掘り下げてゆくと,より思慮深い状態方程式の特定化,時変の観測分散や遷移分散,マクロ経済変数の考慮,といった話題が含まれるようになる.

4.6.3 因子モデル

この例では,因子モデル(3.3.6 項)を使用して,複数の和分時系列に共通する確率的なトレンドを抽出する.基本的な考えは,様々な市場の変動や,一連の経済/金融変数に対して同時に影響を及ぼす共通潜在因子を説明することにある.ここで使用するデータは,フェデラルファンド金利(短期金利)と 30 年固定住宅ローン金利(長期金利)であり,これらはセントルイス連邦準備銀行[*5] から取得した(Chang et al. (2005) を参照).この系列は,1971 年 4 月 7 日から 2004 年 9 月 8 日までの期間にわたって,週ごとにサンプリングされている.1+金利の自然対数について検討を行い,この変換を行ったデータが図 4.21 にプロットされている.

_____ R code _____
```
> interestRate <- read.table("Datasets/interestRates.dat",
+                 col.names=c("Long","Short"))
> y <- log(1+interestRate/100)
> y <- ts(y, frequency = 52, start = 1971)
> ts.plot(y, lty=c(1,2), col=c(1, "darkgray"))
> legend ("topright",legend = c("mortgage rate (long rate)",
+         "federal funds rate (short rate)"),
+         col=c(1, "darkgray"), lty=c(1,2), bty="n")
```

[*5] 出典: http://research.stlouisfed.org/fred2/

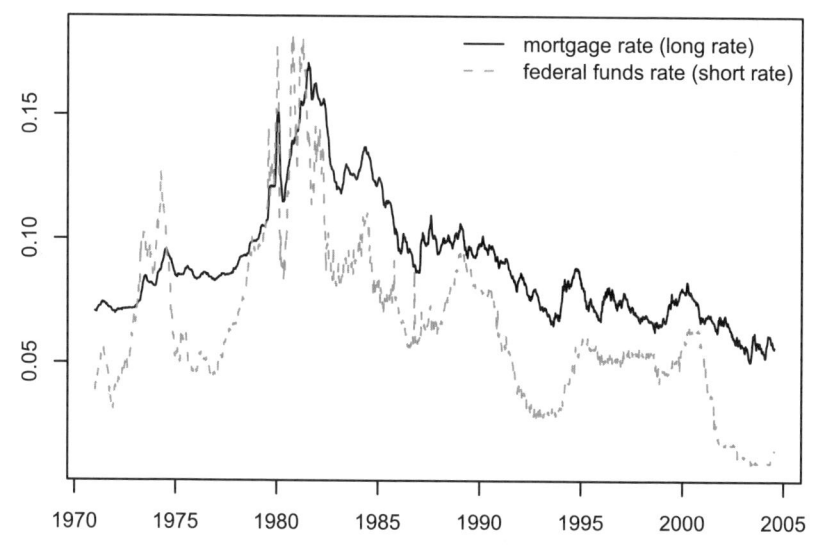

図 4.21　1971 年から 2004 年の週次データにおける，1+ フェデラルファンド金利 (FF) と 1+30 年住宅ローン金利 (WMORTG) の値の対数

2 変量の時系列 $(Y_t = (Y_{1,t}, Y_{2,t}) : t \geq 1)$ に共通する確率的なトレンドを抽出するために，次式の因子モデルを仮定する．

$$\begin{cases} Y_t = A\mu_t + \mu_0 + v_t, & v_t \sim \mathcal{N}(0, V) \\ \mu_t = \mu_{t-1} + w_t, & w_t \sim \mathcal{N}(0, \sigma_\mu^2) \end{cases} \quad (4.26)$$

ここで，2×1 の行列 A は，識別可能性を保証するために $A = [1\ \alpha]'$ と設定し，$\mu_0 = [0\ \overline{\mu}]'$ とする．潜在変数 μ_t は共通的な確率トレンドと解釈することができ，ここでは単純にランダムウォークとしてモデル化されている．通常の DLM の表記では，モデルは次の形で書くことができる．

$$Y_t = F\theta_t + v_t$$
$$\theta_t = \begin{bmatrix} 1 & 0 \\ 0 & 1 \end{bmatrix} \theta_{t-1} + \begin{bmatrix} w_t \\ 0 \end{bmatrix} \quad (4.27)$$

ここで

$$\theta_t = [\mu_t\ \overline{\mu}]', \quad F = \begin{bmatrix} 1 & 0 \\ \alpha & 1 \end{bmatrix}, \quad V = \begin{bmatrix} \sigma_1^2 & \sigma_{12} \\ \sigma_{12} & \sigma_2^2 \end{bmatrix}, \quad W = \mathrm{diag}(\sigma_\mu^2, 0)$$

α に対しては事前分布に $\mathcal{N}(\alpha_0, \tau^2)$ を使用し，4.5.1 項と 4.5.2 項のように精度 $1/\sigma_\mu^2$ と

V^{-1} に対して，独立なガンマ事前分布とウィシャート事前分布を使用する．

$$\sigma_\mu^{-2} \sim \mathcal{G}(a, b), \qquad V^{-1} \sim \mathcal{W}(\nu_0, S_0)$$

以下で示す特定の場合では，$\alpha_0 = 0$, $\tau^2 = 16$ とし，a と b は $\mathrm{E}(\sigma_\mu^{-2}) = 0.01$, $\mathrm{Var}(\sigma_\mu^{-2}) = 1$ となるように設定し，$\nu_0 = (\delta+1)/2 = 2$, $S_0 = V_0/2$ とした．ここで

$$V_0 = \begin{bmatrix} 1 & 0.5 \\ 0.5 & 4 \end{bmatrix}$$

したがって，$\mathrm{E}(V) = V_0$ となる．$y_{1:T}$ が与えられた下で，状態とパラメータの事後分布は次に比例する．

$$\prod_{t=1}^{T} \mathcal{N}_2((y_{1,t}, y_{2,t}); (\mu_t, \alpha\mu_t + \bar{\mu})', V) \mathcal{N}(\bar{\mu}; m_{0,2} C_{0,22}) \cdot$$
$$\mathcal{N}(\mu_t; \mu_{t-1}, \sigma_\mu^2) \mathcal{N}(\alpha; \alpha_0, \tau^2) \mathcal{G}(\sigma_\mu^{-2}; a, b) \mathcal{W}(V^{-1}; \nu_0, S_0)$$

ここで，$m_{0,2}$ と $C_{0,22}$ は，$\bar{\mu}$ に対する事前の平均と分散である．事後分布はギブス・サンプラーによって近似される．

- α の全条件付き分布は $\mathcal{N}(\alpha_T, \tau_T^2)$ であり，ここで

$$\tau_T^2 = \frac{(1-\rho^2)\tau^2 \sigma_2^2}{\tau^2 \sum_{t=1}^{T} \mu_t^2 + (1-\rho^2)\sigma_2^2}$$
$$\alpha_T = \tau_T^2 \frac{\tau^2/\sigma_2 \sum_{t=1}^{T}(\frac{y_{2,t}-\bar{\mu}}{\sigma_2} - \rho \frac{y_{1,t}-\mu_t}{\sigma_1})\mu_t + \alpha_0(1-\rho^2)}{\tau^2(1-\rho^2)}$$

また，$\rho = \sigma_{12}/(\sigma_1 \sigma_2)$ である．
- 精度 σ_μ^{-2} の全条件付き分布は

$$\mathcal{G}\left(a + \frac{T}{2}, b + \frac{SS_\mu}{2}\right)$$

ここで，$SS_\mu = \sum_{t=1}^{T}(\mu_t - \mu_{t-1})^2$ である．
- V^{-1} の全条件付き分布は

$$\mathcal{W}\left(\frac{\delta+1+T}{2}, \frac{1}{2}\left(V_0 + \sum_{t=1}^{T}(y_t - F\theta_t)(y_t - F\theta_t)'\right)\right)$$

———————— R code ————————

```
> # Prior hyperparameters
> alpha0 <- 0; tau2 <- 16
> expSigmaMu <- 0.01; varSigmaMu <- 1
```

```
> a <- (expSigmaMu^2/varSigmaMu)+2; b <- expSigmaMu*(a-1)
> delta <- 3;
> V0=matrix(c(1, 0.5, 0.5, 4), byrow=T, nrow=2)
> # Gibbs sampling
> MC <- 10000
> n <- nrow(y)
> gibbsTheta <- array(0, dim=c(n+1,2,MC-1)) #MC-1 matrices (n+1)x2
> gibbsV <-array(0, dim=c(2,2,MC)) # MC matrices 2x2
> gibbsAlpha <- rep(0,MC)
> gibbsW <- rep(0,MC)
> # model and starting values for the MCMC
> mod <- dlmModPoly(2, dW=c(1,0), C0=100*diag(2))
> gibbsAlpha[1] <- 0
> mod$FF <- rbind(c(1,0), c(gibbsAlpha[1],1))
> mod$W[1,1] <- gibbsW[1] <- 1/rgamma(1, a, rate=b)
> mod$V <- gibbsV[,,1] <- V0 /(delta-2)
> mod$GG <- diag(2)
> # MCMC loop
> for(it in 1:(MC-1))
+ {
+     # generate state- FFBS
+     modFilt <- dlmFilter(y, mod, simplify=TRUE)
+     gibbsTheta[,,it] <- theta <- dlmBSample(modFilt)
+     # update alpha
+     rho <- gibbsV[,,it][1,2]/(gibbsV[,,it][1,1]*gibbsV[,,it][2,2])^.5
+     tauT <- (gibbsV[,,it][2,2]*(1-rho^2)*tau2) /
+             (tau2 * sum(theta[-1,1]^2)+ (1-rho^2)*gibbsV[,,it][2,2])
+     alphaT <- tauT * ((tau2/(gibbsV[,,it][2,2])^.5) *
+             sum(((y[,2]-theta[-1,2])/gibbsV[,,it][2,2]^.5 -
+             rho* (y[,1]-theta[-1,1])/gibbsV[,,it][1,1]^.5) *
+             theta[-1,1])+ alpha0*(1-rho^2))/(tau2*(1-rho^2))
+     mod$FF[2,1] <- gibbsAlpha[it+1] <- rnorm(1, alphaT, tauT^.5)
+     # update sigma_mu
+     SSmu <- sum( diff(theta[,1])^2)
+     mod$W[1,1] <- gibbsW[it+1] <- 1/rgamma(1, a+n/2, rate=b+SSmu/2)
+     # update V
+     S <- V0 + crossprod(y- theta[-1,] %*% t(mod$FF))
+     mod$V <- gibbsV[,,it+1] <- solve(rwishart(df=delta+1+ n,
+             Sigma=solve(S)))
+ }
```

MCMCの反復を10,000回行った結果を示す.ここで,5,000回の抽出はバーンインとした.図4.22から4.23には,いくつかの診断プロットがまとめられている.各図の

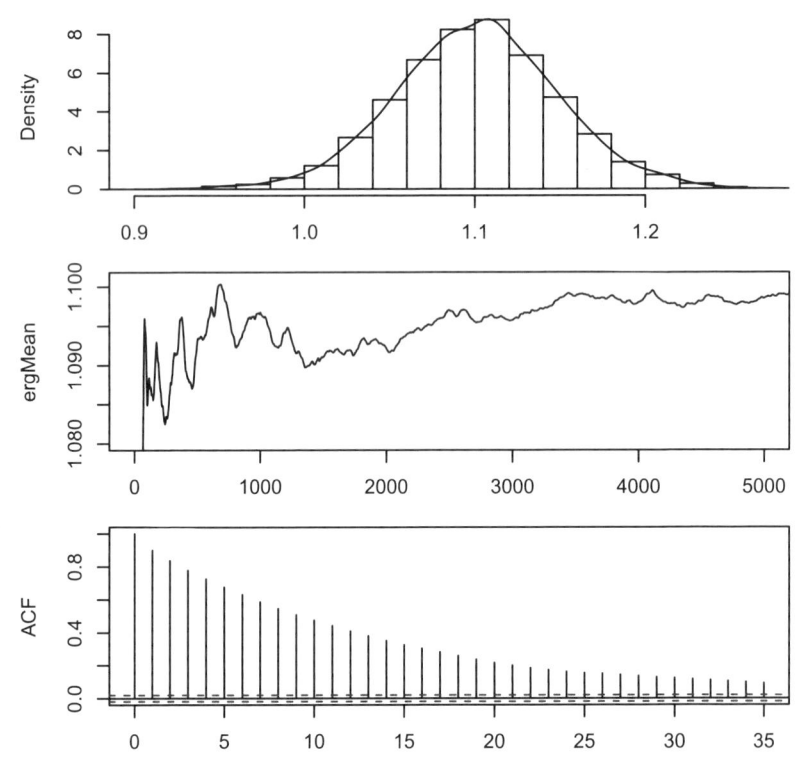

図 4.22　α の事後分布に関する MCMC 推定値，移動エルゴード平均，MCMC の自己相関

パラメータ	α	σ_μ	σ_1	σ_2	$\sigma_{1,2}$
事後平均	1.1006	0.0084	0.0263	0.0514	0.00042
(標準偏差)	(0.0025)	(0.00003)	(0.00012)	(0.00021)	(0.00005)
5%分位値	1.0219	0.0079	0.0254	0.0498	0.0003
95%分位値	1.1794	0.0089	0.0269	0.0527	0.00043

最初のパネルは，各々 α と σ_μ^2 の事後分布の MCMC 近似を示している．

パラメータの事後平均の MCMC 推定値が，上記の表に与えられている．表には，dlm の関数 mcmcMean で得られた推定された標準誤差と，周辺事後分布の 5%点や 95%点も一緒に示している．

図 4.24 は，データと共通的な確率トレンドの事後平均を示しており，このトレンドは長期金利に非常に近い値をとる結果となっている．

4.6 さらなる例

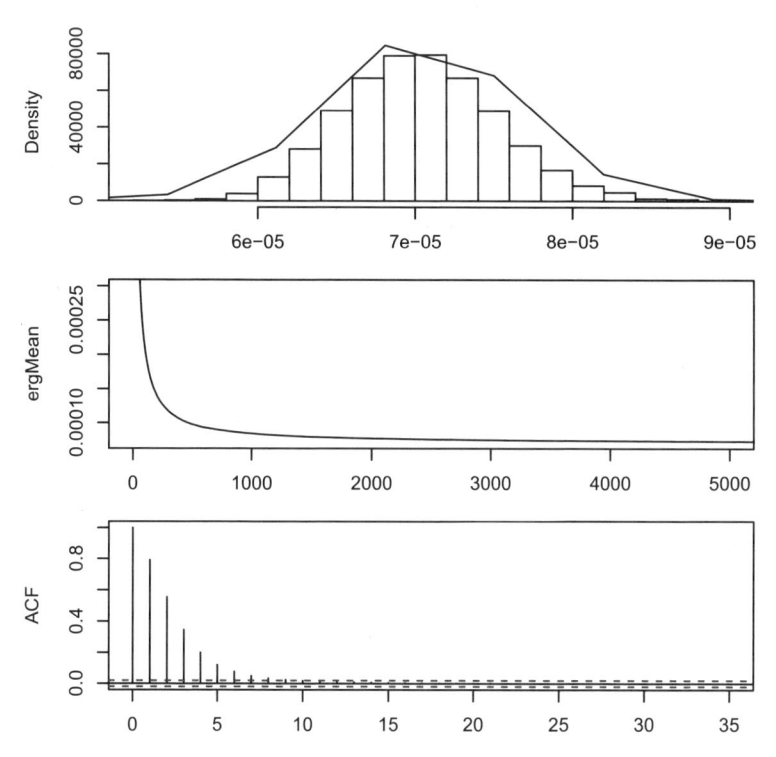

図 4.23 σ_μ^2 の事後分布に関する MCMC 推定値,移動エルゴード平均,MCMC の自己相関

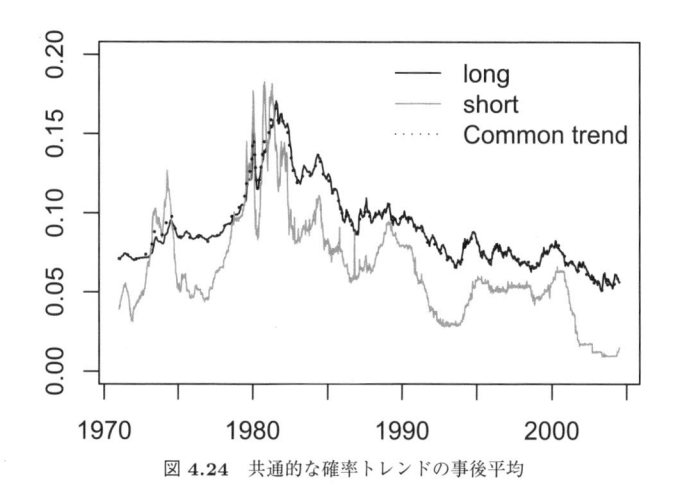

図 4.24 共通的な確率トレンドの事後平均

演習問題

4.1 第 2 章では，ナイル川の水位データに対して，ランダムウォーク・プラス・ノイズモデルを考えた．そこでは，状態分散と観測分散に関して最尤推定値を使用した．今度は，モデルの状態と未知パラメータに関して，ベイズ推定を行うことを考える．V と W の共役事前分布を導き，$(\theta_{0:T}, V, W | y_{1:T})$ の事後分布を評価せよ．ついで，4.3.2 項や 4.3.3 項のように割引因子を用いたモデルで推定を行い，結果を比較せよ．

4.2 4.3.1 項で説明した，共役事前分布を持つ DLM を考える．簡単のために，θ_t は一変量であるとする．$\theta_t | y_{1:t}$ に関して，$(1-\alpha)$%確率区間の式を計算せよ．その結果を検討し，σ^2 が既知の場合の結果と比較せよ．

4.3 再び，ナイル川の水位データを考える（問 4.1 では，ランダムウォーク・プラス・ノイズとしてモデル化した）．このデータに関して分散が時不変であると仮定することは，実際には制約が厳しすぎる．これは，ダムの建設に起因する大きな変化が予期されているためである．4.5.3 項で説明したモデルを用いると，外れ値や構造変化が許容される．ナイル川の水位データにこのモデルを適用して，ベイズ推定値を与えてみよ（$y_{1:T}$ が与えられた条件の下で，状態と未知パラメータの同時事後分布の MCMC 近似を計算せよ）．

4.4 アルゴリズム 4.3 で記述されたハイブリッド・サンプラーに関して，事後分布 (4.20) 式が不変となることを示せ．

4.5 事前分布の適切な導出は，困難な作業となる場合が多い．事前分布の仮定は推定感度に影響を与えるため，少なくとも事前分布における超パラメータの役割は意識すべきである（モデルが与えられた場合，事実上超パラメータは事前分布の仮定の一部となる）．4.5.2 項では，確率的な要素を持つ共分散行列に関して，逆ウィシャート事前分布を考えた．V が確率的な要素を持つ (2×2) の行列であり，パラメータ $(\alpha = n/2, B = \Sigma/2)$ の逆ウィシャート分布に従うとしよう．この分布について，パラメータ n や Σ の値が変わる場合を検討し，結果として得られる周辺密度をプロットせよ．

4.6 4.5.2 項で説明した SUTSE モデルに関して，事前分布の仮定が推定感度に及ぼす影響を検討せよ．

5

逐次モンテカルロ法

　第2章では，一般状態空間モデルに対するフィルタリング漸化式（命題2.1）を紹介した．時点 $t-1$ のフィルタリング分布と観測値 y_t から時点 t のフィルタリング分布を計算するアルゴリズムの再帰的な性質は，データの収集が終わるまでに推定をオンラインで行う必要がある多くの種類の応用にとって理論上適切なものである．この種の応用では，システムの現在の状態について常に最新の推定値を持っている必要がある．このようなオンライン型の応用の一般的な例としては，次のものがあげられる．例えば，レーダーで観測される移動中の航空機の位置や速度の追跡，衛星データによる台風の位置や特性の監視，そしてティック・データからの株価グループのボラティリティ推定等である．しかし残念ながら，一般状態空間モデルでは，(2.7) 式の積分は解析的に行うことができない．DLM は，カルマン・フィルタによってフィルタリングの問題にクローズド・フォーム（閉形式）解が与えられる特殊な場合である．しかしながら，この場合でも，DLM の特定化に未知パラメータが含まれると，いくつかの単純な場合（4.3.1 項を参照）を除いて，カルマン・フィルタだけではフィルタリング分布の計算を完全に行うことができなくなり，数値的な手法に頼る必要がある．

　第4章で説明したように，未知パラメータがある DLM には，オフラインもしくはバッチ推定として MCMC 法がうまく適用でき，この方法であればモデルを非ガウス・非線型に拡張することができる．しかしながら，オンライン推定ではこの方法の効果は限定的となる．というのも新しい観測が利用可能になるたびに，マルコフ連鎖を全て新しくシミュレーションする必要があるためである．言い換えれば，MCMC による方法では，時点 $t-1$ の観測に基づく出力を利用して，時点 t の観測に基づく事後分布を評価することができない．この意味で，MCMC はカルマン・フィルタとは異なり，逐次的な用途には簡単に適用できない．

　非ガウス・非線型状態空間モデルにおいて，フィルタリング分布を逐次更新する初期の試みは，状態方程式やシステム方程式を何らかの形で線型化したり，ガウス分布を用いて近似を行う方法に基づいていた（詳細や参考文献に関しては，Cappé et al. (2007) を参照）．この種のアプローチは，非線型性が弱いモデルには有用である一方，非線型性が

強いモデルでは概して十分な性能が得られない. さらにこのアプローチでは, DLM のような単純な場合でさえ, 未知パラメータの逐次推定の問題を解決することができない.

本章では, 逐次モンテカルロと呼ばれる比較的最近のシミュレーションによる方法を説明をする. この方法は, 未知パラメータのある DLM や一般的な非ガウス・非線型状態空間モデルのいずれにおいても, オンライン・フィルタリングの応用で成功が実証されている. 逐次モンテカルロは, これまでの方法とは異なる種類のシミュレーションに基づくアルゴリズムを提供しており, 複雑な事後分布の近似が可能である. この方法は時系列のモデルに限定されるわけではないが, DLM や一般状態空間モデルの中でも, 特に新しいデータが観測された際に頻繁に事後分布を更新する必要があるような応用において, 非常にうまくいくことが実証されている. 逐次モンテカルロ法の研究は現在非常に活発であるので, 本章ではこの分野について完全な総括を行うつもりはない. 代わりに概要の紹介に話題を限定するが, DLM の文脈で容易に実装可能ないくつかのアルゴリズムについてはより詳細な説明を行う. さらなる情報に関して興味のある読者は, Liu (2001), Doucet et al. (2001), Del Moral (2004), Cappé et al. (2005) といった文献を参照されたい. Cappé et al. (2007) の論文では, この分野の現在の概要が示されている.

5.1 基本的な粒子フィルタ

粒子フィルタリングは, 状態空間モデルへ応用する時には通常逐次モンテカルロ法と呼ばれ, 重点サンプリングの拡張と考えるとより容易に理解できる. この理由のため, 本節の説明を始めるにあたり, 重点サンプリングについて簡単に復習する.

まず期待値の評価に関心があると仮定しよう.

$$E_\pi(f(X)) = \int f(x)\pi(x)\,dx \tag{5.1}$$

ここで $g(x) = 0$ ならば $\pi(x) = 0$ となる特性を持つ重点密度 (importance density) を g と仮定すると, 次のように書くことができる.

$$E_\pi(f(X)) = \int f(x)\frac{\pi(x)}{g(x)}g(x)\,dx = E_g(f(X)w^\star(X))$$

ここで $w^\star(x) = \pi(x)/g(x)$ はいわゆる重点関数 (importance function) である. このことは, g からサイズが N の無作為標本を生成し, 次を計算することによって, 関心のある期待値が近似できることを示している.

$$\frac{1}{N}\sum_{i=1}^{N} f(x^{(i)})w^\star(x^{(i)}) \approx E_\pi(f(X)) \tag{5.2}$$

ベイズ統計学の応用では, 目標密度の評価は通常正規化因子を含む. すなわち未知の定

数 C に対して，$C \cdot \pi(x)$ だけが計算可能である．残念ながら，このことは重点関数も同様の因子 C を含めてしか評価できず，(5.2) 式が直接利用できないことを示している．しかしながら，$\tilde{w}^{(i)} = Cw^\star(x^{(i)})$ とし，$f(x) \equiv C$ ならば (5.2) 式は

$$\frac{1}{N}\sum_{i=1}^{N} Cw^\star(x^{(i)}) = \frac{1}{N}\sum_{i=1}^{N} \tilde{w}^{(i)} \approx \mathrm{E}_\pi(C) = C \tag{5.3}$$

となる．$\tilde{w}^{(i)}$ は利用可能なので，(5.3) 式は C を評価する方法になる．さらに，(5.1) 式を評価する目的では，定数 C の明示的な推定は必要ない．実際

$$\begin{aligned}
\mathrm{E}_\pi(f(X)) &\approx \frac{1}{N}\sum_{i=1}^{N} f(x^{(i)})w^\star(x^{(i)}) \\
&= \frac{\frac{1}{N}\sum_{i=1}^{N} f(x^{(i)})\tilde{w}^{(i)}}{C} \approx \frac{\sum_{i=1}^{N} f(x^{(i)})\tilde{w}^{(i)}}{\sum_{i=1}^{N} \tilde{w}^{(i)}} \\
&= \sum_{i=1}^{N} f(x^{(i)})w^{(i)}
\end{aligned}$$

となる．ここで，$w^{(i)} = \tilde{w}^{(i)}/\sum_{j=1}^{N} \tilde{w}^{(j)}$ である．次の点に注意しよう．(1) 重み $w^{(i)}$ の和は 1 になる．(2) 近似 $\mathrm{E}_\pi(f(X)) \approx \sum_{i=1}^{N} f(x^{(i)})w^{(i)}$ は，性質のよい任意の関数 f に対して成立する．したがって，標本 $x^{(1)}, \ldots, x^{(N)}$ と対応する重み $w^{(1)}, \ldots, w^{(N)}$ は，目標分布 π の離散近似と見なすことができる．言い換えると，x での単位質量を δ_x と書き，$\hat{\pi} = \sum_{i=1}^{N} w^{(i)}\delta_{x^{(i)}}$ とおくと，$\pi \approx \hat{\pi}$ を得る．

フィルタリングの応用では，新しい観測が行われるごとに目標分布が変化し，$\pi(\theta_{0:t-1}|y_{1:t-1})$ から $\pi(\theta_{0:t}|y_{1:t})$ に移動する．たとえ $\theta_{0:t-1}$ が $\theta_{0:t}$ の最初の要素であっても，$\pi(\theta_{0:t-1}|y_{1:t-1})$ は $\pi(\theta_{0:t}|y_{1:t})$ の周辺分布とはならないことに注意する．ここでの問題は，$\pi(\theta_{0:t}|y_{1:t})$ の離散近似を得るために，観測値 y_t が利用可能となった際，いかに効率よく $\pi(\theta_{0:t-1}|y_{1:t-1})$ の離散近似を更新するかにある．各 s に関して，$\pi(\theta_{0:s}|y_{1:s})$ の近似を $\hat{\pi}_s(\theta_{0:s}|y_{1:s})$ と表そう[*1]．更新過程は次の 2 ステップからなる：$\hat{\pi}_{t-1}$ のサポートにおける $\theta_{0:t-1}^{(i)}$ の各点に対し，(1) $\theta_{0:t}^{(i)}$ を得るために追加要素 $\theta_t^{(i)}$ を抽出する．(2) その重み $w_{t-1}^{(i)}$ を適切な値 $w_t^{(i)}$ に更新する．この結果，重み付けされた点 $(\theta_t^{(i)}, w_t^{(i)})$，$i = 1, \ldots, N$ は，新しい離散近似 $\hat{\pi}_t$ を与える．また，各 t で $\theta_{0:t}$ を生成するために用いられる重点密度を g_t としよう．時点 t で観測値 $y_{1:t}$ が利用できるため，g_t が $y_{1:t}$ に従属する可能性を考慮し，(従属関係を) 明示的に $g_t(\theta_{0:t}|y_{1:t})$ と書く．ここで，g_t が次の形で表されると仮定する．

$$g_t(\theta_{0:t}|y_{1:t}) = g_{t|t-1}(\theta_t|\theta_{0:t-1}, y_{1:t}) \cdot g_{t-1}(\theta_{0:t-1}|y_{1:t-1})$$

[*1] 表記 $\hat{\pi}_s$ における添字の s は残しておく．というのも，目標分布が過程 $\{\theta_i, y_j : i \geq 0, j \geq 1\}$ から完全に一意に導出される分布である一方，その近似は，原理的には異なる時点において互いに関係がない可能性もあるためである．

これにより，時点 $t-1$ で g_{t-1} から抽出された $\theta_{0:t-1}$ と，時点 t で $g_{t|t-1}(\theta_t|\theta_{0:t-1},y_{1:t})$ から生成された θ_t を組み合わせることで，$\theta_{0:t}$ を連続的に「成長」させることが可能となる．関数 $g_{t|t-1}$ を**重点遷移密度** (importance transition densities) と呼ぶことにしよう．重点遷移密度は $\theta_{0:t}$ を生成するためだけに必要とされていることに注意する．本節の終わりでは，重点遷移密度の選び方についての指針を示すことにする．次に，重みの更新方法を考えよう．表記を簡単にするために上付きの添え字を省略すると，次のようになる．

$$w_t \propto \frac{\pi(\theta_{0:t}|y_{1:t})}{g_t(\theta_{0:t}|y_{1:t})} \propto \frac{\pi(\theta_{0:t},y_t|y_{1:t-1})}{g_t(\theta_{0:t}|y_{1:t})}$$

$$\propto \frac{\pi(\theta_t,y_t|\theta_{0:t-1},y_{1:t-1}) \cdot \pi(\theta_{0:t-1}|y_{1:t-1})}{g_{t|t-1}(\theta_t|\theta_{0:t-1},y_{1:t}) \cdot g_{t-1}(\theta_{0:t-1}|y_{1:t-1})}$$

$$\propto \frac{\pi(y_t|\theta_t) \cdot \pi(\theta_t|\theta_{t-1})}{g_{t|t-1}(\theta_t|\theta_{0:t-1},y_{1:t})} \cdot w_{t-1}$$

したがって，全ての i に関して $g_{t|t-1}(\theta_t|\theta_{0:t-1}^{(i)},y_{1:t})$ から $\theta_t^{(i)}$ を抽出すれば，正規化していない重み $\tilde{w}_t^{(i)}$ は，次のように計算できる．

$$\tilde{w}_t^{(i)} = w_{t-1}^{(i)} \cdot \frac{\pi(y_t|\theta_t^{(i)}) \cdot \pi(\theta_t^{(i)}|\theta_{t-1}^{(i)})}{g_{t|t-1}(\theta_t^{(i)}|\theta_{0:t-1}^{(i)},y_{1:t})} \tag{5.4}$$

(5.4) 式の右辺の分数，もしくはそれに比例する量[*2] は，**重みの増分** (incremental weight) と呼ばれる．更新過程の最終ステップは，次のように正規化していない重みを規準化することからなる．

$$w_t^{(i)} = \frac{\tilde{w}_t^{(i)}}{\sum_{j=1}^N \tilde{w}_t^{(j)}}$$

実際には多数回の更新が行われてゆくと，$\hat{\pi}_t$ のサポートで 2,3 の点だけが比較的大きい重みを持つ一方，残りの全ての点がわずかな重みしか持たないような状況がよく発生する．これは，明らかにモンテカルロ近似の劣化につながる．この現象を制御するために，時間を通じて監視を行う有益な基準が**有効サンプルサイズ** (effective sample size) であり，次のように定義される．

$$N_{\textit{eff}} = \left(\sum_{i=1}^N (w_t^{(i)})^2\right)^{-1}$$

これは，N（全ての重みが等しい場合）と 1（1 つの重みが 1 である場合）の間の値をとる．$N_{\textit{eff}}$ が閾値 N_0 を下回った場合は，リサンプリングのステップを実行することが推奨される．リサンプリングは，いくつか異なる方法で実行することができる．最も単純な方法は多項リサンプリングと呼ばれ，$\hat{\pi}_t$ から N 個の無作為標本を抽出し，この抽出された標本点を用いて，重みを等しくとると，目標分布の新しい離散近似となる．リサンプリングのステップを経ると，近似している分布 $\hat{\pi}_t$ の期待値は変わらないが，モンテカ

[*2] 比例定数は $y_{1:t}$ に依存してもよいが，任意の i に関して $\theta_t^{(i)}$ や $\theta_{0:t-1}^{(i)}$ に依存すべきではない．

5.1 基本的な粒子フィルタ 217

ルロ分散は増加する．分散の増加をできるだけ小さくしようとする観点から，多項リサンプリングよりさらに効率的な他のリサンプリング・アルゴリズムが研究者達により開発されてきた．それらの中で最も一般的に用いられているのは，残差リサンプリングである．この方法は，まず確定的に $i = 1, \ldots, N$ に対して $\theta_{0:t}^{(i)}$ を $\lfloor Nw_t^{(i)} \rfloor$ 個複製して生成し，ついで $\theta_{0:t}^{(i)}$ を R_i 個複製して付け加えるという手順からなる．ここで $(R_1, \ldots, R_N)$ は多項分布に従う確率ベクトルである．この標本数と確率のパラメータは，各々 $N - M$ と $(\overline{w}^{(1)}, \ldots, \overline{w}^{(N)})$ で与えられ，次のようになる．

$$M = \sum_{i=1}^{N} \lfloor Nw_t^{(i)} \rfloor$$

$$\overline{w}^{(i)} = \frac{Nw_t^{(i)} - \lfloor Nw_t^{(i)} \rfloor}{N - M}, \quad i = 1, \ldots, N$$

アルゴリズム 5.1 には，基本的な粒子フィルタの要約が含まれている．改めてこのアルゴリズムの逐次的な特徴を強調しておこう．一番外側の「$t = 1, \ldots, T$ に対して」のループの各ステップは，新しいデータ点 y_t が観測された後における，$\hat{\pi}_{t-1}$ から $\hat{\pi}_t$ への更新を表している．これにより，任意の時点 $t \leq T$ における現在のフィルタリング分布の更新中の近似 $\hat{\pi}_t$ が得られる．

●アルゴリズム 5.1：粒子フィルタアルゴリズムの要約

0. 初期化：$\pi(\theta_0)$ から独立に $\theta_0^{(1)}, \ldots, \theta_0^{(N)}$ を抽出し，次のようにおく．

$$w_0^{(i)} = N^{-1}, \quad i = 1, \ldots, N$$

1. $t = 1, \ldots, T$ に対して

 1.1) $i = 1, \ldots, N$ に対して

  ● $g_{t|t-1}(\theta_t | \theta_{0:t-1}^{(i)}, y_{1:t})$ から $\theta_t^{(i)}$ を抽出し，次のようにおく．

  $$\theta_{0:t}^{(i)} = (\theta_{0:t-1}^{(i)}, \theta_t^{(i)})$$

  ● 次のようにおく．

  $$\tilde{w}_t^{(i)} = w_{t-1}^{(i)} \cdot \frac{\pi(\theta_t^{(i)}, y_t | \theta_{t-1}^{(i)})}{g_{t|t-1}(\theta_t^{(i)} | \theta_{0:t-1}^{(i)}, y_{1:t})}$$

 1.2) 重みを正規化する．

 $$w_t^{(i)} = \frac{\tilde{w}_t^{(i)}}{\sum_{j=1}^{N} \tilde{w}_t^{(j)}}$$

 1.3) 次の値を計算する．

$$N_{\mathit{eff}} = \left(\sum_{i=1}^{N}(w_t^{(i)})^2\right)^{-1}$$

1.4) $N_{\mathit{eff}} < N_0$ ならば，リサンプリングを行う．
  - 離散分布からサイズ N の標本を抽出し

$$P(\theta_{0:t} = \theta_{0:t}^{(i)}) = w_t^{(i)}, \qquad i = 1, \ldots, N$$

  この標本の再ラベル化（ラベルの付け直し）を行う．

$$\theta_{0:t}^{(1)}, \ldots, \theta_{0:t}^{(N)}$$

  - 重みをリセットする: $w_t^{(i)} = N^{-1}$, $i = 1, \ldots, N$

1.5) $\hat{\pi}_t = \sum_{i=1}^{N} w_t^{(i)} \delta_{\theta_{0:t}^{(i)}}$ とおく．

時点 t のフィルタリング分布 $\pi(\theta_t|y_{1:t})$ の離散近似は，$\hat{\pi}_t$ の周辺分布として直ちに得られる．より詳細には，$\hat{\pi}_t = \sum_{i=1}^{N} w^{(i)} \delta_{\theta_{0:t}^{(i)}}$ なので，各パス $\theta_{0:t}^{(i)}$ の最初の t 個の要素を捨てる必要があるだけでよく，$\theta_t^{(i)}$ だけを残し，次を得る．

$$\pi(\theta_t|y_{1:t}) \approx \sum_{i=1}^{N} w^{(i)} \delta_{\theta_t^{(i)}}$$

実際には，粒子フィルタはその名が示すように，フィルタリング分布を逐次更新するアルゴリズムと見なされることが最も多い．遷移密度 $g_{t|t-1}$ がマルコフ型である限り，(5.4)式の重みの増分は $\theta_t^{(i)}$ と $\theta_{t-1}^{(i)}$ のみに依存する．そこで，もしフィルタリング分布のみに関心がある場合，パス $\theta_{0:t}^{(i)}$ の以前の要素は捨て去っても問題はないことに注意する．このことは，明らかに記憶領域の大きな節約につながると解釈できる．フィルタリング分布に焦点を合わせるもう 1 つ別のより基本的な理由は，$\theta_{0:t}$ の初期の要素より最新の要素の方が，$\hat{\pi}_t$ で与えられる離散近似をより正確にする傾向があるためである．この理由を確認するために，$s(<t)$ を固定して $y_{1:s}$ が利用可能になった時のみ $\theta_s^{(i)}$ が生成される場合を考えてみることにすると，$t-s$ 個の観測値が追加で得られた条件の下では，これらの状態が平滑化分布 $\pi(\theta_s|y_{1:t})$ の中心からかなり離れてしまう可能性があることが分かる．

本節を終えるにあたり，重点遷移密度の選び方に関して，従うべき実用的な指針について触れる．一般状態空間モデルだけでなく DLM の文脈においても，2 つの最もよく利用される重点遷移密度がある．1 つめは，$g_{t|t-1}(\theta_t|\theta_{0:t-1}, y_{1:t}) = \pi(\theta_t|\theta_{t-1})$，すなわち，状態のマルコフ連鎖に対する実際の遷移密度である．この方法では，全ての粒子は状態の事前分布から抽出され，観測値から与えられる情報が全く考慮されないことは明らかで

ある.ただし,粒子のシミュレーションと重みの増分の計算は簡単になる.しかしながら,ほとんどの時点で生成された粒子は事後密度が低い領域に陥ってしまうだろう.その結果,事後密度の離散表現が正確ではなくなり,事後期待値の推定に関してモンテカルロ分散は大きくなるだろう.このような理由により,重点密度に事前分布を使用することは推奨しない.より効率的なアプローチは,重点遷移密度において観測値を考慮し,θ_{t-1} と y_t が与えられた下での条件付き分布から θ_t を生成する構成とする.このような分布は,**最適重点核** (optimal importance kernel) と呼ばれることがある.モデルの条件付き独立の構造という観点から見ると,この分布は $\theta_{0:t-1}$ と $y_{1:t}$ が与えられた下での θ_t の条件付き分布と同じになる.したがってこのアプローチでは,目標(条件付き)分布から θ_t が生成されることになる.しかしながら,θ_{t-1} が現在の目標分布から抽出されていないため,粒子 $\theta_{0:t}^{(i)}$ は直ちに目標分布からの抽出とはならず[*3],重点重みの増分を評価する必要がある.正規分布に従うモデルの一般的な結果を適用すると,DLM において最適重点核 $g_{t|t-1}$ が次のような平均と分散を持つ正規密度になることは容易に確かめられる.

$$E(\theta_t|\theta_{t-1},y_t) = G_t\theta_{t-1} + W_tF_t'\Sigma_t^{-1}(y_t - F_tG_t\theta_{t-1})$$

$$\mathrm{Var}(\theta_t|\theta_{t-1},y_t) = W_t - W_tF_t'\Sigma_t^{-1}F_tW_t$$

ここで,$\Sigma_t = F_tW_tF_t' + V_t$ である.時不変な DLM では,上記の条件付き分散は時点 t に依存せず,したがって,処理の開始時に計算を一度全て済ませておけばよいことに注意する.この重点遷移密度を用いると,重みの増分は $\theta_{t-1} = \theta_{t-1}^{(i)}$ が与えられた下での y_t の条件付き密度,すなわち,y_t で評価された $N(F_tG_t\theta_{t-1}^{(i)},\Sigma_t)$ という密度に比例することになる.

5.1.1 簡単な例

前節で説明した基本的な粒子フィルタについて,実際への適用を説明してその正確さを評価するために,ここでは既知の DLM からシミュレーションで得られた 100 個の観測値に基づいた,非常に簡単な例を示す.データはローカルレベル・モデルから生成し,システム分散 $W=1$,観測分散 $V=2$,および状態の初期値が従う分布を $N(10,9)$ とした.観測値は y に保存した.与えられたモデルをシミュレートするために,dlmForecast を使用していることに注意する.

──────────── **R code** ────────────
```
> ### Generate data
> mod <- dlmModPoly(1, dV = 2, dW = 1, m0 = 10, C0 = 9)
> n <- 100
> set.seed(23)
```

[*3] この見かけ上の矛盾の理由は,目標分布が時点 $t-1$ から t にかけて変化することに起因する.θ_{t-1} が生成される際,観測値 y_t は使用されていない.

```
> simData <- dlmForecast(mod = mod, nAhead = n, sampleNew = 1)
> y <- simData$newObs[[1]]
```

今回の粒子フィルタの実装では粒子数を 1,000 に設定し，重点遷移密度として最適重点核を使用する．前節で説明したように，DLM では粒子を生成してその重みを更新するのに，最適重点核が容易に利用可能である．簡単のために効率的な残差リサンプリングの代わりにより素朴な多項リサンプリングを使用し，リサンプリングのステップに対する閾値を 500 に設定した．すなわち，有効サンプルサイズが粒子数の半分より小さくなったら，常にリサンプリングを行うようにした．

──────────── R code ────────────
```
> ### Basic Particle Filter - optimal importance density
> N <- 1000
> N_0 <- N / 2
> pfOut <- matrix(NA_real_, n + 1, N)
> wt <- matrix(NA_real_, n + 1, N)
> importanceSd <- sqrt(drop(W(mod) - W(mod)^2 /
+                           (W(mod) + V(mod))))
> predSd <- sqrt(drop(W(mod) + V(mod)))
> ## Initialize sampling from the prior
> pfOut[1, ] <- rnorm(N, mean = m0(mod), sd = sqrt(C0(mod)))
> wt[1, ] <- rep(1/N, N)
> for (it in 2 : (n + 1))
+ {
+     ## generate particles
+     means <- pfOut[it - 1, ] + W(mod) *
+         (y[it - 1] - pfOut[it - 1, ]) / (W(mod) + V(mod))
+     pfOut[it, ] <- rnorm(N, mean = means, sd = importanceSd)
+     ## update the weights
+     wt[it, ] <- dnorm(y[it - 1], mean = pfOut[it - 1, ],
+                       sd = predSd) * wt[it - 1, ]
+     wt[it, ] <- wt[it, ] / sum(wt[it, ])
+     ## resample, if needed
+     N.eff <- 1 / crossprod(wt[it, ])
+     if ( N.eff < N_0 )
+     {
+         ## multinomial resampling
+         index <- sample(N, N, replace = TRUE, prob = wt[it, ])
+         pfOut[it, ] <- pfOut[it, index]
+         wt[it, ] <- 1 / N
+     }
+ }
```

5.1 基本的な粒子フィルタ

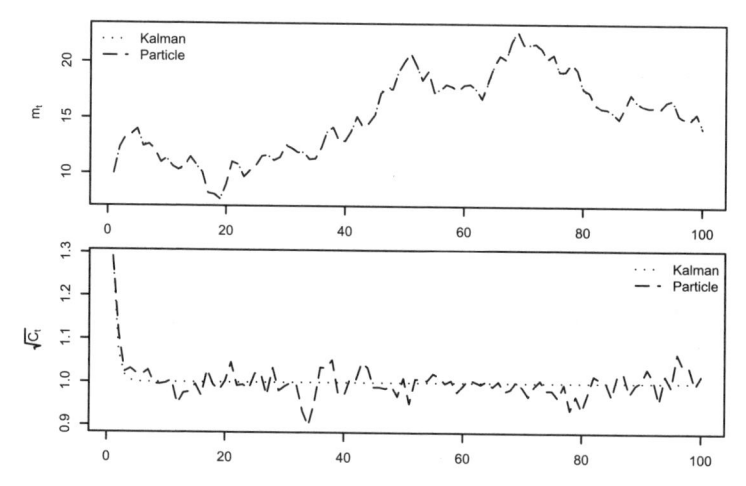

図 5.1 上図：カルマン・フィルタと粒子フィルタで計算されたフィルタリング状態推定値の比較．下図：カルマン・フィルタと粒子フィルタで計算されたフィルタリング標準偏差の比較

完全に特定化された DLM では，カルマン・フィルタを使用して正確なフィルタリング平均やフィルタリング分散が導出できる．図 5.1 では，カルマン・フィルタを用いて得られた正確なフィルタリング平均やフィルタリング標準偏差を，粒子フィルタのアルゴリズムを用いて得られた同じ量のモンテカルロ近似と比較している．フィルタリング平均に関して，粒子フィルタは常に非常に正確な近似を与えている（2 本の線がかろうじて判別できる程度になっている）．フィルタリング標準偏差の近似は真値に結構近いが，やや精度に欠ける．シミュレーションにおいて粒子数を増やすと，この精度は改善することができる．このプロットは，以下のコードで得られた．

```
R code
> ### Compare exact filtering distribution with PF approximation
> modFilt <- dlmFilter(y, mod)
> thetaHatKF <- modFilt$m[-1]
> sdKF <- with(modFilt, sqrt(unlist(dlmSvd2var(U.C, D.C))))[-1]
> pfOut <- pfOut[-1, ]
> wt <- wt[-1, ]
> thetaHatPF <- sapply(1 : n, function(i)
+                      weighted.mean(pfOut[i, ], wt[i, ]))
> sdPF <- sapply(1 : n, function(i)
+                sqrt(weighted.mean((pfOut[i, ] - thetaHatPF[i])^2,
+                                   wt[i, ]))); par(mfrow = c(2, 1))
> plot.ts(cbind(thetaHatKF, thetaHatPF),
```

```
+         plot.type = "s", lty = c("dotted", "longdash"),
+         xlab = "", ylab = expression(m[t]))
> legend("topleft", c("Kalman", "Particle"),
+         lty = c("dotted", "longdash"), bty = "n")
> plot.ts(cbind(sdKF, sdPF), plot.type = "s",
+         lty = c("dotted", "longdash"), xlab = "",
+         ylab = expression(sqrt(C[t])))
> legend("topright", c("Kalman", "Particle"),
+         lty = c("dotted", "longdash"), bty = "n")
```

5.2 補助粒子フィルタ

前節で説明した粒子フィルタは，一般状態空間モデルに適用できる．しかしながら，その性能は重点遷移密度の特定化に強く依存する．DLM では最適重点核を明示的に得ることが可能であり，これを用いると通常かなりよいフィルタリング分布の近似が得られるが，一般状態空間モデルではそうはいかず，効果的な重点遷移密度の考案ははるかに困難な問題となる．補助粒子フィルタ (auxiliary particle filter) のアルゴリズムは，この困難を克服するために Pitt and Shephard (1999) によって提案された．このアルゴリズムは完全に特定化された DLM では実際には必要ないものの，モデルが未知パラメータを含むような場合には，DLM においても Liu and West (2001) によって拡張されているように非常に有益であることが分かっている．この理由により，ここではまず Pitt と Shephard による補助粒子フィルタを紹介し，続いて次節では Liu と West による拡張に触れ，未知パラメータを伴うモデルを扱う．

時点 $t-1$ において，同時平滑化分布 $\pi(\theta_{0:t-1}|y_{1:t-1})$ の離散近似 $\hat{\pi}_{t-1} = \sum_{i=1}^{N} w_{t-1}^{(i)} \delta_{\theta_{0:t-1}^{(i)}}$ が利用可能であると仮定する．ここでの目標は，新しいデータ点が観測された際に，この平滑化分布の近似を更新することにある．言い換えると，時点 t における同時平滑化分布 $\pi(\theta_{0:t}|y_{1:t})$ に対する離散近似 $\hat{\pi}_t$ を得ることが目標である．ここで以下の関係が成立する．

$$\begin{aligned}
\pi(\theta_{0:t}|y_{1:t}) &\propto \pi(\theta_{0:t}, y_t|y_{1:t-1}) \\
&= \pi(y_t|\theta_{0:t}, y_{1:t-1}) \cdot \pi(\theta_t|\theta_{0:t-1}, y_{1:t-1}) \cdot \pi(\theta_{0:t-1}|y_{1:t-1}) \\
&= \pi(y_t|\theta_t) \cdot \pi(\theta_t|\theta_{t-1}) \cdot \pi(\theta_{0:t-1}|y_{1:t-1}) \\
&\approx \pi(y_t|\theta_t) \cdot \pi(\theta_t|\theta_{t-1}) \cdot \hat{\pi}_{t-1}(\theta_{0:t-1}) \\
&= \sum_{i=1}^{N} w_{t-1}^{(i)} \pi(y_t|\theta_t) \pi(\theta_t|\theta_{t-1}^{(i)}) \delta_{\theta_{0:t-1}^{(i)}}
\end{aligned}$$

最後の式は，$\theta_{0:t}$ に関して正規化前の分布になっていることに注意する．このため，$\theta_{0:t}$

5.2 補助粒子フィルタ

は最初 t 個の要素に関しては離散的であるが，最後の要素 θ_t に関しては連続的である．この分布は $\pi(\theta_{0:t}|y_{1:t})$ を近似しているので，重点サンプリングのステップにおいて目標分布と捉えることができる．目標分布は混合分布であるので，和の計算を取り除く標準的なアプローチとして，次のように $\{1, \ldots, N\}$ の値をとる潜在変数 I を導入する．

$$P(I = i) = w_{t-1}^{(i)}$$
$$\theta_{0:t}|I = i \sim C\pi(y_t|\theta_t)\pi(\theta_t|\theta_{t-1}^{(i)})\delta_{\theta_{0:t-1}^{(i)}}$$

この拡張により，目標分布は次のようになる．

$$\pi^{\text{aux}}(\theta_{0:t}, i|y_{1:t}) \propto w_{t-1}^{(i)}\pi(y_t|\theta_t)\pi(\theta_t|\theta_{t-1}^{(i)})\delta_{\theta_{0:t-1}^{(i)}}$$

この目標分布に対して Pitt と Shephard によって提案された重点密度は，次の通りである．

$$g_t(\theta_{0:t}, i|y_{1:t}) \propto w_{t-1}^{(i)}\pi(y_t|\hat{\theta}_t^{(i)})\pi(\theta_t|\theta_{t-1}^{(i)})\delta_{\theta_{0:t-1}^{(i)}}$$

ここで，$\hat{\theta}_t^{(i)}$ は $\pi(\theta_t|\theta_{t-1} = \theta_{t-1}^{(i)})$ の平均やモードのような代表値である．g_t からの標本は，$k = 1, \ldots, N$ に対して次の 2 つのステップを繰り返すことで容易に得ることができる．

1. 次の確率で分類変数 I_k を抽出する．

$$P(I_k = i) \propto w_{t-1}^{(i)}\pi(y_t|\hat{\theta}_t^{(i)}), \qquad i = 1, \ldots, N$$

2. $I_k = i$ として，次を抽出する．

$$\theta_t^{(k)} \sim \pi(\theta_t|\theta_{t-1}^{(i)})$$

そして，$\theta_{0:t}^{(k)} = (\theta_{0:t-1}^{(i)}, \theta_t^{(k)})$ と設定する．

g_t からの k 番目の抽出の重点重みは，次の値に比例する．

$$\tilde{w}_t^{(k)} = \frac{w_{t-1}^{(I_k)}\pi(y_t|\theta_t^{(k)})\pi(\theta_t^{(k)}|\theta_{t-1}^{(k)})}{w_{t-1}^{(I_k)}\pi(y_t|\hat{\theta}_t^{(I_k)})\pi(\theta_t^{(k)}|\theta_{t-1}^{(k)})} = \frac{\pi(y_t|\theta_t^{(k)})}{\pi(y_t|\hat{\theta}_t^{(I_k)})}$$

$\tilde{w}_t^{(k)}$ を正規化して分類変数 I_k を除去すると，時点 t での同時平滑化分布に対する離散近似が最終的に次のように得られる．

$$\hat{\pi}_t(\theta_{0:t}) = \sum_{i=1}^{N} w_t^{(i)}\delta_{\theta_{0:t}^{(i)}} \approx \pi(\theta_{0:t}|y_{1:t})$$

5.1 節の標準的なアルゴリズムと同じように，リサンプリングのステップは，一般的に有効サンプルサイズが特定の閾値を下回った場合に適用される．補助粒子フィルタの要約をアルゴリズム 5.2 に示す．

●アルゴリズム 5.2：補助粒子フィルタアルゴリズムの要約

0. 初期化：$\pi(\theta_0)$ から独立に $\theta_0^{(1)}, \ldots, \theta_0^{(N)}$ を抽出し，次のようにおく．

$$w_0^{(i)} = N^{-1}, \qquad i = 1, \ldots, N$$

1. $t = 1, \ldots, T$ に対して

   1.1) $k = 1, \ldots, N$ に対して
- 確率 $P(I_k = i) \propto w_{t-1}^{(i)} \pi(y_t | \hat{\theta}_t^{(i)})$ で，I_k を抽出する．
- $\pi(\theta_t | \theta_{t-1} = \theta_{t-1}^{(I_k)})$ から $\theta_t^{(k)}$ を抽出し，次のようにおく．

$$\theta_{0:t}^{(k)} = (\theta_{0:t-1}^{(I_k)}, \theta_t^{(k)})$$

- 次のようにおく．

$$\tilde{w}_t^{(k)} = \frac{\pi(y_t | \theta_t^{(k)})}{\pi(y_t | \hat{\theta}_t^{(I_k)})}$$

   1.2) 重みを正規化する．

$$w_t^{(i)} = \frac{\tilde{w}_t^{(i)}}{\sum_{j=1}^N \tilde{w}_t^{(j)}}$$

   1.3) 次の値を計算する．

$$N_{eff} = \left(\sum_{i=1}^N (w_t^{(i)})^2 \right)^{-1}$$

   1.4) $N_{eff} < N_0$ ならば，リサンプリングを行う．
- 離散分布からサイズ N の標本を抽出し

$$P(\theta_{0:t} = \theta_{0:t}^{(i)}) = w_t^{(i)}, \qquad i = 1, \ldots, N$$

この標本の再ラベル化（ラベルの付け直し）を行う．

$$\theta_{0:t}^{(1)}, \ldots, \theta_{0:t}^{(N)}$$

- 重みをリセットする：$w_t^{(i)} = N^{-1}, i = 1, \ldots, N$

   1.5) $\hat{\pi}_t = \sum_{i=1}^N w_t^{(i)} \delta_{\theta_{0:t}^{(i)}}$ とおく．

補助粒子フィルタには前節で説明した単純で直接的なアルゴリズムを超える利点があり，その主な点は，一期前の分布 $\pi(\theta_t | \theta_{t-1})$ を用いても，大きく性能を失わずに θ_t を抽出できるという事実にある．このアルゴリズムの最初のステップの役割を大まかにいえ

ば，g_t から抽出する時に，新しい観測値 y_t に照らし合わせて θ_t に遷移する可能性が高い条件を持つ θ_{t-1} を，前もって選択する点にある．この方法によれば，事前分布 $\pi(\theta_t|\theta_{t-1})$ と尤度 $\pi(y_t|\theta_t)$ の間に生じうる不一致が最小になる．事前分布はほとんどいつも利用可能であるものの，DLM の場合とは異なり，一般状態空間モデルでは最適操作核を導き，抽出を行うことは実現不可能な場合が多いことを強調しておくべきであろう．したがって，補助粒子フィルタのアルゴリズムによって行われる事前分布の巧妙な利用は，性能と簡潔性を兼ね備えていることになる．

5.3 未知パラメータがある場合の逐次モンテカルロ

現実の応用では，モデルにはほぼ必ず未知パラメータが含まれており，データから推定を行う必要がある．未知パラメータのベクトルを改めて ψ で表すと，この場合，逐次モンテカルロ・アルゴリズムにおける時点 t の目標分布は，$\pi(\theta_{0:t}, \psi|y_{1:t})$ となる．4.4 節で詳しく説明したように，一旦同時事後分布からの（重み付けされた）標本が利用可能になれば，予測分布からの（重み付けされた）標本は容易に得られる．他方，周辺化により未知パラメータのフィルタリング分布や事後分布が得られるのも明らかである．未知パラメータを伴うモデルの逐次モンテカルロについて，素朴なアプローチとして考えられるのは，単純な動的特性 $\psi_t = \psi_{t-1}(= \psi)$ を定義して，状態ベクトルの一部に ψ を含むように拡張を行う方法である．この方法では，比較的単純な DLM の場合でも通常は非線型かつ非正規型の状態空間モデルとなる．これに対して，5.1 節における一般的な（もしくは 5.2 節における補助粒子フィルタの）アルゴリズムを適用することができるが，この場合の最も重大な欠点は，このような架空の状態が遷移を行わないため，$\psi_t^{(i)}, i = 1, \ldots, N$ が時点 $t = 0$ における抽出と同じ値になってしまう点にある．言い換えると，任意の i と t に関して $\psi_t^{(i)} = \psi_0^{(i)}$ となるので，事前分布から抽出した $\psi_t^{(i)}$ は，時点 $t > 0$ より後において，一般的には事後分布の代表とはならない．粒子フィルタのアルゴリズムが逐次的に適用される際，目標分布の変化を反映するように重みが調整されるのはその通りである．しかしながら，そこでは相対的な重みが考慮されるだけである．$\psi_t^{(i)}$ がたまたま全て周辺目標分布 $\pi(\psi|y_{1:t})$ の裾に存在するような場合，このアルゴリズムによって提供される離散近似は，常に不十分なものとなるだろう．このような観点から，事後分布の遷移に追従してゆくためには，ψ の標本値を「リフレッシュ」する必要がある．この要件は，目標分布が変化するたびに ψ に関して現在の値を破棄し，新しい値を生成することで達成できる．このような方針に基づく利用可能な様々な方法の中で，おそらく最も一般的に使用されているのは Liu and West (2001) による提案であり，以下にて補助粒子フィルタを拡張する形で説明を行う．なお，Fearnhead (2002), Gilks and Berzuini (2001) や Storvik (2002) も，興味深い代替アルゴリズムを提案している．

LiuとWestの考え方は，実質的に時点 t における目標分布の近似が，θ_t だけでなく ψ に関しても連続しているように構成する方法からなっている．このようにして重点サンプリングを用いると，時点 $t-1$ での離散近似に使用された ψ の値を効果的に忘れさりながら，連続的な重点密度から ψ の値が抽出可能となる．時点 $t-1$ において利用可能な離散近似を，次のように考える．

$$\hat{\pi}_{t-1}(\theta_{0:t-1}, \psi) = \sum_{i=1}^{N} w_{t-1}^{(i)} \delta_{(\theta_{0:t-1}^{(i)}, \psi^{(i)})} \approx \pi(\theta_{0:t-1}, \psi | y_{1:t-1})$$

周辺化により，次を得る．

$$\hat{\pi}_{t-1}(\psi) = \sum_{i=1}^{N} w_{t-1}^{(i)} \delta_{\psi^{(i)}} \approx \pi(\psi | y_{1:t-1}) \tag{5.5}$$

LiuとWestは，各点の質量 $\delta_{\psi^{(i)}}$ を正規分布に置き換えることを提案しており，こうすると結果的に得られる混合分布は連続分布となる．この提案を実現する素朴な方法は，$\delta_{\psi^{(i)}}$ を中心が $\psi^{(i)}$ の正規分布で置き換えることだろう．しかしながらこの方法では，近似対象の分布において平均は変わらないものの分散が増えてしまう．このことを確認するために，$\hat{\pi}_{t-1}$ における ψ の平均ベクトルと分散行列を $\bar{\psi}$ と Σ とし，次のようにおく．

$$\tilde{\pi}_{t-1}(\psi) = \sum_{i=1}^{N} w_{t-1}^{(i)} \mathcal{N}(\psi; \psi^{(i)}, \Lambda)$$

ここで，観測値を生む混合分布の要素に対して潜在分類変数 I を導入すると，次の関係を得る．

$$E(\psi) = E(E(\psi | I)) = E(\psi^{(I)})$$
$$= \sum_{i=1}^{N} w_{t-1}^{(i)} \psi^{(i)} = \bar{\psi}$$
$$\text{Var}(\psi) = E(\text{Var}(\psi | I)) + \text{Var}(E(\psi | I))$$
$$= E(\Lambda) + \text{Var}(\psi^{(I)})$$
$$= \Lambda + \Sigma > \Sigma$$

ここでの期待値と分散は，$\tilde{\pi}_{t-1}$ と関係がある．しかしながら，$\tilde{\pi}_{t-1}$ の定義を次のように変えてみる．

$$\tilde{\pi}_{t-1}(\psi) = \sum_{i=1}^{N} w_{t-1}^{(i)} \mathcal{N}(\psi; m^{(i)}, h^2 \Sigma)$$

ここで，区間 $(0,1)$ の値をとるある a に関して，$m^{(i)} = a \psi^{(i)} + (1-a) \bar{\psi}$ かつ，$a^2 + h^2 = 1$ とすると，次のようになる．

5.3 未知パラメータがある場合の逐次モンテカルロ

$$\mathrm{E}(\psi) = \mathrm{E}(\mathrm{E}(\psi | I)) = \mathrm{E}(a\psi^{(I)} + (1-a)\bar{\psi})$$
$$= a\bar{\psi} + (1-a)\bar{\psi} = \bar{\psi}$$
$$\mathrm{Var}(\psi) = \mathrm{E}(\mathrm{Var}(\psi | I)) + \mathrm{Var}(\mathrm{E}(\psi | I))$$
$$= \mathrm{E}(h^2 \Sigma) + \mathrm{Var}(a\psi^{(I)} + (1-a)\bar{\psi})$$
$$= h^2 \Sigma + a^2 \mathrm{Var}(\psi^{(I)}) = h^2 \Sigma + a^2 \Sigma = \Sigma$$

したがって、$\tilde{\pi}_{t-1}$ と $\hat{\pi}_{t-1}$ において、ψ の 1 次モーメントと 2 次モーメントは同じ値になる。このことは区間 $(0, 1)$ の値をとる任意の a に対して成立するが、Liu と West は実際には区間 $(0.95, 0.99)$ の値をとる「割引因子 (discount factor)」δ に対して、$a = (3\delta - 1)/(2\delta)$ という設定を推奨している。これは、a が区間 $(0.974, 0.995)$ の値をとることに対応する。$\theta_{0:t-1}$ が存在する場合でもほとんど同じ考え方が離散分布 $\hat{\pi}_{t-1}(\theta_{0:t-1}, \psi)$ に適用でき、$\theta_{0:t-1}$ と ψ の同時分布に拡張した $\tilde{\pi}_{t-1}$ が次のように得られる。

$$\tilde{\pi}_{t-1}(\theta_{0:t-1}, \psi) = \sum_{i=1}^{N} w_{t-1}^{(i)} \mathcal{N}(\psi; m^{(i)}, h^2 \Sigma) \delta_{\theta_{0:t-1}^{(i)}}$$

ここで、$\tilde{\pi}_{t-1}$ は $\theta_{0:t-1}$ に関して離散的であるが、ψ に関しては連続的であることに注意する。ここから先は、補助粒子フィルタを同時平行して適用する。新しいデータ点 y_t が観測された後、関心のある分布は次のようになる。

$$\pi(\theta_{0:t}, \psi | y_{1:t}) \propto \pi(\theta_{0:t}, \psi, y_t | y_{1:t-1})$$
$$= \pi(y_t | \theta_{0:t}, \psi, y_{1:t-1}) \cdot \pi(\theta_t | \theta_{0:t-1}, \psi, y_{1:t-1}) \cdot \pi(\theta_{0:t-1}, \psi | y_{1:t-1})$$
$$= \pi(y_t | \theta_t, \psi) \cdot \pi(\theta_t | \theta_{t-1}, \psi) \cdot \pi(\theta_{0:t-1}, \psi | y_{1:t-1})$$
$$\approx \pi(y_t | \theta_t, \psi) \cdot \pi(\theta_t | \theta_{t-1}, \psi) \cdot \tilde{\pi}_{t-1}(\theta_{0:t-1}, \psi)$$
$$= \sum_{i=1}^{N} w_{t-1}^{(i)} \pi(y_t | \theta_t, \psi) \pi(\theta_t | \theta_{t-1}^{(i)}, \psi) \mathcal{N}(\psi; m^{(i)}, h^2 \Sigma) \delta_{\theta_{0:t-1}^{(i)}}$$

5.2 節で行ったのと同様に、次のように補助分類変数 I が導入できる。

$$\mathrm{P}(I = i) = w_{t-1}^{(i)}$$
$$\theta_{0:t}, \psi | I = i \sim C\pi(y_t | \theta_t, \psi) \pi(\theta_t | \theta_{t-1}^{(i)}, \psi) \mathcal{N}(\psi; m^{(i)}, h^2 \Sigma) \delta_{\theta_{0:t-1}^{(i)}}$$

上記 2 行目の条件付き分布は、θ_t と ψ に関しては連続的であるが、$\theta_{0:t-1}$ に関しては離散的である(実際には $\theta_{0:t-1}^{(i)}$ に退化している)ことに注意する。確率変数 I の導入により、重点サンプリングで更新が行われる補助目標分布は、次のようになる。

$$\pi^{\mathrm{aux}}(\theta_{0:t}, \psi, i | y_{1:t}) \propto w_{t-1}^{(i)} \pi(y_t | \theta_t, \psi) \pi(\theta_t | \theta_{t-1}^{(i)}, \psi) \mathcal{N}(\psi; m^{(i)}, h^2 \Sigma) \delta_{\theta_{0:t-1}^{(i)}}$$

重点密度に関しては，次のものを選択するのが便利である．

$$g_t(\theta_{0:t}, \psi, i|y_{1:t}) \propto w_{t-1}^{(i)} \pi(y_t|\theta_t = \hat{\theta}_t^{(i)}, \psi = m^{(i)}) \pi(\theta_t|\theta_{t-1}^{(i)}, \psi) \mathcal{N}(\psi; m^{(i)}, h^2\Sigma) \delta_{\theta_{0:t-1}^{(i)}}$$

ここで，$\hat{\theta}_t^{(i)}$ は $\pi(\theta_t|\theta_{t-1} = \theta_{t-1}^{(i)}, \psi = m^{(i)})$ の平均やモードのような代表値である．g_t からの標本は，$k = 1, \ldots, N$ に対して次の3ステップを繰り返すことで得られる．

1. 次の確率で分類変数 I_k を抽出する．

$$P(I_k = i) \propto w_{t-1}^{(i)} \pi(y_t|\theta_t = \hat{\theta}_t^{(i)}, \psi = m^{(i)}), \qquad i = 1, \ldots, N$$

2. $I_k = i$ として，$\psi \sim \mathcal{N}(m^{(i)}, h^2\Sigma)$ を抽出し，$\psi^{(k)} = \psi$ とおく．
3. $I_k = i$ かつ $\psi = \psi^{(k)}$ として，次のように抽出を行う．

$$\theta_t^{(k)} \sim \pi(\theta_t|\theta_{t-1} = \theta_{t-1}^{(i)}, \psi = \psi^{(k)})$$

そして，$\theta_{0:t}^{(k)} = (\theta_{0:t-1}^{(i)}, \theta_t^{(k)})$ と設定する．

g_t から抽出を行った k 番目の標本の重点重みは，次の値に比例する．

$$\tilde{w}_t^{(k)} = \frac{w_{t-1}^{(I_k)} \pi(y_t|\theta_t = \theta_t^{(k)}, \psi = \psi^{(k)}) \pi(\theta_t^{(k)}|\theta_{t-1}^{(k)}, \psi^{(k)}) \mathcal{N}(\psi^{(k)}; m^{(I_k)}, h^2\Sigma)}{w_{t-1}^{(I_k)} \pi(y_t|\theta_t = \hat{\theta}_t^{(I_k)}, \psi = m^{(I_k)}) \pi(\theta_t^{(k)}|\theta_{t-1}^{(k)}, \psi^{(k)}) \mathcal{N}(\psi^{(k)}; m^{(I_k)}, h^2\Sigma)}$$

$$= \frac{\pi(y_t|\theta_t = \theta_t^{(k)}, \psi = \psi^{(k)})}{\pi(y_t|\theta_t = \hat{\theta}_t^{(I_k)}, \psi = m^{(I_k)})}$$

重みを再度正規化すると，時点 t における同時事後分布の近似が次のように得られる．

$$\hat{\pi}_t(\theta_{0:t}, \psi) = \sum_{i=1}^{N} w_t^{(i)} \delta_{(\theta_{0:t}^{(i)}, \psi^{(i)})} \approx \pi(\theta_{0:t}, \psi|y_{1:t})$$

前節で説明した粒子フィルタのアルゴリズムの場合と同様に，この場合もリサンプリングのステップは，有効サンプルサイズが特定の閾値を下回った場合に適用される．便利なように，アルゴリズム 5.3 にこれらの手続きを要約しておく．

●アルゴリズム 5.3：Liu と West によるアルゴリズムの要約

0. 初期化：$\pi(\theta_0)\pi(\psi)$ から独立に $(\theta_0^{(1)}, \psi^{(1)}), \ldots, (\theta_0^{(N)}, \psi^{(N)})$ を抽出する．$w_0^{(i)} = N^{-1}$, $i = 1, \ldots, N$ とし，次のようにおく．

$$\hat{\pi}_0 = \sum_{i=1}^{N} w_0^{(i)} \delta_{(\theta_0^{(i)}, \psi^{(i)})}$$

5.3 未知パラメータがある場合の逐次モンテカルロ

1. $t = 1, \ldots, T$ に対して
   1.1) $\bar{\psi} = \mathrm{E}_{\hat{\pi}_{t-1}}(\psi)$ と $\Sigma = \mathrm{Var}_{\hat{\pi}_{t-1}}(\psi)$ を計算し，$i = 1, \ldots, N$ に対して次のようにおく．
   $$m^{(i)} = a\,\psi^{(i)} + (1-a)\bar{\psi}$$
   $$\hat{\theta}_t^{(i)} = \mathrm{E}(\theta_t | \theta_{t-1} = \theta_{t-1}^{(i)}, \psi = m^{(i)})$$
   1.2) $k = 1, \ldots, N$ に対して
   - 確率 $\mathrm{P}(I_k = i) \propto w_{t-1}^{(i)} \pi(y_t | \theta_t = \hat{\theta}_t^{(i)}, \psi = m^{(i)})$ で，I_k を抽出する．
   - $\mathcal{N}(m^{(I_k)}, h^2\Sigma)$ から $\psi^{(k)}$ を抽出する．
   - $\pi(\theta_t | \theta_{t-1} = \theta_{t-1}^{(I_k)}, \psi = \psi^{(k)})$ から $\theta_t^{(k)}$ を抽出し，次のようにおく．
   $$\theta_{0:t}^{(k)} = (\theta_{0:t-1}^{(I_k)}, \theta_t^{(k)})$$
   - 次のようにおく．
   $$\tilde{w}_t^{(k)} = \frac{\pi(y_t | \theta_t = \theta_t^{(k)}, \psi = \psi^{(k)})}{\pi(y_t | \theta_t = \hat{\theta}_t^{(I_k)}, \psi = m^{(I_k)})}$$
   1.3) 重みを正規化する．
   $$w_t^{(i)} = \frac{\tilde{w}_t^{(i)}}{\sum_{j=1}^N \tilde{w}_t^{(j)}}$$
   1.4) 次の値を計算する．
   $$N_{\mathit{eff}} = \left(\sum_{i=1}^N (w_t^{(i)})^2\right)^{-1}$$
   1.5) $N_{\mathit{eff}} < N_0$ ならば，リサンプリングを行う．
   - 離散分布からサイズ N の標本を抽出し
   $$\mathrm{P}((\theta_{0:t}, \psi) = (\theta_{0:t}^{(i)}, \psi^{(i)})) = w_t^{(i)}, \qquad i = 1, \ldots, N$$
   この標本の再ラベル化（ラベルの付け直し）を行う．
   $$(\theta_{0:t}^{(1)}, \psi^{(1)}), \ldots, (\theta_{0:t}^{(N)}, \psi^{(N)})$$
   - 重みをリセットする：$w_t^{(i)} = N^{-1}$, $i = 1, \ldots, N$
   1.6) $\hat{\pi}_t = \sum_{i=1}^N w_t^{(i)} \delta_{(\theta_{0:t}^{(i)}, \psi^{(i)})}$ とおく．

ここで指摘しておくと，時点 $t-1$ における事後分布に関して正規分布の混合による近似が意味をなすためには，パラメータ ψ がそのような混合分布と整合する形で表現され

ている必要がある．特に1次元のパラメータであれば，そのサポートは実数直線全体となる必要がある．例えば，分散はその対数の形，確率はそのロジットの形等でパラメータ化が可能となる．言い換えると，LiuとWestの提案に従う場合，変換後のパラメータの分布のサポートが実数直線全体となるように，各パラメータを変換する必要がある．より簡易な代替手段として正規分布ではない分布の混合を用いる方法もあるが，その場合は，混合分布のサポートが元のパラメータの分布のサポートと同じになるように，適切な分布を選択をする必要がある．例えば，モデルにおける未知パラメータが確率を表し，そのためそのサポートが区間 (0, 1) であれば，正規分布の混合の代わりにベータ分布の混合を用いた粒子フィルタによって，時点 $t-1$ における離散分布の近似を得ることができると考えられる（なお混合に用いる分布が異なる点を除いて，その他の処理は全て上記で説明した通りに行う）．この場合の簡単な例を，もう少し詳しく説明しよう．ψ が区間 (0, 1) における未知パラメータであると仮定しよう．パラメータが α と β のベータ分布の平均と分散を，各々 $\mu(\alpha, \beta)$ と $\sigma^2(\alpha, \beta)$ で表そう．まず $i = 1, \ldots, N$ の各々に対して，次が成立する．

$$\mu^{(i)} = \mu(\alpha^{(i)}, \beta^{(i)}) = a\psi^{(i)} + (1-a)\bar{\psi}$$
$$\sigma^{2(i)} = \sigma^2(\alpha^{(i)}, \beta^{(i)}) = h^2 \Sigma \tag{5.6}$$

この式を $(\alpha^{(i)}, \beta^{(i)})$ の組み合わせに関して解くことを考える．上式はパラメータ $\alpha^{(i)}$ と $\beta^{(i)}$ に関して明示的に解くことができ，次の結果を得る．

$$\alpha^{(i)} = \frac{(\mu^{(i)})^2(1-\mu^{(i)})}{\sigma^{2(i)}} - \mu^{(i)}$$
$$\beta^{(i)} = \frac{\mu^{(i)}(1-\mu^{(i)})^2}{\sigma^{2(i)}} - (1-\mu^{(i)})$$

次の混合分布

$$\sum_{i=1}^{N} w_{t-1}^{(i)} \mathcal{B}(\psi; \alpha^{(i)}, \beta^{(i)}) \tag{5.7}$$

が，(5.5) 式と同じ平均と分散（すなわち $\bar{\psi}$ と Σ）を持つことは，容易に示すことができる．

同じテーマに関して，今度は未知パラメータ ψ が分散等のように正の値をとる場合を考えよう．この場合は，正規分布の混合の代わりにガンマ分布の混合を考えることができる．$i = 1, \ldots, N$ において (5.6) 式の方程式体系を解くことになるが，今度の $\alpha^{(i)}$ と $\beta^{(i)}$ はガンマ分布のパラメータとなる．この場合の明示的な解は次のようになる．

$$\alpha^{(i)} = \frac{(\mu^{(i)})^2}{\sigma^{2(i)}}$$
$$\beta^{(i)} = \frac{\mu^{(i)}}{\sigma^{2(i)}}$$

5.3 未知パラメータがある場合の逐次モンテカルロ

そして，次の混合分布

$$\sum_{i=1}^{N} w_{t-1}^{(i)} \mathcal{G}(\psi; \alpha^{(i)}, \beta^{(i)})$$

は，平均 $\bar{\psi}$ と分散 Σ を持つ．

未知パラメータ ψ がベクトルの場合，多変量分布 $f(\psi;\gamma)$ のパラメトリック族を見つけて，ベータ分布とガンマ分布に関する上記の例のように処理を進め，モーメント一致条件を用いて，(5.5) 式の離散粒子近似と同じ平均と分散を持つ連続的な混合分布を編み出すのは，容易ではないかもしれない．このような場合，通常は周辺化によって同様のモーメント一致アプローチが採用でき，密度の積の混合分布を考えることができる．より詳しくは，パラメータ $\psi = (\psi_1, \psi_2)$ を考える場合，次のようにおく．

$$f(\psi;\gamma) = f_1(\psi_1;\gamma_1) f_2(\psi_2;\gamma_2), \qquad \gamma = (\gamma_1, \gamma_2)$$

ここで，パラメータ γ_j は，$f_j(\cdot|\gamma_j)$ $(j=1,2)$ が特定の平均と分散を持つように設定することができる．表記を明確にして，次のようにおく．

$$\bar{\psi} = \begin{bmatrix} \bar{\psi}_1 \\ \bar{\psi}_2 \end{bmatrix}, \qquad \Sigma = \begin{bmatrix} \Sigma_1 & \Sigma_{12} \\ \Sigma_{21} & \Sigma_2 \end{bmatrix}$$

すると，$i = 1, \ldots, N$ に対して次のようにおくことができる．

$$\begin{aligned} \mu_j^{(i)} &= \int \psi_j f_j(\psi_j; \gamma_j^{(i)}) \mathrm{d}\psi_j = a\psi_j^{(i)} + (1-a)\bar{\psi}_j \\ \sigma_j^{2(i)} &= \int (\psi_j - \mu_j^{(i)})^2 f_j(\psi_j; \gamma_j^{(i)}) \mathrm{d}\psi_j = h^2 \Sigma \end{aligned} \tag{5.8}$$

そして，その式を $\gamma_j^{(i)}$ $(j=1,2)$ に対して解く．ここで，ψ_1 と ψ_2 の周辺分布に対して，(5.6) 式と同じ方程式が得られる．最終的に，次の混合分布を考えることができる．

$$\sum_{i=1}^{N} w_{t-1}^{(i)} f_1(\psi_1; \gamma_1^{(i)}) f_2(\psi_2; \gamma_2^{(i)}) \tag{5.9}$$

これは (5.5) 式と同じ平均 $\bar{\psi}$ を持ち，同じ周辺分散 Σ_1 と Σ_2 を持つ．共分散に関しては，混合分布 (5.9) 式の下で ψ_1 と ψ_2 が共分散 $a^2 \Sigma_{12}$ を持つことが，簡単な計算で示せる．Liu と West による方法を実際に応用する場合，a は 1 に近い値をとるので，$a^2 \Sigma_{12} \approx \Sigma_{12}$ となる．まとめると，混合分布 (5.9) 式は 2 変量のパラメータ ψ に関して (5.5) 式の連続的な近似を与えており，1 次モーメント，周辺 2 次モーメントが一致し，さらに因子が $a^2 \approx 1$ では共分散も一致している．元々 Liu と West によって提案された正規分布による混合分布の代わりに，この積カーネルによる近似を用いる場合，アルゴリズム 5.3 における 1.1) と 1.2) の部分を，アルゴリズム 5.4 で示すように変更する必要がある．

●アルゴリズム 5.4：Liu と West のアルゴリズムに対する変更点（積カーネルを用いた場合）

1.1) $j = 1, 2$ と $i = 1, \ldots, N$ に対して

- $\bar{\psi}_j = \mathrm{E}_{\hat{\pi}_{t-1}}(\psi_j)$ と $\Sigma_j = \mathrm{Var}_{\hat{\pi}_{t-1}}(\psi_j)$ を計算し，次のようにおく．

$$\mu_j^{(i)} = a\,\psi_j^{(i)} + (1-a)\bar{\psi}_j$$
$$\sigma_j^{2(i)} = h^2 \Sigma_j$$
$$\mu^{(i)} = (\mu_1^{(i)}, \mu_2^{(i)})$$
$$\hat{\theta}_t^{(i)} = \mathrm{E}(\theta_t \,|\, \theta_{t-1} = \theta_{t-1}^{(i)}, \psi = \mu^{(i)})$$

- $\gamma_j^{(i)}$ に対して，次の方程式体系を解く．

$$\mathrm{E}_{f_j(\cdot\,;\gamma_j^{(i)})}(\psi_j) = \mu_j^{(i)}$$
$$\mathrm{Var}_{f_j(\cdot\,;\gamma_j^{(i)})}(\psi_j) = \sigma_j^{2(i)}$$

1.2) $k = 1, \ldots, N$ に対して

- 確率 $\mathrm{P}(I_k = i) \propto w_{t-1}^{(i)} \pi(y_t \,|\, \theta_t = \hat{\theta}_t^{(i)}, \psi = \mu^{(i)})$ で，I_k を抽出する．
- $j = 1, 2$ に対して $f_j(\cdot\,;\gamma_j^{(I_k)})$ から $\psi_j^{(k)}$ を抽出する．
- $\pi(\theta_t \,|\, \theta_{t-1} = \theta_{t-1}^{(I_k)}, \psi = \psi^{(k)})$ から $\theta_t^{(k)}$ を抽出し，次のようにおく．

$$\theta_{0:t}^{(k)} = (\theta_{0:t-1}^{(I_k)}, \theta_t^{(k)})$$

- 次のようにおく．

$$\tilde{w}_t^{(k)} = \frac{\pi(y_t \,|\, \theta_t = \theta_t^{(k)}, \psi = \psi^{(k)})}{\pi(y_t \,|\, \theta_t = \hat{\theta}_t^{(I_k)}, \psi = \mu^{(I_k)})}$$

Liu と West によるアプローチの中で積カーネルの混合分布について議論を行ったが，その締めくくりにあたり，2 つの要素 ψ_1 と ψ_2 は多変量となる場合もあることを述べておく．さらにここで説明した技法は，2 つ以上因子を含む積カーネルに対しても，明らかな方法で一般化できる．

5.3.1 未知パラメータがある場合の簡単な例

未知パラメータを含むモデルに対する粒子フィルタリングの簡単な応用として，5.1.1 項で説明した例に戻るが，今度はシステム分散と観測分散の両方が未知であると仮定する．正の値をとる未知パラメータが 2 つあるので，これらのパラメータの事後分布に対

5.3 未知パラメータがある場合の逐次モンテカルロ

する混合近似に関して,任意の時点 t でガンマ分布の積カーネルを使用する.前節の表記では $\psi_1 = V$, $\psi_2 = W$ となり,さらに $f_j(\psi_j; \gamma_j)$ がガンマ密度 ($j = 1, 2$) となる.ここで, $\gamma_j = (\alpha_j, \beta_j)$ はガンマ分布の標準的なパラメータベクトルである(付録 A を参照).データには,5.1.1 項でシミュレーションを行った際と同じものを使用する. V と W の事前分布としては,いずれも区間 (0, 10) における独立な一様分布を選択した.データのプロットを確認すると,これらの分散に対する 10 という上限値は,パラメータの真値を含む区間として申し分ないように思われる.事前分布が一様分布なので,この区間内では未知の分散に対して特に強く反映される情報は何ら存在しない.事前分布の区間をもっと広く選ばない理由は,粒子フィルタのアルゴリズムが,最初に事前分布から粒子を生成するためである.もし,尤度の高い領域において事前分布の確率がわずかしかなければ,ほんの 1, 2 ステップ後には粒子の大部分が破棄されてしまうだろう.ここで事前分布の選び方に関して,事後分布の評価に用いる特定の数値手法に基づく指針には,賛同していないことに注意して欲しい.この場合はそのような数値手法ではなく,有限区間における一様事前分布の方が,例えば上限が無限の事前分布より,分散についての信念をよりよく表現していると考えた.結局,データをプロットしてみれば V が 100,あるいは 1000 より大きくなる可能性を真面目に考える人が存在するだろうか?

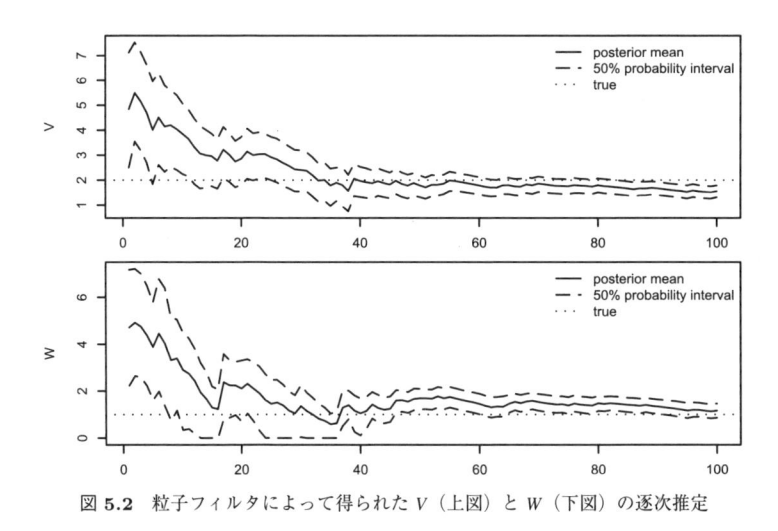

図 5.2 粒子フィルタによって得られた V(上図)と W(下図)の逐次推定

R code

```
> ### PF with unknown parameters: Liu and West
> N <- 10000
> a <- 0.975
> set.seed(4521)
```

```r
> pfOutTheta <- matrix(NA_real_, n + 1, N)
> pfOutV <- matrix(NA_real_, n + 1, N)
> pfOutW <- matrix(NA_real_, n + 1, N)
> wt <- matrix(NA_real_, n + 1, N)
> ## Initialize, sampling from the prior
> pfOutTheta[1, ] <- rnorm(N, mean = m0(mod),
+                          sd = sqrt(C0(mod)))
> pfOutV[1, ] <- runif(N, 0, 10)
> pfOutW[1, ] <- runif(N, 0, 10)
> wt[1, ] <- rep(1/N, N)
> for (it in 2 : (n + 1))
+ {
+     ## compute means and variances of the particle
+     ## cloud for V and W
+     meanV <- weighted.mean(pfOutV[it - 1, ], wt[it - 1,])
+     meanW <- weighted.mean(pfOutW[it - 1, ], wt[it - 1,])
+     varV <- weighted.mean((pfOutV[it - 1, ] - meanV)^2,
+                           wt[it - 1,])
+     varW <- weighted.mean((pfOutW[it - 1, ] - meanW)^2,
+                           wt[it - 1,])
+     ## compute the parameters of Gamma kernels
+     muV <- a * pfOutV[it - 1, ] + (1 - a) * meanV
+     sigma2V <- (1 - a^2) * varV
+     alphaV <- muV^2 / sigma2V
+     betaV <- muV / sigma2V
+     muW <- a * pfOutW[it - 1, ] + (1 - a) * meanW
+     sigma2W <- (1 - a^2) * varW
+     alphaW <- muW^2 / sigma2W
+     betaW <- muW / sigma2W
+     ## draw the auxiliary indicator variables
+     probs <- wt[it - 1,] * dnorm(y[it - 1], sd = sqrt(muV),
+                                  mean = pfOutTheta[it - 1, ])
+     auxInd <- sample(N, N, replace = TRUE, prob = probs)
+     ## draw the variances V and W
+     pfOutV[it, ] <- rgamma(N, shape = alphaV[auxInd],
+                            rate = betaV[auxInd])
+     pfOutW[it, ] <- rgamma(N, shape = alphaW[auxInd],
+                            rate = betaW[auxInd])
+     ## draw the state theta
+     pfOutTheta[it, ] <- rnorm(N, mean =
+                                 pfOutTheta[it - 1, auxInd],
+                               sd = sqrt(pfOutW[it, ]))
+     ## compute the weights
```

```
48    +       wt[it, ] <- exp(dnorm(y[it - 1],
      +                             mean = pfOutTheta[it, ],
50    +                             sd = sqrt(pfOutV[it, ]),
      +                             log = TRUE) -
52    +                       dnorm(y[it - 1], mean =
      +                             pfOutTheta[it - 1, auxInd],
54    +                             sd = sqrt(muV[auxInd]),
      +                             log = TRUE))
56    +       wt[it, ] <- wt[it, ] / sum(wt[it, ])
      +   }
```

5.4 おわりに

　本章では，粒子フィルタがオンライン推定では非常に役に立つことを強調した．オンライン推定において，粒子フィルタはモデルが未知パラメータを含んでいたり，例えばモデルが非線型である等の理由からカルマン・フィルタが利用できない場合に，事後分布を再帰的に更新するのに利用できる．この点に関しては確かにその通りなのだが，現実の逐次的な応用問題に，粒子フィルタリングの技術を実際に適用する際の注意点を加えておきたい．

　前述のサンプラーに含まれない極少数の例外はあるものの，利用できる全ての漸近的な結果は，時間域 T を固定して粒子数 N を無限にした場合に成立する．さらに，時間域が T_1 と T_2 のように異なる場合，同等な品質のモンテカルロ近似を得るためには，T_i に比例する粒子を多数使用する必要がある．これらの結果から示唆されることは，N 個の粒子で粒子フィルタを動かし始め，新しい観測値が利用可能になった際の処理を続けていくと，最終的には近似の品質が劣化してしまうということであり，長期間の実行では粒子による近似が役に立たないものになる．この理由は，時点 t における周辺事後分布 $\hat{\pi}_t(\theta_t)$ を粒子近似するだけの場合でも，実質的な目標分布は同時事後分布 $\pi(\theta_{0:t}|y_{1:t})$ となっているので，分布を追跡する際に次元数が大きく増加してゆくためである．粒子フィルタによる近似が時間と共に劣化してしまうもう1つ別の直感的な説明は，時点 t における近似が時点 $t-1$ における近似に基づくため，すなわち誤差が累積してゆく点にある．

　時間域に制約がない状況で事後分布の逐次更新が必要となるような応用に対して，現実的に対応可能な解決策は，標本 T 個分の区間ごとに，可能であれば直近の kT 個のデータ点 ($k \gg 1$) だけに基づいて MCMC サンプラーを動作させて，その時点での事後分布から標本を抽出し，この標本を利用して次の標本 T 個分の区間に対して粒子フィルタの更新手続きを開始することである．このようにすれば，オフラインで MCMC を実行す

る一方で，同時に粒子フィルタを用いて事後分布を更新し続けることができる．例えば国内の株式市場を追跡する際，データの流れが止まる週末の間に MCMC を実行すれば，その後の平日の間では，例えば 1 時間ごとのデータに対して粒子フィルタを適用して，事後分布を更新することができる．

　同様の考え方は，事前分布が散漫な粒子フィルタの初期化に適用することができる．この場合前に注意したように，このような事前分布からの標本で粒子フィルタを開始すると，わずか 1, 2 ステップの更新処理を経ただけで，粒子が目標分布からずれてしまう可能性がある．かなり安定した粒子群から粒子フィルタを開始するためには，その代りにデータを最初に少しだけ拡張して MCMC を実行すればよい．

A
役に立つ分布

ベルヌーイ分布

ベルヌーイ確率変数は，ある事象の指標関数であり，言い換えればとり得る値が 0 と 1 だけの離散確率変数である．$X \sim \mathcal{Be}(p)$ ならば

$$P(X=1) = 1 - P(X=0) = p$$

である．確率関数は次のようになる．

$$\mathcal{Be}(x;p) = \begin{cases} 1-p & x=0 \text{ の時} \\ p & x=1 \text{ の時} \end{cases}$$

正規分布

ほぼ間違いなく，最もよく使われる（そして乱用される）確率分布である．その密度は

$$\mathcal{N}(x;\mu,\sigma^2) = \frac{1}{\sqrt{2\pi\sigma^2}} \exp\left\{-\frac{(x-\mu)^2}{2\sigma^2}\right\}$$

であり，期待値は μ で分散は σ^2 である．

ベータ分布

ベータ分布のサポートは区間 $(0,1)$ である．この理由により，未知の確率に対する事前分布としてしばしば用いられる．この分布は 2 つの正のパラメータ a と b でパラメタライズされ，$\mathcal{B}(a,b)$ と書かれる．その密度は

$$\mathcal{B}(x;a,b) = \frac{\Gamma(a+b)}{\Gamma(a)\Gamma(b)} x^{a-1}(1-x)^{b-1}, \qquad 0 < x < 1$$

である．確率変数 $X \sim \mathcal{B}(a,b)$ に対して，次が成立する．

$$\mathrm{E}(X) = \frac{a}{a+b}, \qquad \mathrm{Var}(X) = \frac{ab}{(a+b)^2(a+b+1)}$$

多変量への一般化はディリクレ分布によって与えられる.

ガンマ分布

確率変数 X は,次の密度を持てばパラメータ (a,b) のガンマ分布に従う.

$$\mathcal{G}(x;a,b) = \frac{b^a}{\Gamma(a)} x^{a-1} \exp(-bx), \qquad x > 0$$

ここで a と b は正のパラメータである.ここで次が成立する.

$$\mathrm{E}(X) = \frac{a}{b}, \qquad \mathrm{Var}(X) = \frac{a}{b^2}$$

$a > 1$ なら, $(a-1)/b$ で唯一のモードを持つ. $a = 1$ に対しては,この密度はパラメータが b の(負)指数分布になる. $(a = k/2, b = 1/2)$ に対しては,自由度が k のカイ2乗分布 $\chi^2(k)$ になる.

$X \sim \mathcal{G}(a,b)$ ならば, $Y = 1/X$ の密度はパラメータ (a,b) の逆ガンマ分布といわれ, $a > 1$ ならば $\mathrm{E}(Y) = b/(a-1)$, $a > 2$ ならば $\mathrm{Var}(Y) = b^2/((a-1)^2(a-2))$ となる.

スチューデント t 分布

$Z \sim \mathcal{N}(0,1), U \sim \chi^2(k), k > 0$ で Z と U が独立なら,確率変数 $T = Z/\sqrt{U/k}$ は自由度が k の(中心)スチューデント t 分布に従う.この密度は

$$f(t;k) = c\left(1 + \frac{t^2}{k}\right)^{-\frac{k+1}{2}}$$

である.ここで, $c = \Gamma((k+1)/2)/(\Gamma(k/2)\sqrt{k\pi})$ である.これを, $T \sim \mathcal{T}(0,1,k)$ あるいは簡単に $T \sim \mathcal{T}_k$ と書く.

この密度が全実数直線上で正となり,原点の周りで対称であることは定義から明らかである. k が無限に近づくにつれて,この密度は任意の点で標準正規密度に収束することを示すことができる.さらに次が成立する.

$$\mathrm{E}(X) = 0 \qquad\qquad k > 1 \text{ の時}$$
$$\mathrm{Var}(X) = \frac{k}{k-2} \qquad\qquad k > 2 \text{ の時}$$

$T \sim \mathcal{T}(0,1,k)$ ならば, $X = \mu + \sigma T$ はパラメータが (μ, σ^2) で自由度が k のスチューデント t 分布に従い, $X \sim \mathcal{T}(\mu, \sigma^2, k)$ と書く.明らかに, $k > 1$ ならば $\mathrm{E}(X) = \mu$, そして $k > 2$ ならば $\mathrm{Var}(X) = \sigma^2 \frac{k}{k-2}$ である.

A. 役に立つ分布

正規-ガンマ分布

(X,Y) を 2 変量確率ベクトルとしよう. $X|Y=y \sim \mathcal{N}(\mu,(n_0 y)^{-1})$ で $Y \sim \mathcal{G}(a,b)$ とすると, (X,Y) はパラメータ (μ, n_0^{-1}, a, b) の正規-ガンマ密度に従う（ここで, もちろん $\mu \in \mathbb{R}$, $n_0, a, b \in \mathbb{R}^+$ である）. これを $(X,Y) \sim \mathcal{NG}(\mu, n_0^{-1}, a, b)$ と書く. X の周辺密度はスチューデント t 分布で, $X \sim \mathcal{T}(\mu, (n_0 \frac{a}{b})^{-1}, 2a)$ となる.

多変量正規分布

連続な確率ベクトル $Y=(Y_1,\ldots,Y_k)'$ がパラメータ $\mu=(\mu_1,\ldots,\mu_k)'$ と Σ の k 変量正規分布に従う時, その密度は次のようになる. ここで $\mu \in \mathbb{R}^k$, Σ は対称な正定符号行列である.

$$\mathcal{N}_k(y;\mu,\Sigma) = |\Sigma|^{-1/2}(2\pi)^{-k/2} \exp\left\{-\frac{1}{2}(y-\mu)'\Sigma^{-1}(y-\mu)\right\}, \qquad y \in \mathbb{R}^k$$

ここで, $|\Sigma|$ は行列 Σ の行列式である. これを次のように書く.

$$Y \sim \mathcal{N}_k(\mu,\Sigma)$$

明らかに, $k=1$ なら Σ はスカラーで, $\mathcal{N}_k(\mu,\Sigma)$ は一変量正規密度になる.

$\mathrm{E}(Y_i) = \mu_i$ であり, σ_{ij} で Σ の要素を表すと, $\mathrm{Var}(Y_i) = \sigma_{i,i}$ と $\mathrm{Cov}(Y_i, Y_j) = \sigma_{i,j}$ になる. 共分散行列 Σ の逆行列 $\Phi = \Sigma^{-1}$ は, Y の精度行列になる.

関連のあるいくつかの結果は次の通りだが, それらの証明は, どの多変量解析のテキスト（例えば, Barra and Herbach (1981) の 92, 96 ページを参照) にもある.

1) $Y \sim \mathcal{N}_k(\mu,\Sigma)$ で X が Y の線型変換, すなわち $X = AY$（ここで A は $n \times k$) であれば, $X \sim \mathcal{N}_k(A\mu, A\Sigma A')$ となる.
2) X と Y は 2 つの確率ベクトルとし, 共分散行列をそれぞれ Σ_X と Σ_Y とする. Σ_{YX} は Y と X の共分散, すなわち $\Sigma_{YX} = \mathrm{E}((Y-\mathrm{E}(Y))(X-\mathrm{E}(X))')$ とする. すると X と Y の共分散は, $\Sigma_{XY} = \Sigma_{YX}'$ になる. また Σ_X は非特異とする. すると, (X,Y) の同時分布は, 次の条件が満たされる時, かつその時に限りガウス型になることを示すことができる.
    (i) X はガウス分布に従う.
    (ii) $X = x$ が与えられた下での Y の条件付分布はガウス分布で, その平均は

$$\mathrm{E}(Y|X=x) = \mathrm{E}(Y) + \Sigma_{YX}\Sigma_X^{-1}(x-\mathrm{E}(X))$$

であり，その共分散行列は

$$\Sigma_{Y|X} = \Sigma_Y - \Sigma_{YX}\Sigma_X^{-1}\Sigma_{XY}$$

である．

多項分布

有限個のラベル集合 $\{L_1, L_2, \ldots, L_k\}$ 内の値をとる，n 個の独立で同一な分布に従う観測値の集合を考える．$L_i, i = 1, \ldots, k$ に等しい値をとる観測値の確率を p_i で表す．ラベルの計数ベクトル $X = (X_1, \ldots, X_k)$, ここで X_i は $L_i (i = 1, \ldots, k)$ に等しい観測値の数，は多項分布に従い，その確率関数は

$$\mathcal{M}ult(x_1, \ldots, x_k; n, p) = \frac{n!}{x_1! \cdots x_k!} p_1^{x_1} \cdots p_k^{x_k}$$

となる．ここで $p = (p_1, \ldots, p_k)$ であり，計数 $x_1, \ldots, x_k$ は制約 $\sum x_i = n$ を満たす．

ディリクレ分布

ディリクレ分布はベータ分布を多変量に一般化したものである．パラメータベクトル $a = (a_1, \ldots, a_k)$ を考える．ディリクレ分布 $\mathcal{D}ir(a)$ は，次のような $k-1$ 次元の密度を持つ．

$$\mathcal{D}ir(x_1, \ldots, x_{k-1}; a) = \frac{\Gamma(a_1 + \cdots + a_k)}{\Gamma(a_1) \cdots \Gamma(a_k)} x_1^{a_1-1} \cdots x_{k-1}^{a_{k-1}-1} \left(1 - \sum_{i=1}^{k-1} x_i\right)^{a_k-1}$$

ここで， $\sum_{i=1}^{k-1} x_i < 1, \ x_i > 0, \qquad i = 1, \ldots, k-1$

ウィシャート分布

W を，その要素が確率変数 $w_{i,j}, i, j = 1, \ldots, k$ となる対称な正定符号行列とする．W の分布は，その要素の同時分布となる（実際には，異なる要素となる $k(k+1)/2$ 次元ベクトルの分布）．この時 W は，パラメータ α と B（$\alpha > (k-1)/2$ で，B は対称な正定符号行列）のウィシャート分布に従い，その密度は次のようになる．

$$\mathcal{W}_k(W; \alpha, B) = c|W|^{\alpha-(k+1)/2} \exp(-\text{tr}(BW))$$

ここで $c = |B|^\alpha / \Gamma_k(\alpha)$ であって，$\Gamma_k(\alpha) = \pi^{k(k-1)/4} \prod_{i=1}^k \Gamma((2\alpha + 1 - i)/2)$ は一般化ガンマ関数であり，$\text{tr}(\cdot)$ は引数の行列のトレースである．これを $W \sim \mathcal{W}_k(\alpha, B)$ あるいは単に

A. 役に立つ分布

$W \sim \mathcal{W}(\alpha, B)$ と書く. また,

$$E(W) = \alpha B^{-1}$$

となる. ウィシャート分布は多変量ガウス分布からのサンプリングで生じる. $(Y_1, \ldots, Y_n)$, $n > 1$ が多変量正規分布 $\mathcal{N}_k(\mu, \Sigma)$ からの確率標本で, $\bar{Y} = \sum_{i=1}^{n} Y_i/n$ ならば, $\bar{Y} \sim \mathcal{N}_k(\mu, \Sigma/n)$ であって,

$$S = \sum_{i=1}^{n}(Y_i - \bar{Y})(Y_i - \bar{Y})'$$

は $\bar{Y}$ とは独立で, ウィシャート分布 $\mathcal{W}_k((n-1)/2, \Sigma^{-1}/2)$ に従う. 特に, $\mu = 0$ ならば

$$W = \sum_{i=1}^{n} Y_i Y_i' \sim \mathcal{W}_k\left(\frac{n}{2}, \frac{1}{2}\Sigma^{-1}\right)$$

であり, ($n > k-1$ における) その密度は

$$f(w; n, \Sigma) \propto |W|^{\frac{n-k-1}{2}} \exp\left\{-\frac{1}{2}\operatorname{tr}(\Sigma^{-1}W)\right\}$$

となる. 実際には, ウィシャート分布は, 上の式におけるように, 通常 n と Σ でパラメタライズされ, パラメータ n は自由度と呼ばれる. $E(W) = n\Sigma$ であることに注意する. ガンマ分布と似た関係から α と B を用いてパラメータ化を行う. 確かに, もし $k = 1$ なら, B はスカラーであり, したがって $\mathcal{W}_1(\alpha, B)$ はガンマ密度 $\mathcal{G}(\cdot; \alpha, B)$ になる.

ウィシャート分布について次の性質を示すことができる. $W \sim \mathcal{W}_k(\alpha = n/2, B = \Sigma^{-1}/2)$ で $Y = AWA'$ としよう. ここで A は実数の $(m \times k)$ 行列である $(m \leq k)$. すると, Y は次元が m で, パラメータが α と $\frac{1}{2}(A\Sigma A)^{-1}$ のウィシャート分布 (ただし後者のパラメータが存在すれば) に従う. 特に, もし W と Σ が次のように一致して分割できれば

$$W = \begin{bmatrix} W_{1,1} & W_{1,2} \\ W_{2,1} & W_{2,2} \end{bmatrix}, \Sigma = \begin{bmatrix} \Sigma_{1,1} & \Sigma_{1,2} \\ \Sigma_{2,1} & \Sigma_{2,2} \end{bmatrix}$$

次が成立する. ここで $W_{1,1}$ と $\Sigma_{1,1}$ は $h \times h$ 行列である $(1 \leq h \leq k)$.

$$W_{1,1} \sim \mathcal{W}_h\left(\alpha = \frac{n}{2}, \frac{1}{2}\Sigma_{1,1}^{-1}\right)$$

この性質から W の対角要素の周辺分布を計算できるようになる. 例えば, もし $k = 2$ で $A = (1, 0)$ ならば, $Y = w_{1,1} \sim \mathcal{G}(\alpha = n/2, \sigma_{1,1}^{-1}/2)$ となる. ここで $\sigma_{1,1}$ は Σ の対角要素の最初の要素である. これから, $w_{1,1}/\sigma_{1,1} \sim \chi^2(n)$ となる. この時次が成立する.

$$E(w_{1,1}) = n\sigma_{1,1}, \qquad \operatorname{Var}(w_{1,1}) = 2n\sigma_{1,1}^2$$

より一般的には, 次のように示すことができる.

$$\operatorname{Var}(w_{i,j}) = n(\sigma_{i,j}^2 + \sigma_{i,i}\sigma_{j,j}), \quad \operatorname{Cov}(w_{i,j}, w_{l,m}) = n(\sigma_{i,l}\sigma_{j,m} + \sigma_{i,m}\sigma_{j,l})$$

また，$W \sim \mathcal{W}_k(\alpha = n/2, B = \Sigma^{-1}/2)$ ならば，$V = W^{-1}$ は逆ウィシャート分布に従う．この時次が成立する．

$$\operatorname{E}(V) = \operatorname{E}(W^{-1}) = \left(\alpha - \frac{k+1}{2}\right)^{-1} B = \frac{1}{n-k-1}\Sigma^{-1}$$

多変量スチューデント t 分布

Y が p 変量確率ベクトルで $Y \sim \mathcal{N}_p(0,\Sigma)$ であり，$U \sim \chi^2(k)$ で，Y と U は独立とする．すると，$X = \frac{Y}{\sqrt{U/k}} + \mu$ はパラメータが (μ, Σ) で自由度 $k > 0$ の，p 変量スチューデント t 分布に従い，その密度は次のようになる．

$$f(x) = c[1 - \frac{1}{k}(x-\mu)'\Sigma^{-1}(x-\mu)]^{-(k+p)/2}, \qquad x \in \mathbb{R}^p$$

ここで $c = \Gamma((k+p)/2)/(\Gamma(k/2)\pi^{p/2}k^{p/2}|\Sigma|^{1/2})$ である．これを $X \sim \mathcal{T}(\mu,\Sigma,k)$ と書く．$p = 1$ では，一変量スチューデント t 分布になる．ここで次が成立する．

$$\operatorname{E}(X) = \mu \qquad\qquad k > 1 \text{ の時}$$
$$\operatorname{Var}(X) = \Sigma \frac{k}{k-2} \qquad\qquad k > 2 \text{ の時}$$

多変量正規-ガンマ分布

(X, Y) を確率ベクトルとし，$X|Y = y \sim \mathcal{N}_m(\mu, (N_0 y)^{-1})$ で $Y \sim \mathcal{G}(a, b)$ とする．すると，(X, Y) は正規-ガンマ分布の密度に従い，そのパラメータは (μ, N_0^{-1}, a, b) となる．これを $(X, Y) \sim \mathcal{NG}(\mu, N_0^{-1}, a, b)$ と表す．

X の周辺密度は多変量スチューデント t 分布で，$X \sim \mathcal{T}(\mu, (N_0 \frac{a}{b})^{-1}, 2a)$ になる．したがって，$\operatorname{E}(X) = \mu$ および $\operatorname{Var}(X) = N_0^{-1} b/(a-1)$ となる．

B
行列代数：特異値分解

M を $p \times q$ 行列とし，$r = \min\{p, q\}$ としよう．M の特異値分解 (SVD) は次の性質を持つ 3 つの行列 (U, D, V) からなる．

(i) U は $p \times p$ 直交行列である．
(ii) V は $q \times q$ 直交行列である．
(iii) D は $p \times q$ 行列で，その要素は $i \neq j$ に対して $D_{ij} = 0$ である．
(iv) $UDV' = M$

M が正方行列なら，D は対角行列になる．加えて，M が非負定符号なら，全ての i に対して $D_{ii} \geq 0$ になる．この場合，$S_{ii} = \sqrt{D_{ii}}$ とおくことによって，対角行列 S が定義でき，その結果 $M = US^2V'$ となる．さらに M が例えば分散行列のように対称行列なら，$M = US^2U'$ となることが示せる．全ての i に対して，$S_{ii} > 0$ なら，その時のみ M は可逆である．SVD には数値線型代数で多くの応用がある．例えば，分散行列 M の平方根[*1]，すなわち $M = N'N$ となるような正方行列 N を計算するのに用いることができる．事実，$M = US^2U'$ であれば，$N = SU'$ とおくだけで十分である．また，M の逆行列は，もし M が可逆なら，その SVD からも簡単に計算できる．事実，$M^{-1} = US^{-2}U'$ であることをすぐ示すことができる．さらに，$S^{-1}U'$ は M^{-1} の平方根になっていることに注意する．より一般的には，非可逆の M に対しては一般化逆行列 M^- が存在し，$MM^-M = M$ という性質を持つ．分散行列の一般化逆行列は，対角行列 S^- を次のように定義することによって作ることができる．

$$S_{ii}^- = \begin{cases} S_{ii}^{-1} & S_{ii} > 0 \text{ の時} \\ 0 & S_{ii} = 0 \text{ の時} \end{cases}$$

そして $M^- = U(S^-)^2V'$ とおく．

[*1] ここでの行列平方根の定義は，$M = M^{\frac{1}{2}}M^{\frac{1}{2}}$ という関係に基づく最も一般的なものとは少し異なることに注意する．

パッケージ dlm では，SVD はフィルタリング分散や平滑化分散を数値的に安定した方法で計算するために広範囲に用いられている．使用されたアルゴリズムについての完全な議論は，Wang et al. (1992) と Zhang and Li (1996) を参照のこと．ここでは例えば，C_t を計算するために用いられるフィルタリング漸化式を考える．この計算は次の3つのステップに分解できる．

(i) $R_t = G_t C_{t-1} G'_t + W_t$ を計算
(ii) $C_t^{-1} = F'_t V_t^{-1} F_t + R_t^{-1}$ を計算[*2)]
(iii) C_t^{-1} の逆行列を計算

$(U_{C,t-1}, S_{C,t-1})$ を C_{t-1} の SVD の要素とすると，$C_{t-1} = U_{C,t-1} S_{C,t-1}^2 U'_{C,t-1}$ であり，また $N_{W,t}$ を W_t の平方根とする．ここで次のような $2p \times p$ の分割行列を定義する．

$$M = \begin{bmatrix} S_{C,t-1} U'_{C,t-1} G'_t \\ N_{W,t} \end{bmatrix}$$

そして (U, D, V) をその SVD とする．M のクロス積は

$$\begin{aligned} M'M = VDU'UDV' &= VD^2V' \\ &= G_t U_{C,t-1} S_{C,t-1}^2 U'_{C,t-1} G'_t + N'_{W,t} N_{W,t} \\ &= G_t C_{t-1} G'_t + W_t = R_t \end{aligned}$$

となる．
V は直交行列で，D^2 は対角行列であるので，(V, D^2, V) は R_t の SVD になる．そこで $U_{R,t} = V$ および $S_{R,t} = D$ とおくことができる．今度は V_t^{-1} の平方根 $N_{V,t}$ を考え，$(m+p) \times p$ の分割行列を次のように定義する．

$$M = \begin{bmatrix} N_{V,t} F_t U_{R,t} \\ S_{R,t}^{-1} \end{bmatrix}$$

そして (U, D, V) をその SVD とする．M のクロス積は

$$\begin{aligned} M'M = VDU'UDV' &= VD^2V' \\ &= U'_{R,t} F'_t N'_{V,t} N_{V,t} F_t U_{R,t} + S_{R,t}^{-2} \end{aligned}$$

となる．

[*2)] C_t^{-1} に対する式は，命題 2.2 の式に，次の一般的な行列の等式を適用することで得られる．

$$(A + BEB')^{-1} = A^{-1} - A^{-1} B (B' A^{-1} B + E^{-1})^{-1} B' A^{-1}$$

ここで A と E は各々の次数が m と n の非特異行列で，B は $m \times n$ 行列である．

これに左から $U_{R,t}$ をかけ右から $U'_{R,t}$ をかけると，次の関係を得る．

$$U_{R,t}M'MU'_{R,t} = U_{R,t}VD^2V'U'_{R,t}$$
$$= U_{R,t}U'_{R,t}F'_tN'_{V,t}N_{V,t}F_tU_{R,t}U'_{R,t} + U_{R,t}S_{R,t}^{-2}U'_{R,t}$$
$$= F'_tV_t^{-1}F_t + R_t^{-1} = C_t^{-1}$$

$U_{R,t}V$ は次数が p の 2 つの直交行列の積であるので，それ自体直交行列である．したがって，$U_{R,t}VD^2V'U'_{R,t}$ は C_t^{-1} の SVD になる．つまり C_t^{-1} の SVD において行列 "U" は $U_{R,t}V$ で，行列 "S" は D となる．この結果 C_t の SVD に対して，$U_{C,t} = U_{R,t}V$ と $S_{C,t} = D^{-1}$ を得る．

参考文献

Akaike, H. (1974a). Markovian representation of stochastic processes and its application to the analysis of autoregressive moving average processes, *Annals of the Institute of Statistical Mathematics* **26**: 363–387.

Akaike, H. (1974b). Stochastic theory of minimal realization, *IEEE Trans. on Automatic Control* **19**: 667–674.

Amisano, G. and Giannini, C. (1997). *Topics in Structural VAR Econometrics*, 2nd edn, Springer, Berlin.

Anderson, B. and Moore, J. (1979). *Optimal Filtering*, Prentice-Hall, Englewood Cliffs.

Aoki, M. (1987). *State Space Modeling of Time Series*, Springer Verlag, New York.

Barndorff-Nielsen, O., Cox, D. and Klüppelberg, C. (eds) (2001). *Complex Stochastic Systems*, Chapman & Hall, London.

Barra, J. and Herbach, L. H. (1981). *Mathematical Basis of Statistics*, Academic Press, New York.

Bauwens, L., Lubrano, M. and Richard, J.-F. (1999). *Bayesian inference in Dynamic Econometric Models*, Oxford University Press, New York.

Bayes, T. (1763). *An essay towards solving a problem in the doctrine of chances*. Published posthumously in *Phil. Trans. Roy. Stat. Soc. London*, **53**, 370–418 and **54**, 296–325. Reprinted in *Biometrika* **45** (1958), 293.315, with a biographical note by G.A. Barnard. Reproduced in Press (1989), 185–217.

Berger, J. (1985). *Statistical Decision Theory and Bayesian Analysis*, Springer, Berlin.

Bernardo, J. (1979a). Expected information as expected utility, *Annals of Statistics* pp. 686–690.

Bernardo, J. (1979b). Reference posterior distributions for Bayesian inference (with discussion), *Journal of the Royal Statistical Society, Series B* pp. 113–147.

Bernardo, J. and Smith, A. (1994). *Bayesian Theory*, Wiley, Chichester.

Berndt, R. (1991). *The Practice of Econometrics*, Addison-Wesley.

Bollerslev, T. (1986). Generalized autoregressive conditional heteroskedasticity, *Journal of Econometrics* **31**: 307–327.

Box, G., Jenkins, G. and Reinsel, G. (2008). *Time Series Analysis: Forecasting and Control*, 4th edn, Wiley, New York.

Brandt, P. (2008). *MSBVAR: Markov-Switching Bayesian Vector Autoregression Models*. R package version 0.3.2.
URL: http://www.utdallas.edu/~pbrandt/

Brown, P., Le, N. and Zidek, J. (1994). Inference for a covariance matrix, in P. Freeman and e. A.F.M. Smith (eds), *Aspects of Uncertainty: A Tribute to D. V. Lindley*, Wiley, Chichester, pp.77-92.

Caines, P. (1988). *Linear Stochastic Systems*, Wiley, New York.

Campbell, J., Lo, A. and MacKinley, A. (1996). *The Econometrics of Financial Markets*, Princeton University Press, Princeton.

Canova, F. (2007). *Methods for Applied Macroeconomic Research*, Princeton University Press, Princeton.

Cappé, O., Godsill, S. and Moulines, E. (2007). An overview of existing methods and recent advances in sequential Monte Carlo, *Proceedings of the IEEE* **95**: 899-924.

Cappé, O., Moulines, E. and Rydèn, T. (2005). *Inference in Hidden Markov Models*, Springer, New York.

Carmona, R. A. (2004). *Statistical analysis of financial data in S-plus*, Springer-Verlag, New York.

Caron, F., Davy, M., A., D., Duflos, E. and Vanheeghe, P. (2008). Bayesian inference for linear dynamic models with dirichlet process mixtures, *IEEE Transactions on Signal Processing* **56**: 71-84.

Carter, C. and Kohn, R. (1994). On Gibbs sampling for state space models, *Biometrika* **81**: 541-553.

Chang, Y., Miller, J. and Park, J. (2005). Extracting a common stochastic trend: Theories with some applications, *Technical report*, Rice University.
URL: http://ideas.repec.org/p/ecl/riceco/2005-06.html

Chatfield, C. (2004). *The Analysis of Time Series*, 6th edn, CRC-Chapman & Hall, London.

Cifarelli, D. and Muliere, P. (1989). *Statistica Bayesiana*, Iuculano Editore, Pavia. (In Italian).

Consonni, G. and Veronese, P. (2001). Conditionally reducible natural exponential families and enriched conjugate priors, *Scandinavian Journal of Statistics* **28**: 377-406.

Consonni, G. and Veronese, P. (2003). Enriched conjugate and reference priors for the wishart family on symmetric cones, *Annals of Statistics* **31**: 1491-1516.

Cowell, R., Dawid, P., Lauritzen, S. and Spiegelhalter, D. (1999). *Probabilistic networks and expert systems*, Springer-Verlag, New York.

D'Agostino, R. and Stephens, M. (eds) (1986). *Goodness-of-fit Techniques*, Dekker, New York.

Dalal, S. and Hall, W. (1983). Approximating priors by mixtures of conjugate priors, *J. Roy. Statist. Soc. Ser. B* **45**: 278–286.

Dawid, A. (1981). Some matrix-variate distribution theory: Notational considerations and a bayesian application, *Biometrika* **68**: 265–274.

Dawid, A. and Lauritzen, S. (1993). Hyper-markov laws in the statistical analysis of decomposable graphical models, *Ann. Statist.* **21**: 1272–1317.

de Finetti, B. (1970a). *Teoria della probabilità I*, Einaudi, Torino. English translation as *Theory of Probability I* in 1974, Wiley, Chichester.

de Finetti, B. (1970b). *Teoria della probabilità II*, Einaudi, Torino. English translation as *Theory of Probability II* in 1975, Wiley, Chichester.

De Finetti, B. (1972). *Probability, Induction and Statistics*, Wiley, Chichester. References 247

DeGroot, M. (1970). *Optimal Statistical Decisions*, McGraw Hill, New York.

Del Moral, P. (2004). *Feyman-Kac Formulae: Genealogical and Interacting Particle Systems with Applications*, Springer-Verlag, New York.

Diaconis, P. and Ylvisaker, D. (1985). Quantifying prior opinion, in J. Bernardo, M. deGroot, D. Lindley and A. Smith (eds), *Bayesian Statistics 2*, Elsevier Science Publishers B.V. (North Holland), pp. 133–156.

Diebold, F. and Li, C. (2006). Forecasting the term structure of government bond yields, *Journal of Econometrics* **130**: 337–364.

Diebold, F., Rudebuschb, G. and Aruoba, S. (2006). The macroeconomy and the yield curve: A dynamic latent factor approach, *Journal of Econometrics* **131**: 309–338.

Doan, T., Litterman, R. and Sims, C. (1984). Forecasting and conditional projection using realistic prior distributions, *Econometric Reviews* **3**: 1–144.

Doucet, A., De Freitas, N. and Gordon, N. (eds) (2001). *Sequential Monte Carlo Methods in Practice*, Springer, New York.

Durbin, J. and Koopman, S. (2001). *Time Series Analysis by State Space Methods*, Oxford University Press, Oxford. 和合 肇・松田安昌訳『状態空間モデリングによる時系列分析入門』シーエーピー出版, 2004 年

Engle, R. (1982). Autoregressive conditional heteroskedasticity with estimates of the variance of UK inflation, *Econometrica* **50**: 987–1008.

Engle, R. and Granger, C. (1987). Co-integration and error correction: Representation, estimation, and testing, *Econometrica* **55**: 251-276.

Fearnhead, P. (2002). Markov chain Monte Carlo, sufficient statistics, and particle filter, *Journal of Computational and Graphical Statistics* **11**: 848-862.

Forni, M., Hallin, M., Lippi, M. and Reichlin, L. (2000). The generalized dynamic factor model: Identification and estimation, *Review of Economics and Statistics* **82**: 540-552.

Frühwirth-Schnatter, S. and Kaufmann, S. (2008). Model-based clustering of multiple time series, *Journal of Business and Economic Statistics* **26**: 78-89.

Früwirth-Schnatter, S. (1994). Data augmentation and dynamic linear models, *Journal of Time Series Analysis* **15**: 183-202.

Früwirth-Schnatter, S. and Wagner, H. (2008). Stochastic model specification search for Gaussian and non-Gaussian state space models, *IFAS Research Papers, 2008-36*.

Gamerman, D. and Migon, H. (1993). Dynamic hierarchical models, *Journal of the Royal Statistical Society, Series B* **55**: 629-642.

Gelman, A., Carlin, J., Stern, H. and Rubin, D. (2004). *Bayesian Data Analysis*, 2nd edn, Chapman & Hall/CRC, Boca Raton.

Geweke, J. (2005). *Contemporary Bayesian Econometrics and Statistics*, Wiley,Hoboken.

Gilbert, P. (2008). *Brief User's Guide: Dynamic Systems Estimation*.
URL: http://www.bank-banque-canada.ca/pgilbert/.

Gilks, W. and Berzuini, C. (2001). Following a moving target. Monte Carlo inference for dynamic Bayesian models, *Journal of the Royal Statistical Society, Series B* **63**: 127-146.

Gilks, W., Best, N. and Tan, K. (1995). Adaptive rejection Metropolis sampling within Gibbs sampling (Corr: 97V46 p541-542 with R.M. Neal), *Applied Statistics* **44**: 455-472.

Gilks, W. and Wild, P. (1992). Adaptive rejection sampling for Gibbs sampling, *Applied Statistics* **41**: 337-348.

Gourieroux, C. and Monfort, A. (1997). *Time Series and Dynamic Models*, Cambridge University Press, Cambridge.

Granger, C. (1981). Some properties of time series data and their use in econometric model specification, *Journal of Econometrics* **16**: 150-161.

Gross, J. (2010). *Nortest: Tests for Normality*. R package version 1.0.

Hannan, E. and Deistler, M. (1988). *The Statistical Theory of Linear Systems*, Wiley, New York.

Harrison, P. and Stevens, C. (1976). Bayesian forecasting (with discussion), *Journal of the Royal Statistical Society, Series B* **38**: 205-247.

Harvey, A. (1989). *Forecasting, Structural Time Series Models and the Kalman filter*, Cambridge University Press, Cambridge.

Hastings, W. (1970). Monte Carlo sampling methods using Markov chains and their applications, *Biometrika* **57**: 97-109.

Hutchinson, C. (1984). The Kalman filter applied to aerospace and electronic systems, *Aerospace and Electronic Systems, IEEE Transactions on Aerospace and Electronic Systems* **AES-20**: 500-504.

Hyndman, R. (2008). *Forecast: Forecasting Functions for Time Series*. R package version 1.14.

URL: http://www.robhyndman.com/Rlibrary/forecast/.

Hyndman, R. (n.d.). Time Series Data Library.

URL: http://www.robjhyndman.com/TSDL .

Hyndman, R., Koehler, A., Ord, J. and Snyder, R. (2008). *Forecasting with Exponential smoothing*, Springer, Berlin.

Jacquier, E., Polson, N. and Rossi, P. (1994). Bayesian analysis of stochastic volatility models (with discussion), *Journal of Business and Economic Statistics* **12**: 371-417.

Jazwinski, A. (1970). *Stochastic Processes and Filtering Theory*, Academic Press, New York.

Jeffreys, H. (1998). *Theory of Probability*, 3rd edn, Oxford University Press, New York.

Johannes, M. and Polson, N. (2009). MCMC methods for continuous-time financial econometrics, in Y. Ait-Sahalia and L. Hansen (eds), *Handbook of Financial Econometrics*, Elsevier. (To appear).

Kalman, R. (1960). A new approach to linear filtering and prediction problems, *Trans. of the AMSE - Journal of Basic Engineering (Series D)* **82**: 35-45.

Kalman, R. (1961). On the general theory of control systems, *Proc. IFAC CongrIst*.**1**: 481-491.

Kalman, R. (1968). Contributions to the theory of optimal control, *Bol. Soc. Mat.Mexicana* **5**: 558-563.

Kalman, R. and Bucy, R. (1963). New results in linear filtering and prediction theory, *Trans. of the AMSE. Journal of Basic Engineering (Series D)* **83**: 95-108.

Kalman, R., Ho, Y. and Narenda, K. (1963). Controllability of linear dynamical systems, in J. Lasalle and J. Diaz (eds), *Contributions to Differential Equations*, Vol. 1, Wiley Interscience.

Kim, C.-J. and Nelson, C. (1999). *State Space Models with Regime Switching*, MIT Press, Cambridge.

Kolmogorov, A. (1941). Interpolation and extrapolation of stationary random sequences, *Bull. Moscow University, Ser. Math.* **5**.

Künsch, H. (2001). State space and hidden Markov models, in O. Barndorff-Nielsen, D. Cox and C. Klüppelberg (eds), *Complex stochastic systems*, Chapman & Hall/CRC, Boca Raton, pp. 109-173.

Kuttner, K. (1994). Estimating potential output as a latent variable, *Journal of Business and Economic Statistics* **12**: 361-68.

Landim, F. and Gamerman, D. (2000). Dynamic hierarchical models; an extension to matrix-variate observations, *Computational Statistics and Data Analysis* **35**: 11-42.

Laplace, P. (1814). *Essai Philosophique sur les Probabilitiès*, Courcier, Paris. The 5th edn (1825) was the last revised by Laplace. English translation in 1952 as *Philosophical Essay on Probabilities*, Dover, New York.

Lau, J. and So, M. (2008). Bayesian mixture of autoregressive models, *Computational Statistics and Data Analysis* **53**: 38-60.

Lauritzen, S. (1981). Time series analysis in 1880: A discussion of contributions made by T.N. Thiele, *International Statist. Review* **49**: 319-331.

Lauritzen, S. (1996). *Graphical Models*, Oxford University Press, Oxford.

Lindley, D. (1978). The Bayesian approach (with discussion), *Scandinavian Journal of Statistics* **5**: 1-26.

Lindley, D. and Smith, A. (1972). Bayes estimates for the linear model, *Journal of the Royal Statistical Society, Series B* **34**: 1-41.

Lipster, R. and Shiryayev, A. (1972). Statistics of conditionally Gaussian random sequences, *Proceedings of the Sixth Berkeley Symposium on Mathematical Statistics and Probability*, Univ. California Press, Berkeley.

Litterman, R. (1986). Forecasting with Bayesian vector autoregressions - five years of experience, *Journal of Business and Economic Statistics* **4**: 25-38.

Liu, J. (2001). *Monte Carlo Strategies in Scientific Computing*, Springer, New York.

Liu, J. and West, M. (2001). Combined parameter and state estimation in simulation-based filtering, in A. Doucet, N. De Freitas and N. Gordon (eds), *Sequential Monte Carlo Methods in Practice*, Springer, New York.

Ljung, G. and Box, G. (1978). On a measure of lack of fit in time series models, *Biometrika* **65**: 297-303.

Lütkepohl, H. (2005). *New Introduction to Multiple Time Series Analysis*, Springer-Verlag, Berlin.

Maybeck, P. (1979). *Stochastic Models, Estimation and Control*, Vol. 1 and 2, Academic

Press, New York.

Metropolis, N., Rosenbluth, A., Rosenbluth, M., Teller, A. and Teller, E. (1953). Equations of state calculations by fast computing machines, *Journal of Chemical Physics* **21**: 1087-1091.

Migon, H., Gamerman, D., Lopes, H. and Ferreira, M. (2005). Bayesian dynamic models, in D. Day and C. Rao (eds), *Handbook of Statistics*, Vol. 25, Elsevier B.V., chapter 19, pp. 553-588.

Morf, M. and Kailath, T. (1975). Square-root algorithms for least-squares estimation, *IEEE Trans. Automatic Control* **AC-20**: 487-497.

Muliere, P. (1984). Modelli lineari dinamici, *Studi Statistici (8)*, Istituto di Metodi Quantitativi, Bocconi University, Milan. (In Italian).

O'Hagan, A. (1994). *Bayesian Inference*, Kendall's Advanced Theory of Statistics, 2B, Edward Arnold, London.

Oshman, Y. and Bar-Itzhack, I. (1986). Square root filtering via covariance and information eigenfactors, *Automatica* **22**: 599-604.

Petris, G. and Tardella, L. (2003). A geometric approach to transdimensional Markov chain Monte Carlo, *Canadian Journal of Statistics* **31**: 469-482.

Pfaff, B. (2008a). *Analysis of Integrated and Cointegrated Time Series with R*, 2nd edn, Springer, New York.

Pfaff, B. (2008b). Var, svar and svec models: Implementation within R package vars, *Journal of Statistical Software* **27**.
  URL: http://www.jstatsoft.org/v27/i04/.

Pitt, M. and Shephard, N. (1999). Filtering via simulation: Auxiliary particle filters, *Journal of the American Statistical Association* **94**: 590-599.

Plackett, R. (1950). Some theorems in least squares, *Biometrika* **37**: 149-157.

Poirier, D. (1995). *Intermediate Statistics and Econometrics: a Comparative Approach*, MIT Press, Cambridge.

Pole, A., West, M. and Harrison, J. (1994). *Applied Bayesian forecasting and time series analysis*, Chapman & Hall, New York.

Prakasa Rao, B. (1999). *Statistical Inference for Diffusion Type Processes*, Oxford University Press, New York.

Rabiner, L. and Juang, B. (1993). *Fundamentals of Speech Recognition*, Prentice-Hall, Englewood Cliffs.

Rajaratnam, B., Massam, H. and Carvalho, C. (2008). Flexible covariance estimation in graphical Gaussian models, *Annals of Statistics* **36**: 2818-2849.

Reinsel, G. (1997). *Elements of Multivariate Time Series Analysis*, 2nd edn, Springer-Verlag, New York.

Robert, C. (2001). *The Bayesian Choice*, 2nd edn, Springer-Verlag, New York.

Robert, C. and Casella, G. (2004). *Monte Carlo Statistical Methods*, 2nd edn, Springer, New York.

Rydén, T. and Titterington, D. (1998). Computational Bayesian analysis of hidden Markov models, *J. Comput. Graph. Statist.* **7**: 194-211.

Savage, L. (1954). *The Foundations of Statistics*, Wiley, New York.

Schervish, M. (1995). *Theory of Statistics*, Springer-Verlag, New York.

Shephard, N. (1994). Partial non-Gaussian state space models, *Biometrika* **81**: 115-131.

Shephard, N. (1996). Statistical aspects of ARCH and stochastic volatility, in D. Cox, D. Hinkley and O. Barndorff-Nielsen (eds), *Time Series Models with Econometric, Finance and other Applications*, Chapman and Hall, London, pp. 1-67.

Shumway, R. and Stoffer, D. (2000). *Time Series Analysis and its Applications*, Springer-Verlag, New York.

Sokal, A. (1989). *Monte Carlo Methods in Statistical Mechanics: Foundations and New Algorithms*, Cours de Troisiéme Cycle de la Physique en Suisse Romande, Lausanne.

Stein, C. (1956). Inadmissibility of the usual estimator for the mean of a multivariate normal distribution, in J. Neyman (ed.), *Proceedings of the Third Berkeley Symposium on Mathematical Statistics and Probability*, Volume 1, University of California Press, Berkeley, pp. 197-206.

Storvik, G. (2002). Particle filters for State-Space models with the presence of unknown static parameters, *IEEE Transactions on Signal Processing* **50**: 281-289.

Theil, H. (1966). *Applied Economic Forecasting*, North Holland, Amsterdam.

Thiele, T. (1880). Om anvendelse af mindste kvadraters methode i nogle tilflde, hvor en komplikation af visse slags uensartede tilfldige fejlkilder giver fejlene en "systematisk" karakter, *Det Kongelige Danske Videnskabernes Selskabs Skrifter. Naturvidenskabelig og Mathematisk Afdeling* pp. 381-408. English Transalation in: Thiele: *Pioneer in Statistics*, S. L. Lauritzen, Oxford University Press (2002).

Tierney, L. (1994). Markov chain for exploring posterior distributions (with discussion), *Annals of Statistics* **22**: 1701-1786.

Uhlig, H. (1994). On singular Wishart and singular multivariate beta distributions, *Annals of Statistics* **22**: 395-405.

Venables, W. and Ripley, B. (2002). *Modern Applied Statistics with S*, 4th edn, Springer-Verlag, New York.

Wang, L., Liber, G. and Manneback, P. (1992). Kalman filter algorithm based on singular value decomposition, *Proc. of the 31st Conf. on Decision and Control*, pp. 1224-1229.

West, M. and Harrison, J. (1997). *Bayesian Forecasting and Dynamic Models*, 2nd edn, Springer, New York.

West, M., Harrison, J. and Migon, H. (1985). Dynamic generalized linear models and Bayesian forecasting, *Journal of the American Statistical Association* **80**: 73-83.

Wiener, N. (1949). *The Extrapolation, Intepolation and Smoothing of Stationary Time Series*, Wiley, New York.

Wold, H. (1938). *A Study in the Analysis of Stationary Time Series*, Almquist and Wiksell, Uppsala.

Wuertz, D. (2008). *fBasics: Rmetrics . Markets and Basic Statistics*. R package version 280.74.
URL: http://www.rmetrics.org.

Zellner, A. (1971). *An Introduction to Bayesian Inference in Econometrics*, Wiley, New York. 福場　庸・大澤　豊訳『ベイジアン計量経済学入門』培風館，1986年.

Zhang, Y. and Li, R. (1996). Fixed-interval smoothing algorithm based on singular value decomposition, *Proceedings of the 1996 IEEE International Conference on Control Applications*, pp. 916-921.

索　引

欧　文

arms　28
ARtransPars　120
dlm　46
dlmFilter　57
dlmForecast　73
dlmForecast（DLM をシミュレートする場合）　219
dlmMLE　147
dlmModArma　119, 142
dlmModPoly　93, 98
dlmModReg　123
dlmModSeas　103
dlmModTrig　108, 111
dlmSmooth　63
dlmSvd2var　57
is.dlm　47
JFF　45
JGG　45
JV　45, 47
JW　45
residuals　76
tsdiag　76
V　46
W　46
X　45

ARMA　→ 自己回帰移動平均モデル
ARMS　→ 適応棄却メトロポリス・サンプリング

DLM　→ 動的線型モデル

FFBS アルゴリズム　165

GDP ギャップ　117
────のベイズ推定　190

Kolmogorov-Smirnov 検定　95

Ljung-Box 検定　95

MAD　→ 平均絶対偏差
MAPE　→ 平均絶対誤差率
MCMC　→ マルコフ連鎖モンテカルロ法
MSE　→ 平均 2 乗誤差

Shapiro-Wilk 検定　95
SUR　→ 一見無関係な回帰モデル
SUTSE　→ 一見無関係な時系列方程式
SUTSE モデル
────のベイズ推定　177

Theil の U　100

VAR　→ ベクトル自己回帰モデル

ア　行

一見無関係な回帰モデル　132
一見無関係な時系列方程式　129
イノベーション　75
　標準化────　76
因子負荷行列　140

索引

因子モデル　206

エルゴード平均　23, 25
　　——の精度　23

重みの増分　216

カ行

回帰モデル　122
階層DLM　→動的階層モデル
可観測　97
可観測行列　82
確率ボラティリティ　49
隠れマルコフモデル　48
可制御行列　80
カルマン・フィルタ　53
観測方程式　41

季節要素モデル　102
ギブス・サンプラー　24
基本周波数　110
共役推定　153
共通因子　140
共和分　141

グランジャー因果性　143
クロネッカー積　130

欠測観測値　59

サ行

最適重点核　219
最尤推定　146
　　——の標準誤差　149

自己回帰移動平均 (ARMA) モデル　88
　　——のDLM表現　113, 142
指数加重移動平均　86
指数平滑化　87
システム方程式　41
重点関数　214
重点サンプリング　214
重点遷移密度　216

重点密度　214
瞬時的因果性　143
状態空間モデル　40
状態方程式　41

線型回帰モデル　18
　　——のDLM表現　123
線型成長モデル　42, 96
　　——とARIMA (0,2,2)　98
　　——の可観測性　97
　　——の可制御性　97

タ行

対数凹密度　27
対数尤度　147
多項式DLM　90
多項式モデル　101

逐次モンテカルロ　214
調和項　105
　　共役——　106

定常モデル　91
適応棄却メトロポリス・サンプリング　26

動的一般化線型モデル　48
動的因子モデル　141
動的回帰　138, 198
動的階層モデル　135
動的線型回帰　43
動的線型モデル　41
　　時不変の——　43
　　——の成分　89
トレンドモデル　90

ハ行

パッケージ dse1　88, 142
パッケージ fBasics　95
パッケージ forecast　88
パッケージ nlme　149
パッケージ nortest　95
パッケージ vars　143

フィルタリング　51
　　一般状態空間モデルにおける——　51
　　動的線型モデルにおける——　53
フーリエ形式の季節モデル　103
フーリエ周波数　104

平滑化　50
　　一般状態空間モデルにおける——　60
　　動的線型モデルにおける——　62
平均2乗誤差　99
平均絶対誤差率　100
平均絶対偏差　100
ベイズ推定　150
ベクトル自己回帰モデル　143

補助粒子フィルタ　222

マ 行

マルコフ連鎖モンテカルロ法　22, 24, 48

メトロポリス-ヘイスティングス・アルゴリズ
　　ム　25

ヤ 行

有効サンプルサイズ　216, 228

予測　50
　k期先——　51, 69

一期先——　51, 67
　　一般状態空間モデルにおける——　71
　　動的線型モデルにおける——　72
予測関数　51
予測誤差　74

ラ 行

ランダムウォーク・プラス・ノイズモデル
　　42, 91

リカッチ方程式　83
リサンプリング　216
　　残差——　217
　　多項——　216
利得行列　56
粒子フィルタ　214
　　未知パラメータがある場合の——　225

ローカル線型トレンド　42
ローカルレベル・モデル　42, 56, 91, 169
　　——と ARIMA (0, 1, 1)　92
　　——の可観測性　92
　　——の可制御性　92

ワ 行

和分ランダムウォーク・モデル　101
割引因子　155

監訳者略歴

和合　肇
わごう　はじめ

1943年　東京都生まれ，経済学博士
　　　　筑波大学，シカゴ大学経営大学院（客員），ラトガース大学（客員），富山大学，ウィーン工科大学（客員），バーゼル大学（客員），新潟大学，埼玉大学大学院（併任），統計数理研究所（併任），政策研究大学院大学（併任），名古屋大学大学院を経て
現　在　京都産業大学経済学部教授
主　著　『状態空間モデリングによる時系列分析入門』和合肇・松田安昌訳，J.ダービン・S.J.クープマン著，シーエービー出版，2004．
　　　　『状態空間時系列分析入門』和合肇訳，J.J.F.コマンダー・S.J.クープマン著，シーエービー出版，2008．
　　　　『ベイズ計量経済分析：マルコフ連鎖モンテカルロ法とその応用』和合肇編著，東洋経済新報社，2005．

訳者略歴

萩原　淳一郎
はぎわら　じゅんいちろう

1968年　北海道に生まれる
1992年　北海道大学大学院工学研究科修了
現　在　株式会社エヌ・ティ・ティ・ドコモ研究開発センター無線アクセス開発部

統計ライブラリー
Rによるベイジアン動的線型モデル　　定価はカバーに表示

2013年　9月20日　初版第1刷
2017年　9月10日　　　第4刷

　　　　　　　　　　監訳者　和　合　　　肇
　　　　　　　　　　訳　者　萩　原　淳　一　郎
　　　　　　　　　　発行者　朝　倉　誠　造
　　　　　　　　　　発行所　株式会社　朝　倉　書　店
　　　　　　　　　　　　　　東京都新宿区新小川町6-29
　　　　　　　　　　　　　　郵便番号　162-8707
　　　　　　　　　　　　　　電話　03(3260)0141
　　　　　　　　　　　　　　FAX　03(3260)0180
　　　　　　　　　　　　　　http://www.asakura.co.jp

〈検印省略〉

© 2013〈無断複写・転載を禁ず〉　　　　　Printed in Korea

ISBN 978-4-254-12796-6　C 3341

JCOPY　＜(社)出版者著作権管理機構　委託出版物＞

本書の無断複写は著作権法上での例外を除き禁じられています．複写される場合は，そのつど事前に，(社)出版者著作権管理機構（電話 03-3513-6969，FAX 03-3513-6979，e-mail: info@jcopy.or.jp）の許諾を得てください．

東北大 照井伸彦著
シリーズ〈統計科学のプラクティス〉2
Rによる ベイズ統計分析
12812-3 C3341　　A5判 180頁 本体2900円

事前情報を構造化しながら積極的にモデルへ組み入れる階層ベイズモデルまでを平易に解説〔内容〕確率とベイズの定理／尤度関数，事前分布，事後分布／統計モデルとベイズ推測／確率モデルのベイズ推測／事後分布の評価／線形回帰モデル／他

統数研 吉本　敦・札幌医大 加茂憲一・広大 栁原宏和著
シリーズ〈統計科学のプラクティス〉7
Rによる 環境データの統計分析
―森林分野での応用―
12817-8 C3341　　A5判 216頁 本体3500円

地球温暖化問題の森林資源をベースに，収集したデータを用いた統計分析，統計モデルの構築，応用までを詳説〔内容〕成長現象と成長モデル／一般化非線形混合効果モデル／ベイズ統計を用いた成長モデル推定／リスク評価のための統計分析／他

J.R.ショット著　早大 豊田秀樹編訳
統計学のための 線 形 代 数
12187-2 C3041　　A5判 576頁 本体8800円

"Matrix Analysis for Statistics (2nd ed)"の全訳。初歩的な演算から順次高度なテーマへ導く。原著の演習問題(500題余)に略解を与え，学部上級〜大学院テキストに最適。〔内容〕基礎／固有値／一般逆行列／特別な行列／行列の微分／他

慶大 小暮厚之・野村アセット 梶田幸作監訳
ランカスター ベイジアン計量経済学
12179-7 C3041　　A5判 400頁 本体6500円

基本的概念から，MCMCに関するベイズ計算法，計量経済学へのベイズ応用，コンピュテーションまで解説した世界的名著。〔内容〕ベイズアルゴリズム／予測とモデル評価／線形回帰モデル／ベイズ計算法／非線形回帰モデル／時系列モデル／他

D.K.デイ・C.R.ラオ編
帝京大 繁枡算男・東大 岸野洋久・東大 大森裕浩監訳
ベイズ統計分析ハンドブック
12181-0 C3041　　A5判 1076頁 本体28000円

発展著しいベイズ統計分析の近年の成果を集約したハンドブック。基礎理論，方法論，実証応用および関連する計算手法について，一流執筆陣による全35章で立体的に解説。〔内容〕ベイズ統計の基礎(因果関係の推論，モデル選択，モデル診断ほか)／ノンパラメトリック手法／ベイズ統計における計算／時空間モデル／頑健分析・感度解析／バイオインフォマティクス・生物統計／カテゴリカルデータ解析／生存時間解析／ソフトウェア信頼性／小地域推定／ベイズ的思考法の教育

前慶大 蓑谷千凰彦著
正 規 分 布 ハ ン ド ブ ッ ク
12188-9 C3041　　A5判 704頁 本体18000円

最も重要な確率分布である正規分布について，その特性や関連する数理などあらゆる知見をまとめた研究者・実務者必携のレファレンス。〔内容〕正規分布の特性／正規分布に関連する積分／中心極限定理とエッジワース展開／確率分布の正規近似／正規分布の歴史／2変量正規分布／対数正規分布およびその他の変換／特殊な正規分布／正規母集団からの標本分布／正規母集団からの標本順序統計量／多変量正規分布／パラメータの点推定／信頼区間と許容区間／仮説検定／正規性の検定

前慶大 蓑谷千凰彦著
統計分布ハンドブック （増補版）
12178-0 C3041　　A5判 864頁 本体23000円

様々な確率分布の特性・数学的意味・展開等を豊富なグラフとともに詳説した名著を大幅に増補。各分布の最新知見を補うほか，新たにゴンペルツ分布・多変量t分布・デーガム分布システムの3章を追加。〔内容〕数学の基礎／統計学の基礎／極限定理と展開／確率分布(安定分布，一様分布，F分布，カイ2乗分布，ガンマ分布，極値分布，誤差分布，ジョンソン分布システム，正規分布，t分布，バー分布システム，パレート分布，ピアソン分布システム，ワイブル分布他)

上記価格（税別）は 2017年 8月現在